“十三五”普通高等教育本科部委级规划教材

纺纱质量控制

曹继鹏　主　编
于学智　赵　博　副主编

中国纺织出版社

内 容 提 要

本书从纺纱质量控制角度出发，介绍了纱线质量标准、纺纱原料及半制品与成纱质量的关系，以及纱条不匀、纱线强力、棉结和杂质、毛羽及纱疵的分析与控制，最后还介绍了纺纱工艺设计的有关内容。本书对稳定纺纱生产、提升纺纱质量具有一定的指导意义和参考价值。

本书可以作为高等院校纺织工程专业的教材，也可以作为相关教师和工程技术人员的参考资料。

图书在版编目（CIP）数据

纺纱质量控制/曹继鹏主编. --北京：中国纺织出版社，2017.11（2023.6重印）
“十三五”普通高等教育本科部委级规划教材
ISBN 978-7-5180-4124-4

Ⅰ. ①纺… Ⅱ. ①曹… Ⅲ. ①纺纱—质量控制—高等学校—教材 Ⅳ. ①TS104

中国版本图书馆 CIP 数据核字（2017）第 241662 号

策划编辑：孔会云　　责任编辑：朱利锋　　责任校对：楼旭红
责任设计：何　建　　责任印制：何　建

中国纺织出版社出版发行
地址：北京市朝阳区百子湾东里 A407 号楼　邮政编码：100124
销售电话：010—67004422　传真：010—87155801
http://www.c-textilep.com
E-mail:faxing@c-textilep.com
中国纺织出版社天猫旗舰店
官方微博 http://weibo.com/2119887771
北京虎彩文化传播有限公司印刷　各地新华书店经销
2017 年 11 月第 1 版　2023年6月第4次印刷
开本：787×1092　1/16　印张：14
字数：248 千字　定价：48.00 元

前言

产品质量是企业获得经济效益的关键所在,质量控制是企业发展的核心要素。本书从纺纱质量控制系统角度出发,介绍了纱线质量标准、纺纱原料及半制品与成纱质量的关系,以及纱条不匀、纱线强力、棉结和杂质、毛羽及纱疵的分析与控制,同时简要阐述了纺纱生产及质量控制的发展趋势。本书的最后一章介绍了纺纱工艺设计的有关内容。本书可以作为纺织工程专业本科生的教材,亦可以作为相关教师和工程技术人员的参考资料。

本书共分九章。第一章介绍了纱线质量标准;第二章和第三章介绍了原料和半制品与成纱质量的关系;第四~第八章分别从条干、强力、棉结杂质和纱疵等方面阐述了具体的影响因素及控制的措施;第九章介绍了纺纱工艺设计的有关内容。

本书由辽东学院曹继鹏担任主编,辽东学院于学智、中原工学院赵博担任副主编(排名不分先后)。本书的第一章、第八章由辽东学院曹继鹏编写;第二~第四章由辽东学院的于学智和张明光编写;第五~第七章和第九章由中原工学院赵博编写。辽东学院张月参与全书部分文字整理及图表的制作与校对。全书由曹继鹏负责统稿校对。

值得一提的是,在本书的编写过程中,得到了乌斯特技术有限公司及国内纺织领域专家陆惠文、马宏庆、倪远等的指导和帮助,在此表示深深的谢意!在本书的编写过程中,引用了国内外诸多专家学者的科研成果,只在本书最后列出了参考文献,没有在引用处一一加以注明,在此谨向各位作者表示歉意和诚挚的感谢!

由于编者水平有限,加之时间紧促,书中一些结论还可能没有跟上纺织科技的发展与进步,必然存在这样或那样的疏漏和不足之处,欢迎广大读者批评指正。

编　者

2017 年 5 月

目录

第一章　纱线质量标准

本章知识点

1. 标准的分类、代号及分级。
2. 纱线的质量标准。

第一节　标准的分类及代号分级

一、标准的分类

我国曾在国家标准 GB/T 3935. 1—1996《标准化和有关领域的通用术语　第一部分：基本术语》中对标准作如下定义："标准是对重复性事物和概念所做的统一规定，它以科学、技术和实践经验的综合成果为基础，经有关各方协商一致，由主管机构批准，以特定形式发布，作为共同遵守的准则和依据"。

1. 按标准的适用范围分类

（1）国际标准。由国际标准化团体批准和发布的标准，如国际标准化组织（ISO）、国际电工委员会（IEC）、国际电信联盟（ITU）、国际计量局（BIPM）等。

（2）区域性标准。由世界某一区域的标准化团体批准和发布的标准，如欧洲标准化委员会发布的欧洲标准（CEN）等。

（3）国家标准。由国家标准化机构批准和发布的标准，如中国（GB）、英国（BS）、美国（ANSI）等。

（4）行业标准。由行业标准化机构批准和发布的标准，如美国材料与试验协会（ASTM）标准、美国电气与电子工程师协会（IEEE）标准，我国的纺织行业标准（FZ）等。

（5）地方标准。由地方政府标准化主管部门批准和发布的标准，如 DB21、DB42 等。

（6）企业标准。由企事业单位、经济联合体自行批准和发布的标准，如 Q/HR 009—91 等。

2. 按标准的对象分类

（1）基础标准。在一定范围内作为其他标准的基础并普遍使用，具有广泛指导意义的共性标准。如标准化管理标准、质量控制标准及名词术语标准等。

（2）产品标准。为保证产品的适用性，对产品必须达到的某些或全部要求所制定的标准。

（3）方法标准。以试验、检查、分析、抽样、统计、计算、测定、作业等公正方法为对象制定的标准。方法标准分为三类，即与产品质量鉴定有关的方法标准、作业方法标准、管理方法标准。

3. 按标准的性质分类

（1）技术标准。根据生产技术活动的经验和总结，作为技术上共同遵守的规则而制定的各项标准。如为科研、设计、工艺、检验等技术工作，为产品、工程的质量特性，为各种技术设备和工装、工具等制定的标准。

（2）管理标准。对标准化领域中需要协调统一的管理事项所制定的标准，如质量管理标准、环境管理标准和经济管理标准等。

（3）工作标准。对工作范围、程序、要求、效果和检查方法等所作的规定，如与工作岗位的工作范围、职责、权限、方法、质量与考核等工作程序有关的事项所制定的标准。

4. 按标准的法律效力分类

（1）强制性标准。它的强制作用和法律地位是由国家有关法律赋予的，违反强制性标准就是违法。

（2）推荐性标准。法律效力上不具有强制性。

二、标准代号分级

我国现行的标准体制，根据国务院颁发的标准化管理条例规定有国家标准、行业标准和企业标准三级。

1. 中华人民共和国国家标准代号

国家标准是指对全国经济、技术发展有重大意义而必须在全国范围内统一的标准。强制性国家标准代号为 GB；推荐性国家标准代号为 GB/T。标准代号的后四位表示标准制定的年份。如 GB 20817—2006《棉花检疫规程》为 2006 年制定的强制性国家标准，GB/T 9176—2016《桑蚕干茧》为 2016 年制定的推荐性国家标准。

2. 中华人民共和国行业标准代号

行业标准是指全国性的行业范围内统一的标准，共有 57 个行业标准代号。强制性行业标准代号为 × ×；推荐行业标准代号为 × ×/T。如纺织行业标准代号为 FZ，轻工行业标准代号为 QB，机械行业标准代号为 JB，邮政行业标准代号为 YZ 等。FZ/T 10007—2008《棉及化学纤维纯纺、混纺本色纱线检验规则》为推荐性纺织行业标准。

3. 企业标准代号

企业标准代号一律在行业标准代号 × × 前加 Q，并在 Q 前加省、市、自治区简称汉字，以区别各地方的企业标准。如山东、江苏、上海的纺织企业标准代号应分别为鲁 Q/FZ、苏 Q/FZ、沪 Q/FZ。在实际生产中，下列情况必须制定企业标准。

（1）凡是没有国家标准、行业标准的，都必须制定企业标准，作为衡量本行业、本地区或本企业产品质量的技术依据。

（2）已有国家标准、行业标准的，为了保证国家标准、行业标准的贯彻实施，赶超先进水平和满足使用需要，可制定比国家标准、行业标准水平更高的企业标准，作为本行业、本地区或本企业衡量产品质量好坏的技术依据。

（3）新产品经过试验研究和投产鉴定转为正式生产的产品时，如还不宜制定国家标准、行业标准的，必须制定相应的企业标准。

第二节　纱线质量标准与检测技术的发展

一、纱线质量标准、质量指标与质量检测的关系

1. 质量标准的重要性

产品质量标准是鉴别产品质量的权威依据，是国际贸易的通行证，是保证产品质量可靠性、稳定性和产品使用寿命的主要手段，也是买卖双方质量纠纷、仲裁的法律准绳和依据。同时产品开发也离不开使用先进的质量标准。由于标准制定者拥有引导行业发展的主动权和发言权，故现代企业都十分重视制定和执行先进的质量标准，这也是企业发展和进步的标志。我国应重视并制定与国际水平接轨的中国标准，更要努力将中国标准转化为公认的国际标准。

2. 质量标准、质量指标与质量检测

产品质量是通过质量指标考评来衡量的。产品质量指标必须能充分反映、显示和表达产品质量的优劣。不同的产品、不同的用户要求，需要不同的质量指标来考量。质量指标由质量检测来定性、定量。产品质量指标与其检测技术同步发展、相辅相成。先进、高效的质量检测推进质量指标的正确评估和科学考量，质量指标的创新要求促使着质量检测技术的发展。

3. 纱线质量标准简述

质量标准包括国际标准、国家标准、行业（地区）标准、企业标准、企业内控标准和测试方法标准等。纱线国家标准，如 GB/T 398—2008《棉本色纱线》、GB/T 5324—2009《精梳涤棉混纺本色纱线》、GB/T 4743—2009《纺织品　卷装纱　绞纱法线密度的测定》等；行业标准，如 FZ/T 12001—2015《转杯纺棉本色纱》、FZ/T 12015—2016《精梳天然彩色棉纱线》等。国外棉纱线试验方法标准，如 ISO（国际标准）、ASTM（美国材料标准）、JIS（日本工业标准）、DIN（德国工业标准）。内容有黑板外观评级方法、标准图卡，条干均匀度变异系数、纱线线密度的测定，回潮率、单纱断裂强度的测定，二组分、三组分纤维含量的测定等。

纱线是纺织品产业链的中间产品，不是最终产品，纱线国家标准属推荐性标准。因此，纱线国家标准更应关注其实用性和可行性，以便更好地为最终产品服务。

4. USTER 公报统计值与质量标准

瑞士 USTER 公司在全世界纺织企业中取样，在标准实验条件下测定有关质量指标，每隔 4 ~5 年，以公报（USTER® *STATISTICS*）的形式发布测试统计值和统计图表，各类指标的统计结果被称之为 USTER 公报水平，即 USP™ 值，水平值 5% ~95% 代表全球有多少纺纱厂能够生产指定水平或更好水平的纱线，如 5% 水平值，意味着只有 5% 的纺纱厂生产的纱线能达到这个质量或更好的水平。如果测试值相当于 USTER 公报 95% 水平，表示全球 95% 的纺纱

厂生产的纱线好于这个值。USTER® *STATISTICS* 统计公报虽然不是国际标准，但能反映当前国际纤维、半制品和纱线的质量水平及测试产品指标的动态，并能定期发布，时效性较强。因此，已被人们所认可，起着国际贸易中衡量质量水平的标杆作用，被作为制定质量标准、确定质量指标、了解产品发展、优选测试仪器的重要参考。

二、棉纱线质量标准

1. 棉纱线国家质量标准

目前，一般按国家质量检验检疫总局发布的 GB/T 398—2008 来执行，该标准是在参照 USTER 2001 公报统计值的基础上而制定的。表 1 - 1 和表 1 - 2 分别为目前执行的普梳和精梳棉纱技术要求国家标准。

表 1 - 1 普梳棉纱技术要求（GB/T 398—2008）

线密度（tex）（英制支数）	品等	单纱断裂强力变异系数 *CV* 值（%）≤	百米重量变异系数 *CV* 值（%）≤	单纱断裂强度（cN/tex）≥	百米重量偏差（%）	条干均匀度		1g 内棉结粒数 ≤	1g 内棉结杂质总粒数 ≤	实际捻系数		纱疵优等纱控制个数（个/10^5m）≤
						黑板条干均匀度 10 块板比例（优:一:二:三）≥	条干均匀度变异系数（%）≤			经纱	纬纱	
8 ~ 10（70 ~ 56）	优	10.0	2.2	15.6	±2.0	7:3:0:0	16.5	25	45	340 ~ 430	310 ~ 380	10
	一	13.0	3.5	13.6	±2.5	0:7:3:0	19.0	55	95			30
	二	16.0	4.5	10.6	±3.5	0:0:7:3	22.0	95	145			—
11 ~ 13（55 ~ 44）	优	9.5	2.2	15.8	±2.0	7:3:0:0	16.5	30	55	340 ~ 430	310 ~ 380	10
	一	12.5	3.5	13.8	±2.5	0:7:3:0	19.0	65	105			30
	二	15.5	4.5	10.8	±3.5	0:0:7:3	22.0	105	155			—
14 ~ 15（43 ~ 37）	优	9.5	2.2	16.0	±2.0	7:3:0:0	16.0	30	55	330 ~ 420	300 ~ 370	10
	一	12.5	3.5	14.0	±2.5	0:7:3:0	18.5	65	105			30
	二	15.5	4.5	11.0	±3.5	0:0:7:3	21.5	105	155			—
16 ~ 20（36 ~ 29）	优	9.0	2.2	16.2	±2.0	7:3:0:0	15.5	60	55	330 ~ 420	300 ~ 370	10
	一	12.0	3.5	14.2	±2.5	0:7:3:0	18.0	65	105			30
	二	15.0	4.5	11.2	±3.5	0:0:7:3	21.0	105	155			—
21 ~ 30（28 ~ 19）	优	8.5	2.2	16.4	±2.0	7:3:0:0	14.5	30	55	330 ~ 420	300 ~ 370	10
	一	11.5	3.5	14.4	±2.5	0:7:3:0	17.0	65	105			30
	二	14.5	4.5	11.4	±3.5	0:0:7:3	20.0	105	155			—
32 ~ 34（18 ~ 17）	优	8.0	2.2	16.2	±2.0	7:3:0:0	14.0	35	65	320 ~ 410	290 ~ 360	10
	一	11.0	3.5	14.2	±2.5	0:7:3:0	16.5	75	125			30
	二	14.5	4.5	11.2	±3.5	0:0:7:3	19.5	115	185			—

续表

线密度（tex）（英制支数）	品等	单纱断裂强力变异系数 *CV* 值（%）≤	百米重量变异系数 *CV* 值（%）≤	单纱断裂强度（cN/tex）≥	百米重量偏差（%）	条干均匀度		1g 内棉结粒数 ≤	1g 内棉结杂质总粒数 ≤	实际捻系数		纱疵优等纱控制个数（个/10^5 m）≤
						黑板条干均匀度 10 块板比例（优:一:二:三）≥	条干均匀度变异系数（%）≤			经纱	纬纱	
36～60（16～10）	优	7.5	2.2	16.0	±2.0	7:3:0:0	13.5	35	65	320～410	290～360	10
	一	10.5	3.5	14.0	±2.5	0:7:3:0	16.0	75	125			30
	二	14.0	4.5	11.0	±3.5	0:0:7:3	19.0	115	185			—
64～80（9～7）	优	7.0	2.2	15.8	±2.0	7:3:0:0	13.0	35	65	320～410	290～360	10
	一	10.0	3.5	13.8	±2.5	0:7:3:0	15.5	75	125			30
	二	13.5	4.5	10.8	±3.5	0:0:7:3	18.5	115	185			—
88～192（6～3）	优	6.5	2.2	15.6	±2.0	7:3:0:0	12.5	35	65	320～410	290～360	10
	一	9.5	3.5	13.6	±2.5	0:7:3:0	15.0	75	125			30
	二	13.0	4.5	10.6	±3.5	0:0:7:3	18.0	115	185			—

注 10^5 m 纱疵为 FZ/T 01050—1997 中规定的纱疵 A3、B3、C3 及 D2 之和。

表 1-2 精梳棉纱技术要求（GB/T 398—2008）

线密度（tex）（英制支数）	品等	单纱断裂强力变异系数 *CV* 值（%）≤	百米重量变异系数 *CV* 值（%）≤	单纱断裂强度（cN/tex）≥	百米重量偏差（%）	条干均匀度		1g 内棉结粒数 ≤	1g 内棉结杂质总粒数 ≤	实际捻系数		纱疵优等纱控制数（个/10^5 m）≤
						黑板条干均匀度 10 块板比例（优:一:二:三）≥	条干均匀度变异系数（%）≤			经纱	纬纱	
4～4.5（150～131）	优	12.0	2.0	17.6	±2.0	7:3:0:0	16.5	20	25	340～430	310～360	5
	一	14.5	3.0	15.6	±2.5	0:7:3:0	19.0	45	55			20
	二	17.5	4.0	12.6	±3.5	0:0:7:3	22.0	70	85			—
5～5.5（130～111）	优	11.5	2.0	17.6	±2.0	7:3:0:0	16.5	20	25	340～430	310～380	5
	一	14.0	3.0	15.6	±2.5	0:7:3:0	19.0	45	55			20
	二	17.0	4.0	12.6	±3.5	0:0:7:3	22.0	70	85			—
6～6.5（110～91）	优	11.0	2.0	17.8	±2.0	7:3:0:0	15.5	20	25	330～400	300～350	5
	一	13.5	3.0	15.8	±2.5	0:7:3:0	18.0	45	55			20
	二	16.5	4.0	12.8	±3.5	0:0:7:3	21.0	70	85			—

续表

线密度（tex）（英制支数）	品等	单纱断裂强力变异系数 *CV* 值（%）≤	百米重量变异系数 *CV* 值（%）≤	单纱断裂强度（cN/tex）≥	百米重量偏差（%）	条干均匀度		1g 内棉结粒数 ≤	1g 内棉结杂质总粒数 ≤	实际捻系数		纱疵优等纱控制数（个/10^5m）≤
						黑板条干均匀度 10 块板比例（优：一：二：三）≥	条干均匀度变异系数（%）≤			经纱	纬纱	
7～7.5（90～71）	优	10.5	2.0	17.8	±2.0	7:3:0:0	15.0	20	25	330～400	300～350	5
	一	13.0	3.0	15.8	±2.5	0:7:3:0	17.5	45	55			20
	二	16.0	4.0	12.8	±3.5	0:0:7:3	20.5	70	85			—
8～10（70～56）	优	9.5	2.0	18.0	±2.0	7:3:0:0	14.5	20	25	330～400	300～350	5
	一	12.5	3.0	16.0	±2.5	0:7:3:0	17.0	45	55			20
	二	15.5	4.0	13.0	±3.5	0:0:7:3	19.5	70	85			—
11～13（55～44）	优	8.5	2.0	18.0	±2.0	7:3:0:0	14.0	15	20	330～400	300～350	5
	一	11.5	3.0	16.0	±2.5	0:7:3:0	16.0	35	45			20
	二	14.5	4.0	13.0	±3.5	0:0:7:3	18.5	55	75			—
14～15（43～37）	优	8.0	2.0	15.8	±2.0	7:3:0:0	13.5	15	20	330～400	300～350	5
	一	11.0	3.0	14.4	±2.5	0:7:3:0	15.5	35	45			20
	二	14.0	4.0	12.4	±3.5	0:0:7:3	18.0	55	75			—
16～20（36～29）	优	7.5	2.0	15.8	±2.0	7:3:0:0	13.0	15	20	320～390	290～340	5
	一	10.5	3.0	14.4	±2.5	0:7:3:0	15.0	35	45			20
	二	13.5	4.0	12.4	±3.5	0:0:7:3	17.5	55	75			—
21～30（28～19）	优	7.0	2.0	16.0	±2.0	7:3:0:0	12.5	15	20	320～390	290～340	5
	一	10.0	3.0	14.6	±2.5	0:7:3:0	14.5	35	45			20
	二	13.0	4.0	12.6	±3.5	0:0:7:3	17.0	55	75			—
32～36（18～16）	优	6.5	2.0	16.0	±2.0	7:3:0:0	12.0	15	20	320～390	290～340	5
	一	9.5	3.0	14.6	±2.5	0:7:3:0	14.0	35	45			20
	二	12.5	4.0	12.6	±3.5	0:0:7:3	16.5	55	75			—

注 10^5m 纱疵为 FZ/T 01050—1997 中规定的纱疵 A3、B3、C3 及 D2 之和。

在 GB/T 398—2008 中详细列出了普梳棉纱和精梳棉纱的各项技术要求，包括不同线密度纱线纱疵等指标的要求范围。棉本色纱线的分等规定如下。

（1）棉纱线规定以同品种一昼夜三个班的生产量为一批，按规定的试验周期和各项试验方法进行试验，并按其结果评定棉纱线的品等。

（2）棉纱线的品等分为优等、一等、二等，低于二等指标者为三等。

（3）棉纱的品等由单纱断裂强力变异系数、百米重量变异系数、单纱断裂强度、条干均匀度（包括黑板条干均匀度10块板比例及条干均匀度变异系数）、1g内棉结粒数、1g内棉结杂质总粒数和10万米纱疵评定，当各项的品等不同时，按上述八项中最低的一项品等评定。

（4）棉线的品等有单线断裂强力变异系数、百米重量变异系数、单线断裂强度、1g内棉节粒数和1g内棉结杂质总粒数评定，当各项的品等不同时，按最低的一项品等评定。

（5）检验单纱条干均匀度可以选用黑板条干均匀度或条干均匀度变异系数两者中的任何一种。一经确定，不得任意变更。发生质量争议，以条干均匀度变异系数为准。

（6）棉纱线重量偏差月度累计，应按产量进行加权平均，全月生产在15批以上的品种，应控制在±0.5%及以内。

2. USTER 2013公报的纯棉纱质量水平

USTER 2013公报是目前最新的公报，其不同纺纱方法和用途的纯棉纱质量水平部分指标如图1－1～图1－88所示。其中的指标和检测仪器是紧密联系在一起的，例如，对于毛羽指标，分别给出了毛羽指数 H 和毛羽分级S3两个指标，二者是分别由USTER条干仪和毛羽仪检测得到的结果。

（1）环锭普梳纯棉针织管纱（图1－1～图1－11）。

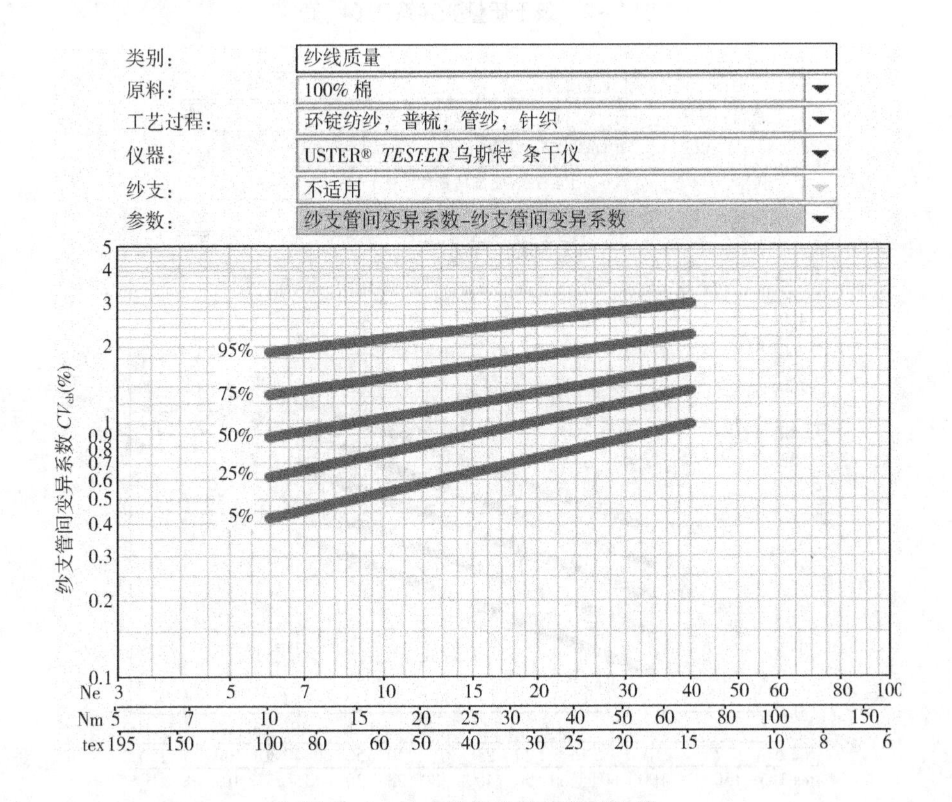

图1－1　纱支管间变异系数 CV_{cb} 值

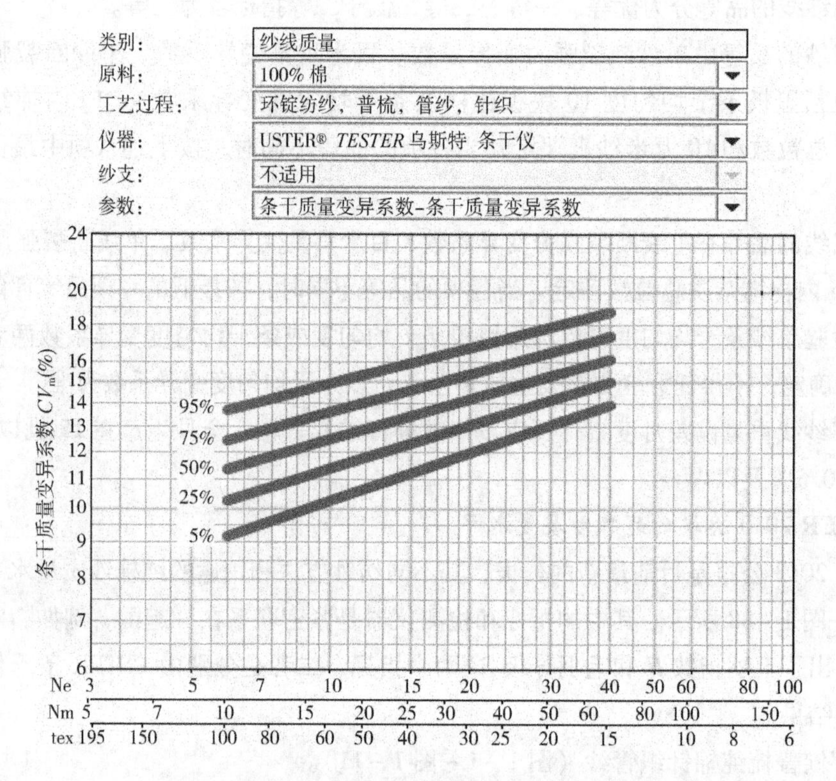

图 1-2 条干质量变异系数 CV_m 值

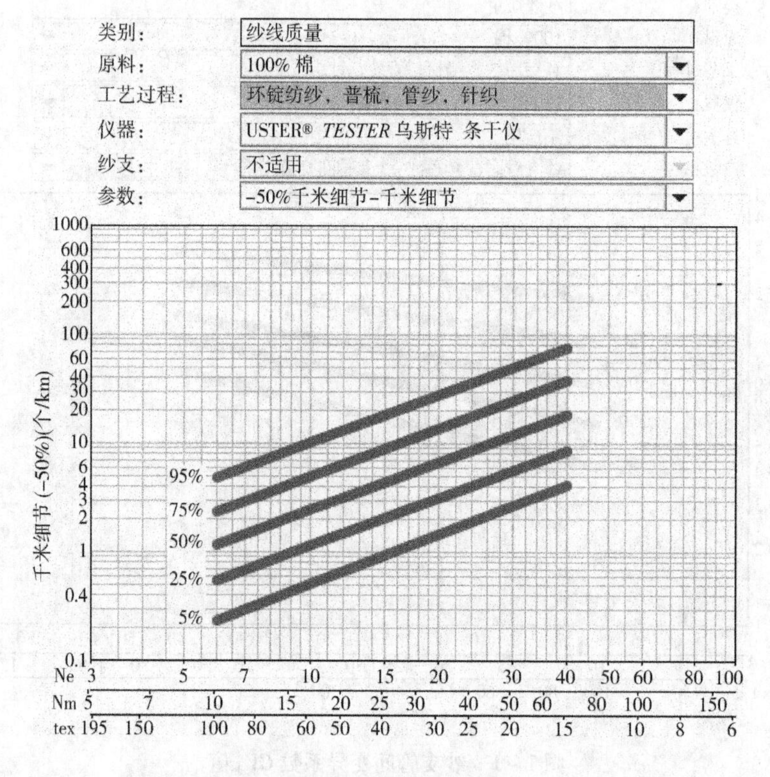

图 1-3 千米细节（-50%）

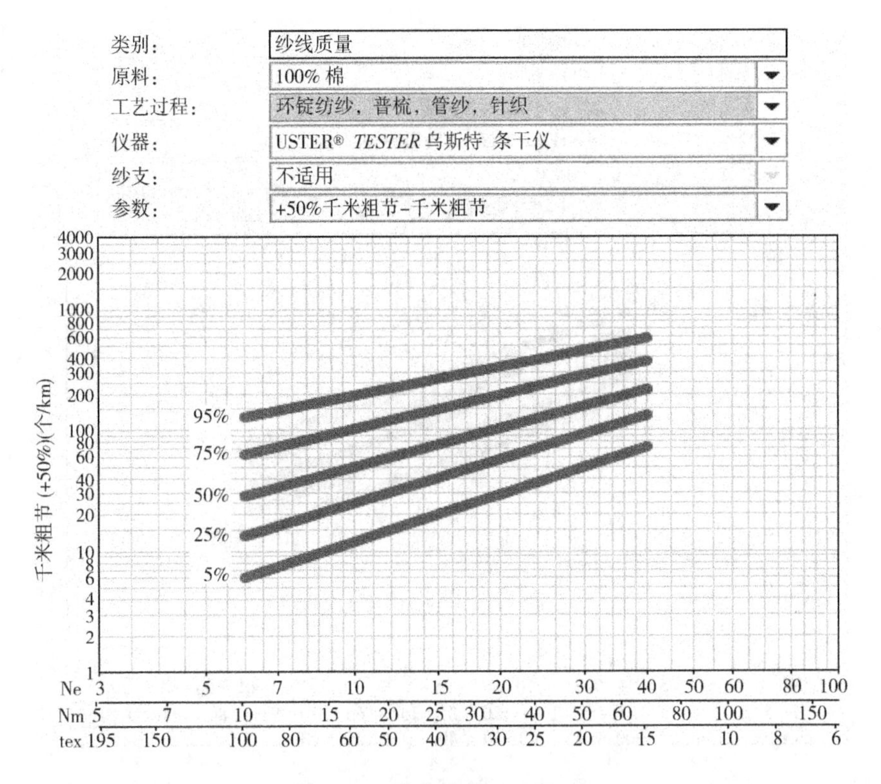

图 1-4 千米粗节（+50%）

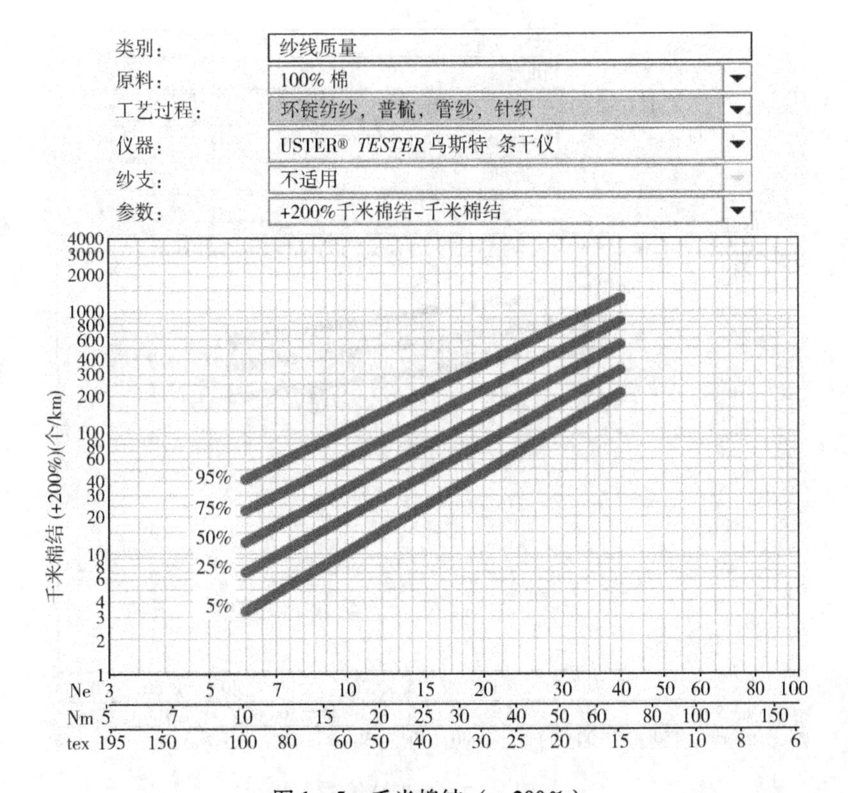

图 1-5 千米棉结（+200%）

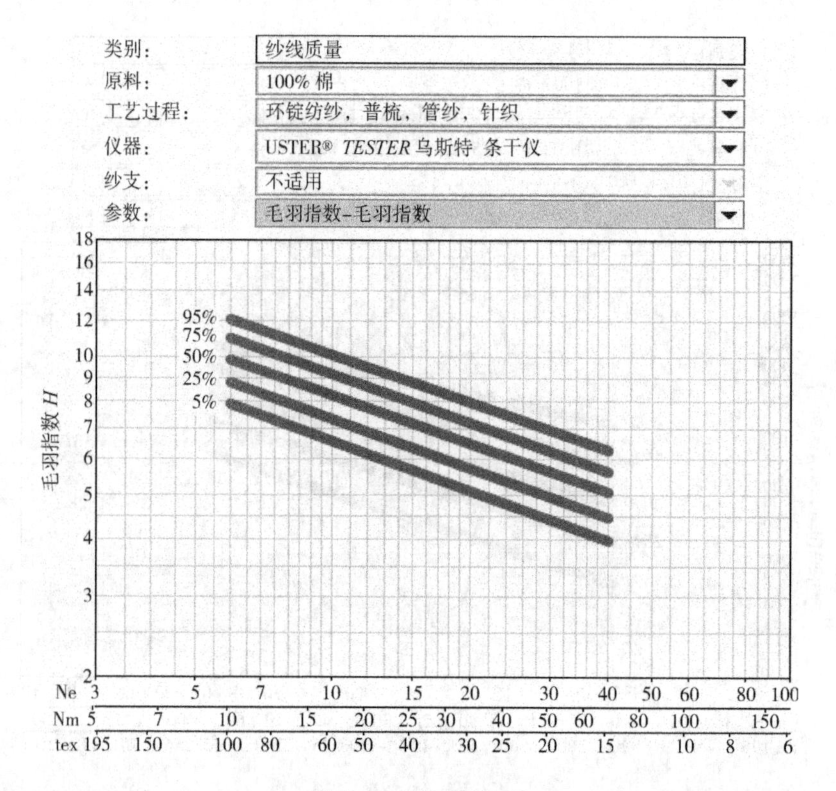

图 1-6　毛羽指数 *H*

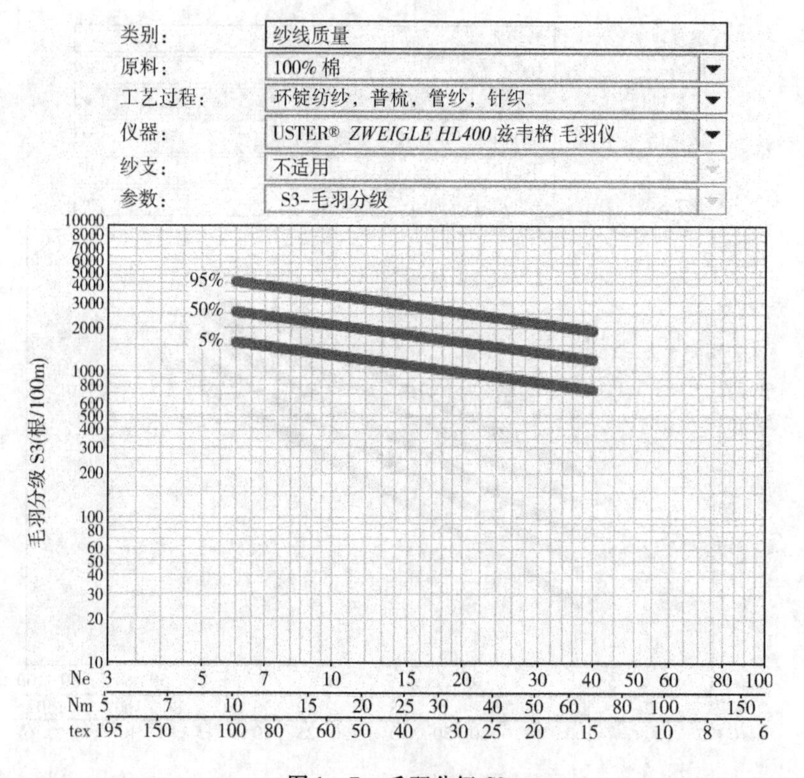

图 1-7　毛羽分级 S3

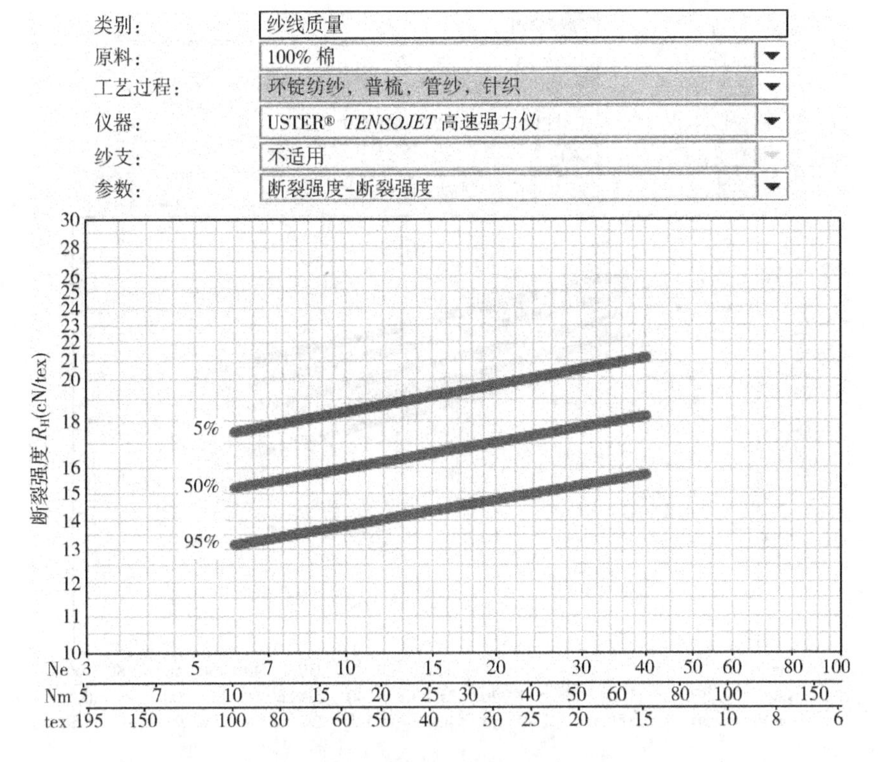

图 1－8　断裂强度 R_H

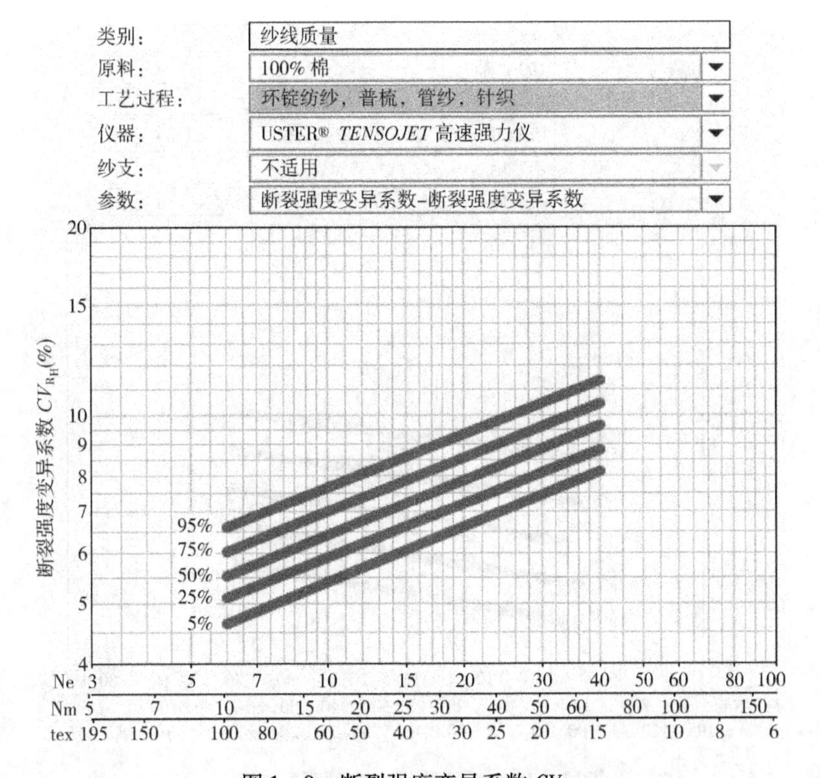

图 1－9　断裂强度变异系数 CV_{R_H}

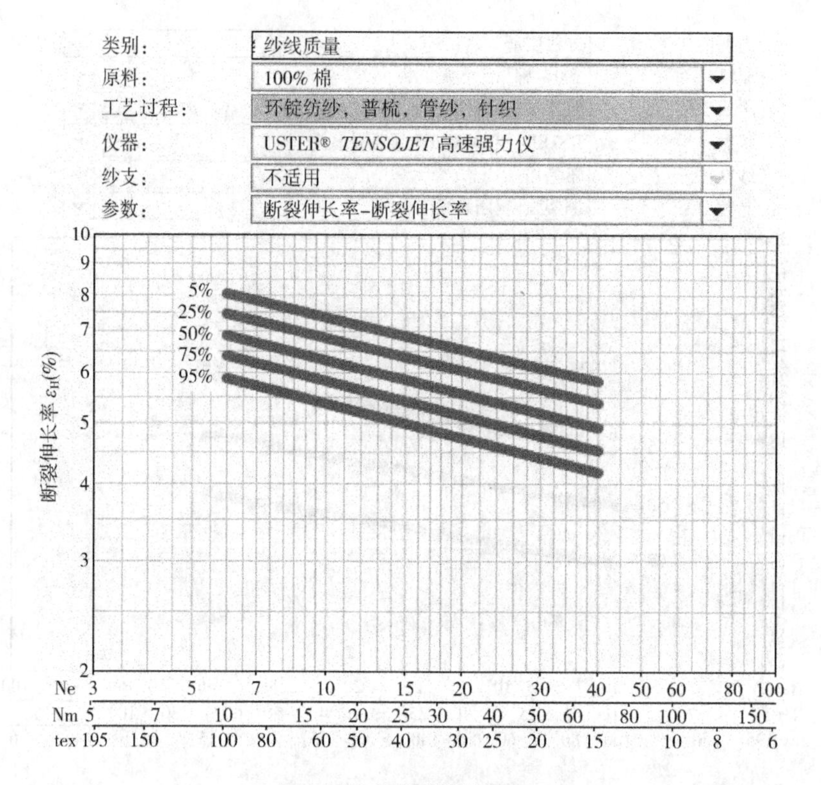

图 1-10　断裂伸长率 ε_H

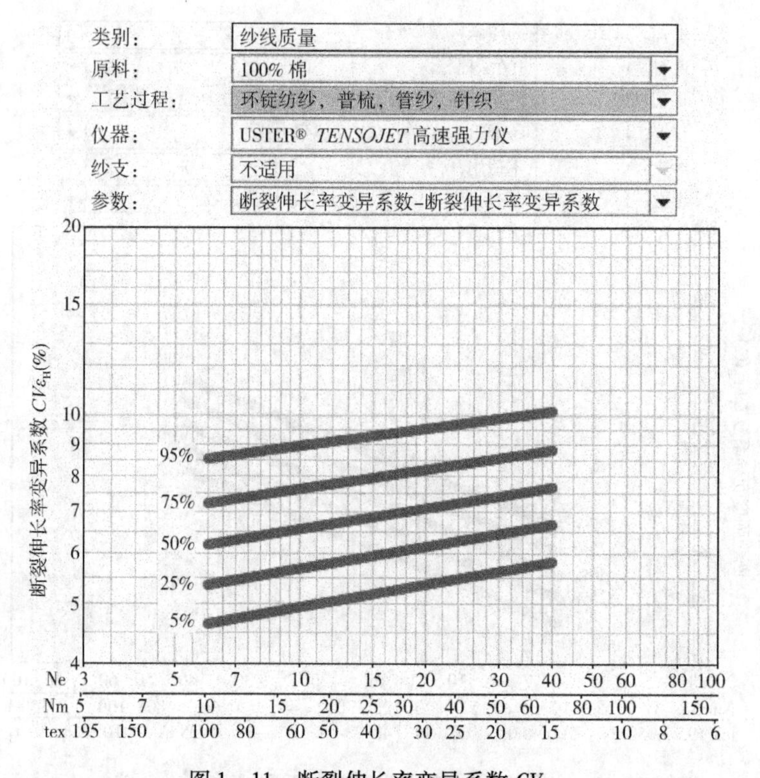

图 1-11　断裂伸长率变异系数 CV_{ε_H}

（2）环锭普梳纯棉机织管纱（图 1 – 12 ~ 图 1 – 22）。

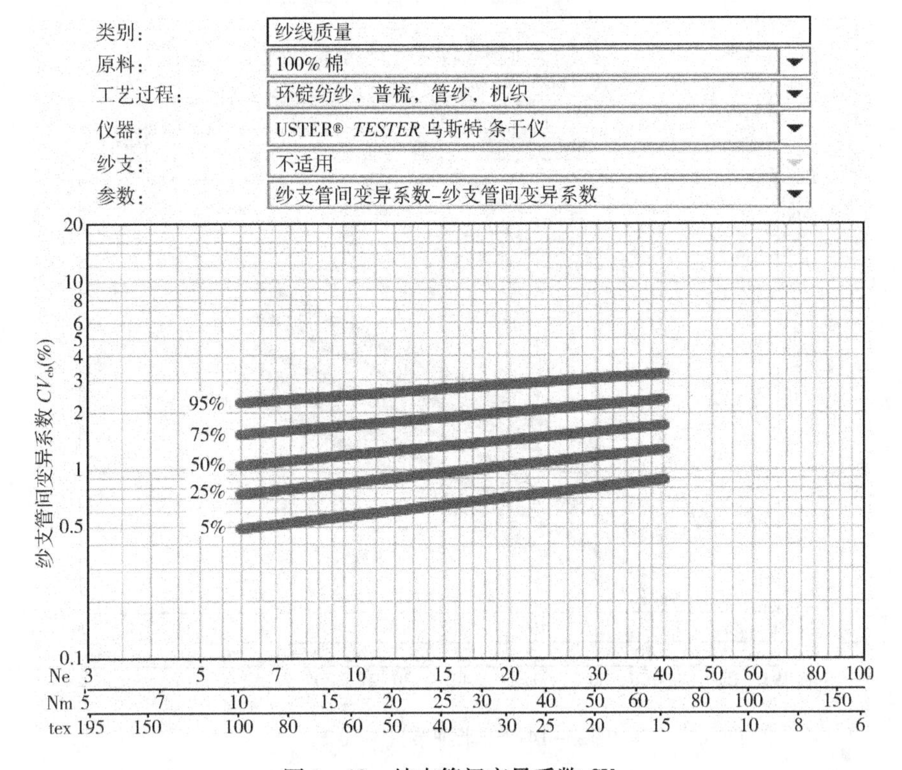

图 1 – 12　纱支管间变异系数 CV_{cb}

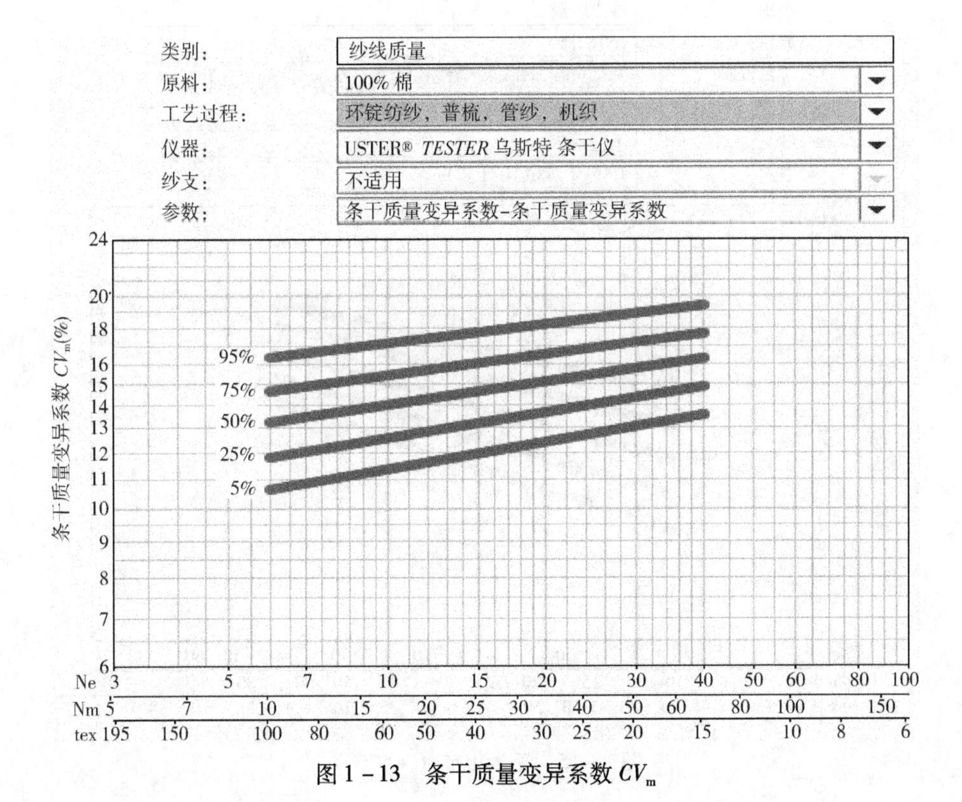

图 1 – 13　条干质量变异系数 CV_m

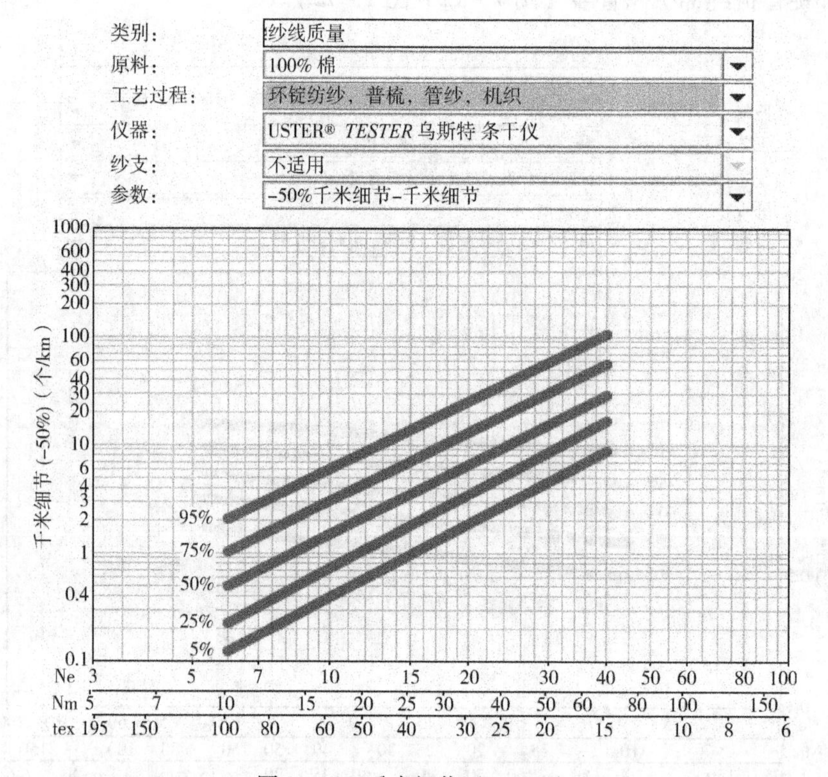

图 1-14　千米细节（-50%）

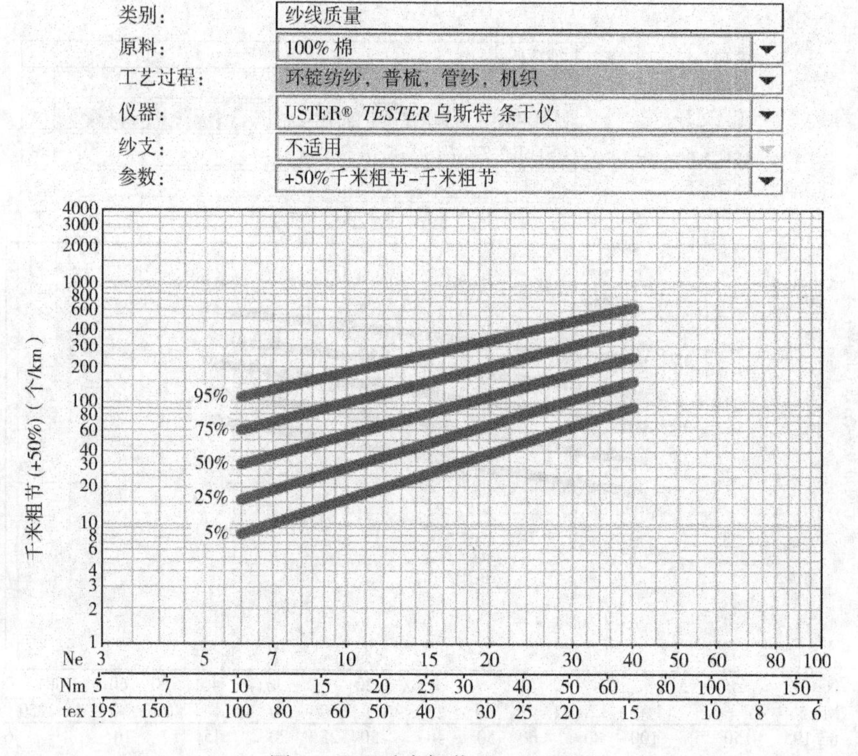

图 1-15　千米粗节（+50%）

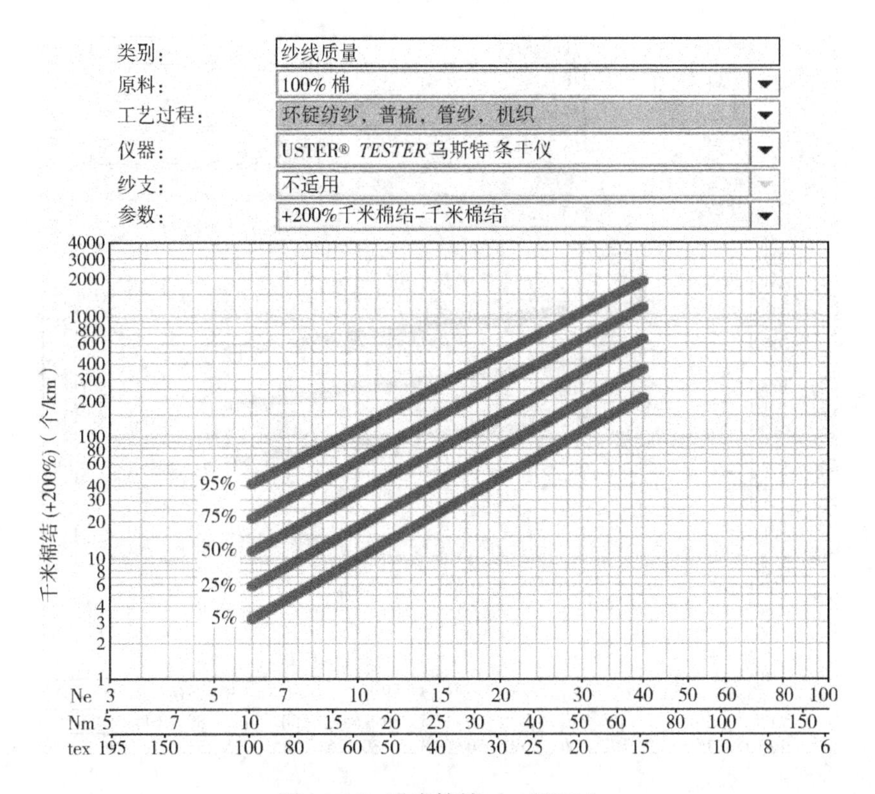

图 1-16　千米棉结（+200%）

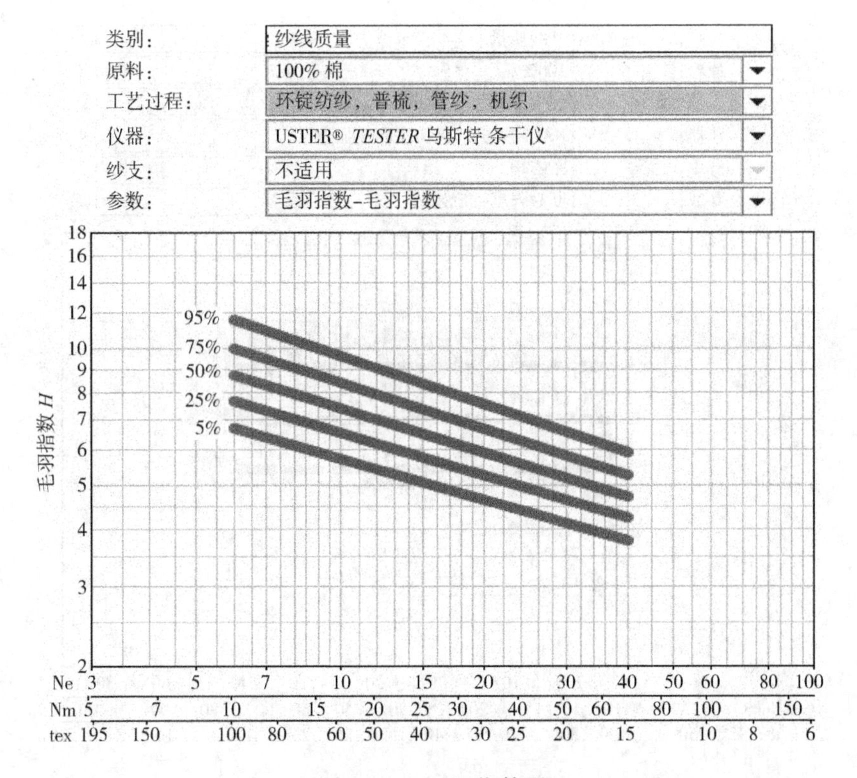

图 1-17　毛羽指数 H

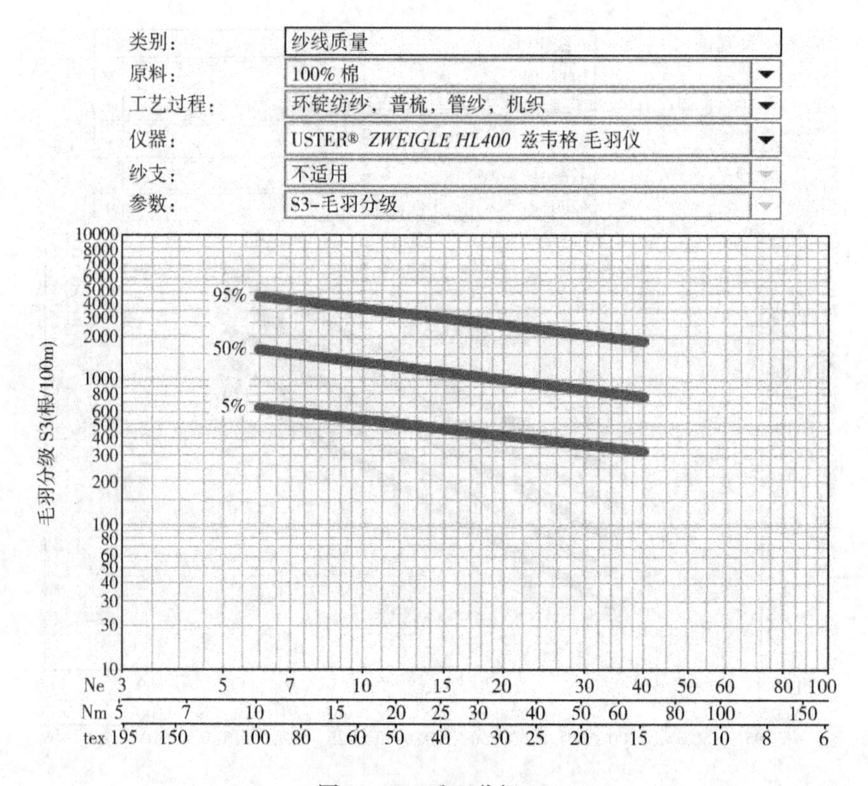

图 1－18 毛羽分级 S3

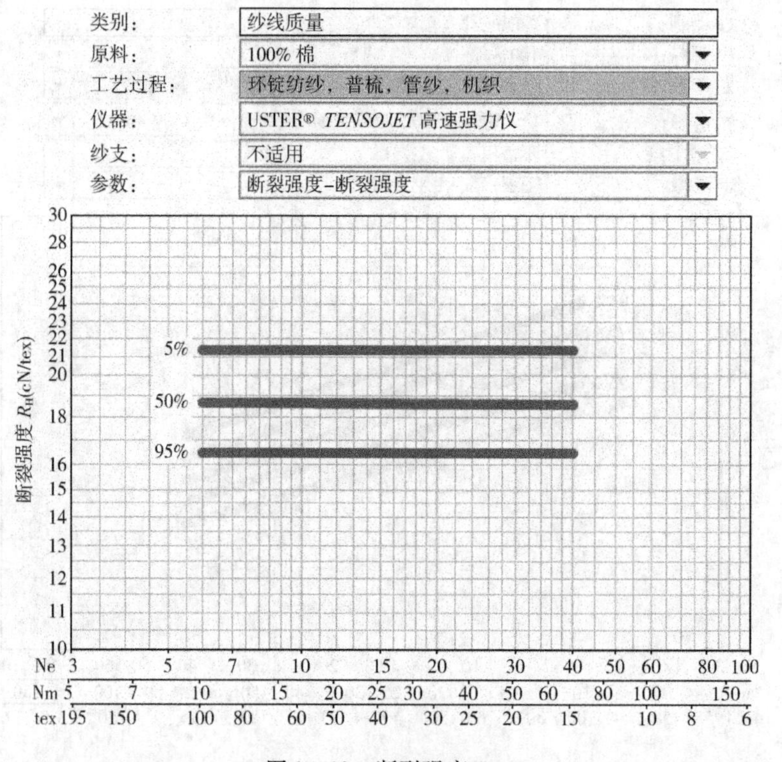

图 1－19 断裂强度 R_H

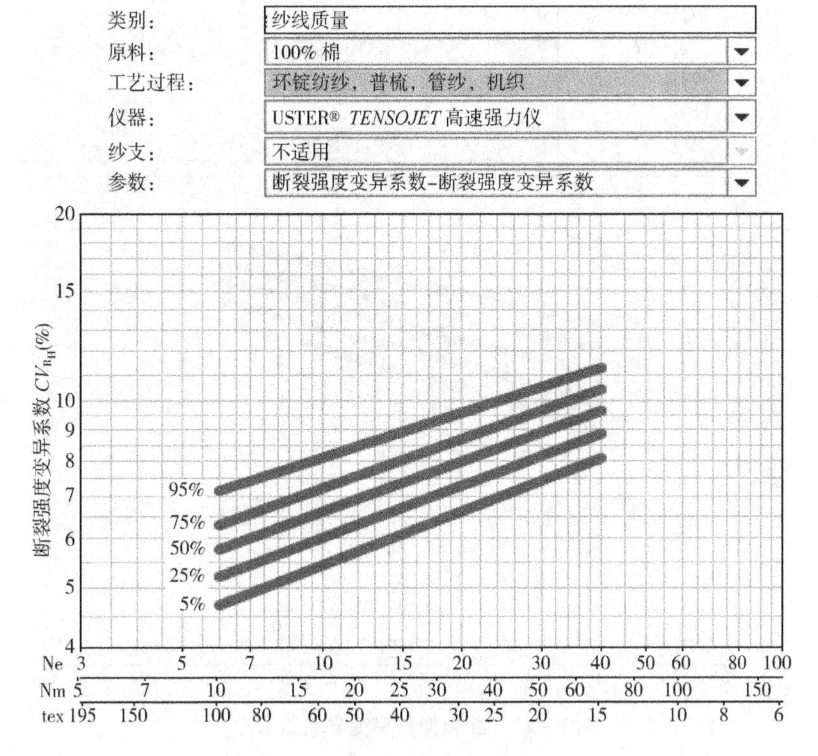

图 1-20　断裂强度变异系数 CV_{R_H}

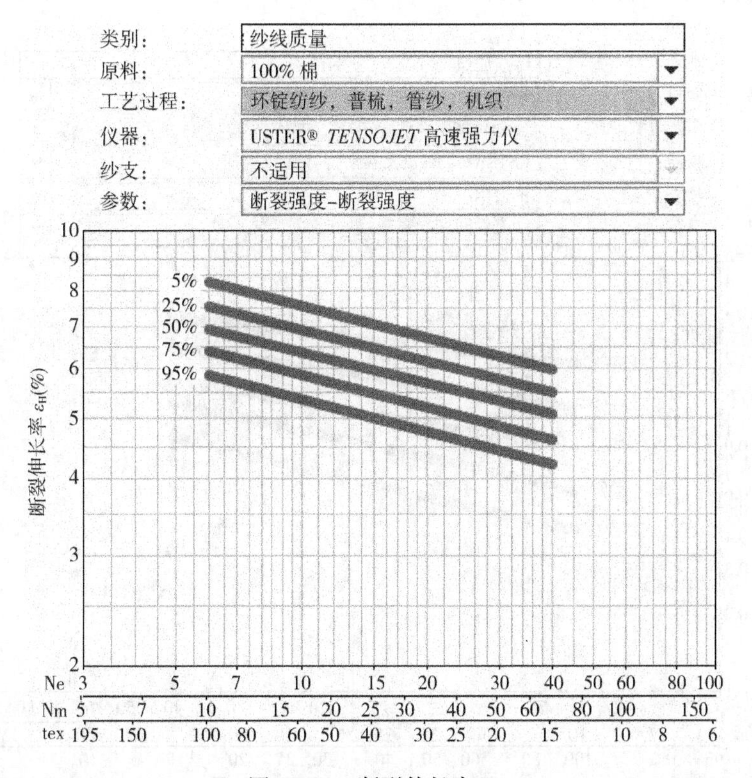

图 1-21　断裂伸长率 ε_H

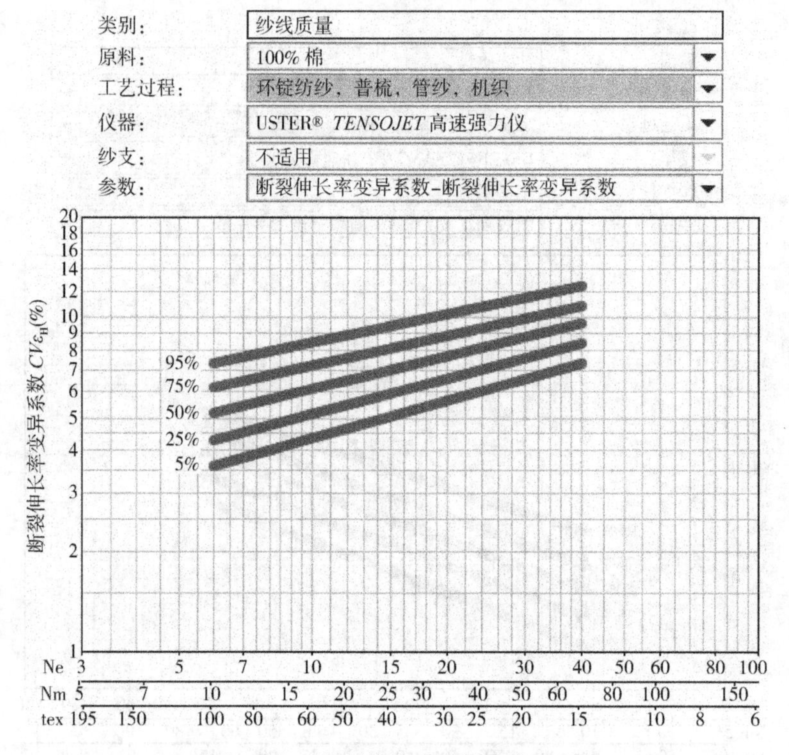

图 1-22　断裂伸长率变异系数 $CV_{\varepsilon H}$

（3）环锭普梳纯棉针织筒纱（图 1-23 ~ 图 1-33）。

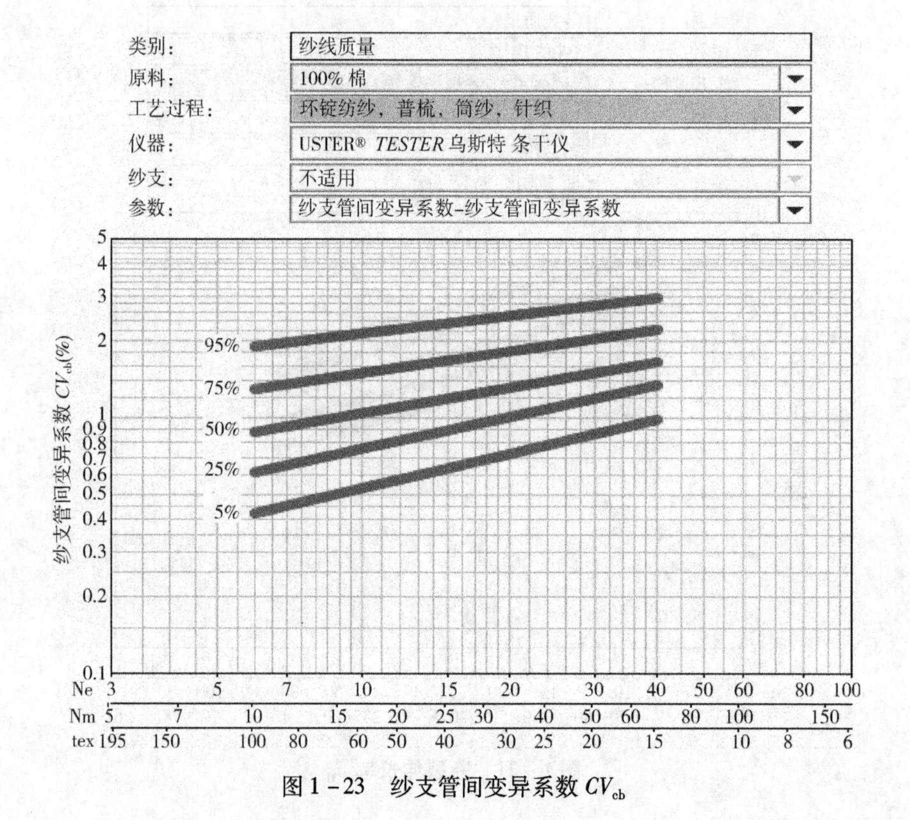

图 1-23　纱支管间变异系数 CV_{cb}

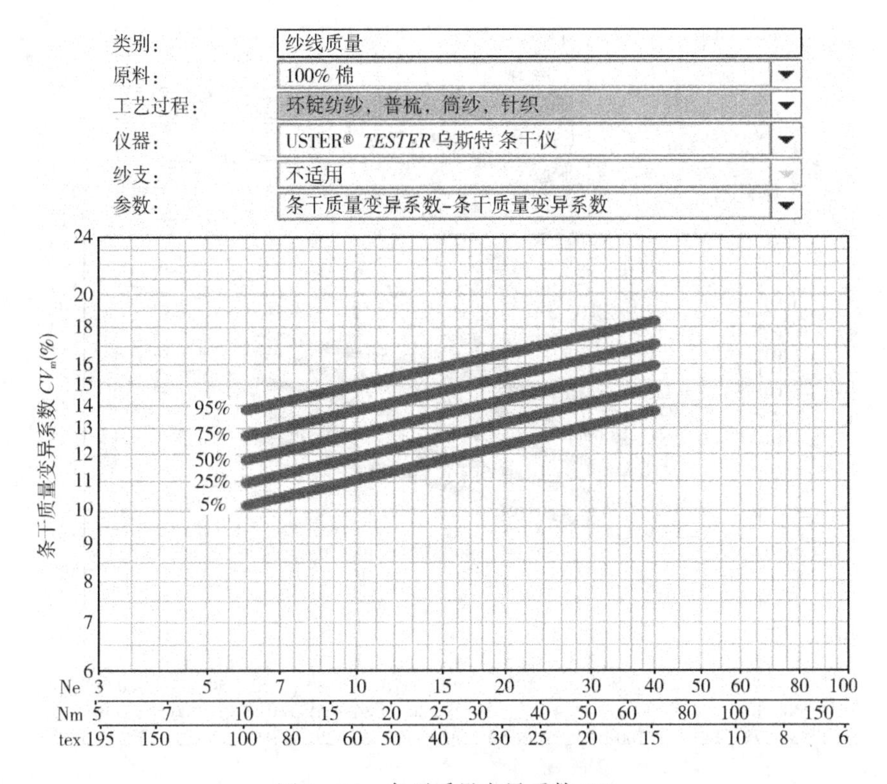

图 1-24　条干质量变异系数 CV_m

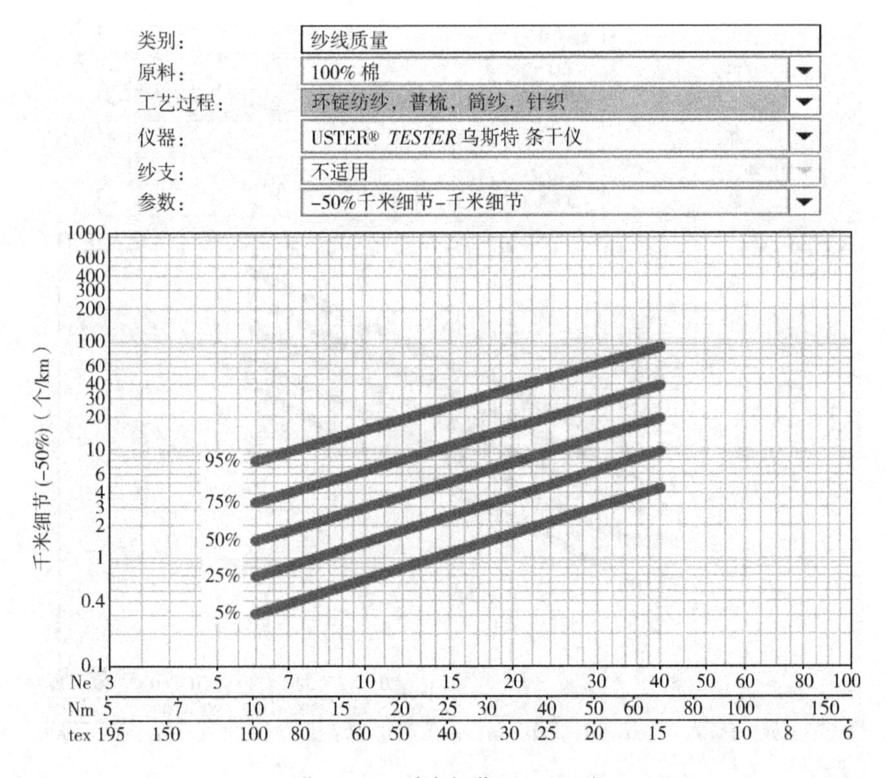

图 1-25　千米细节（-50%）

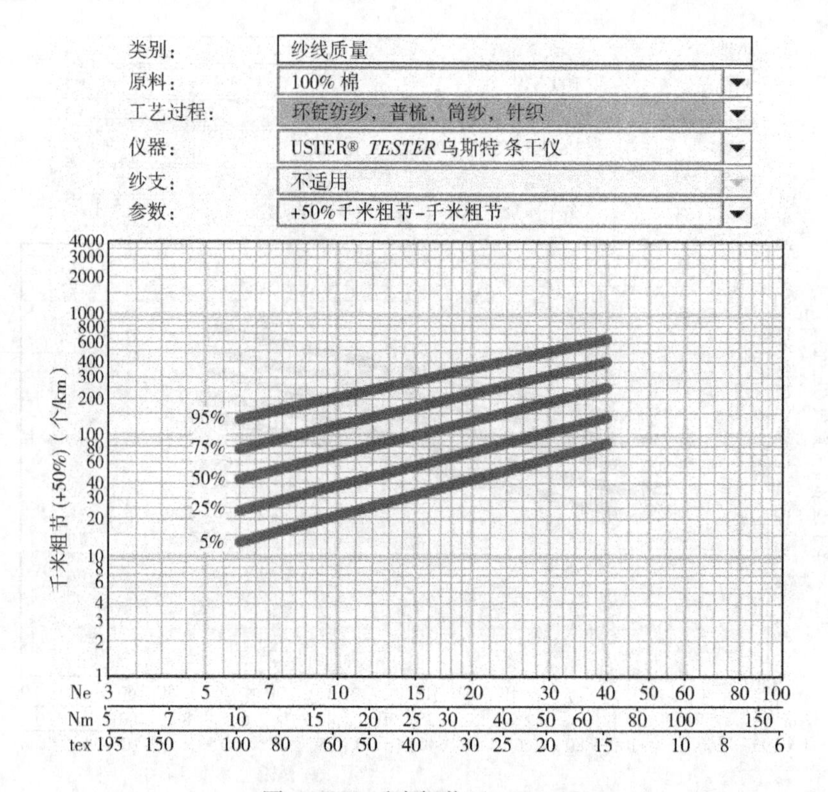

图 1-26　千米粗节（+50%）

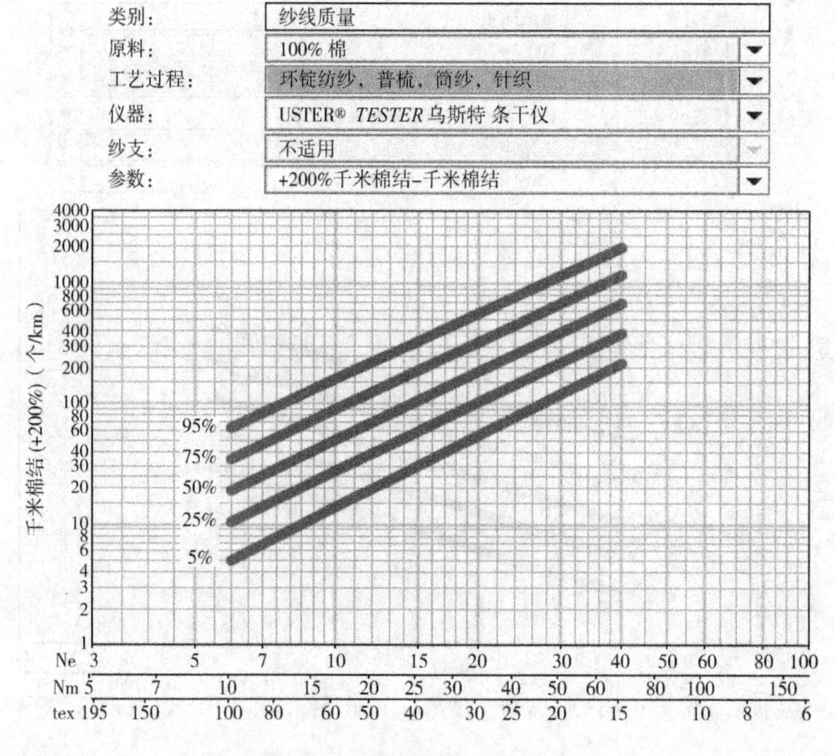

图 1-27　千米棉结（+200%）

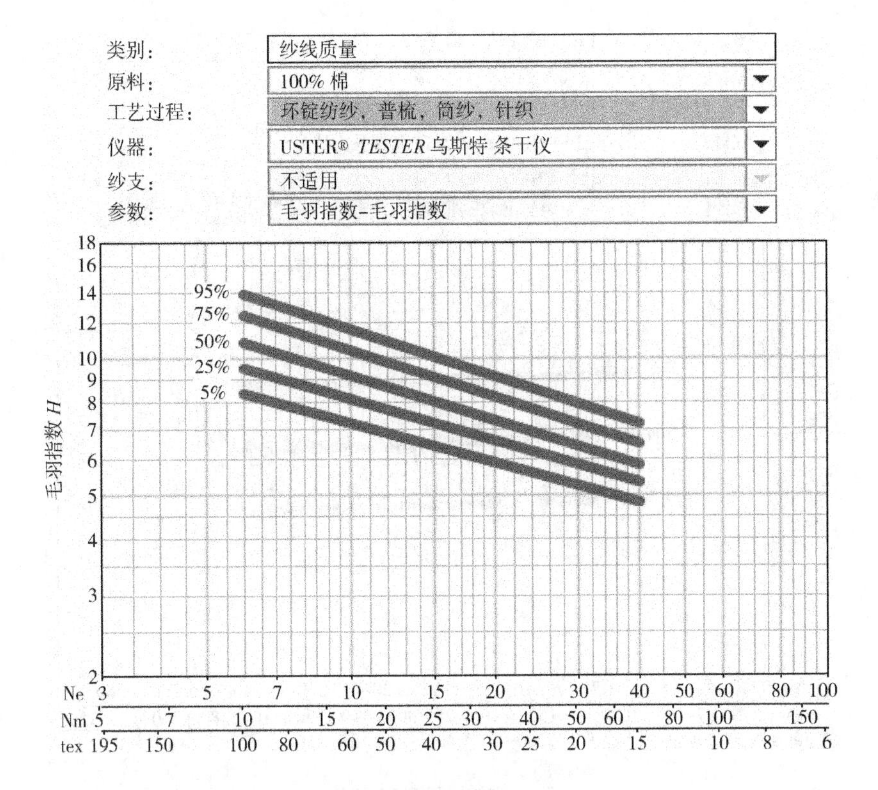

图 1－28　毛羽指数 *H*

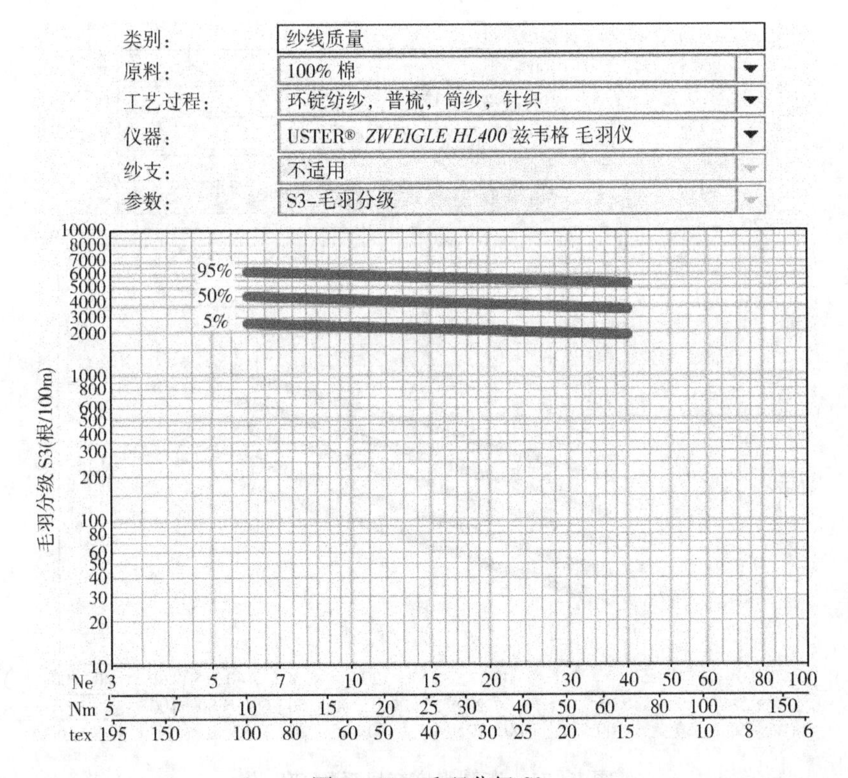

图 1－29　毛羽分级 S3

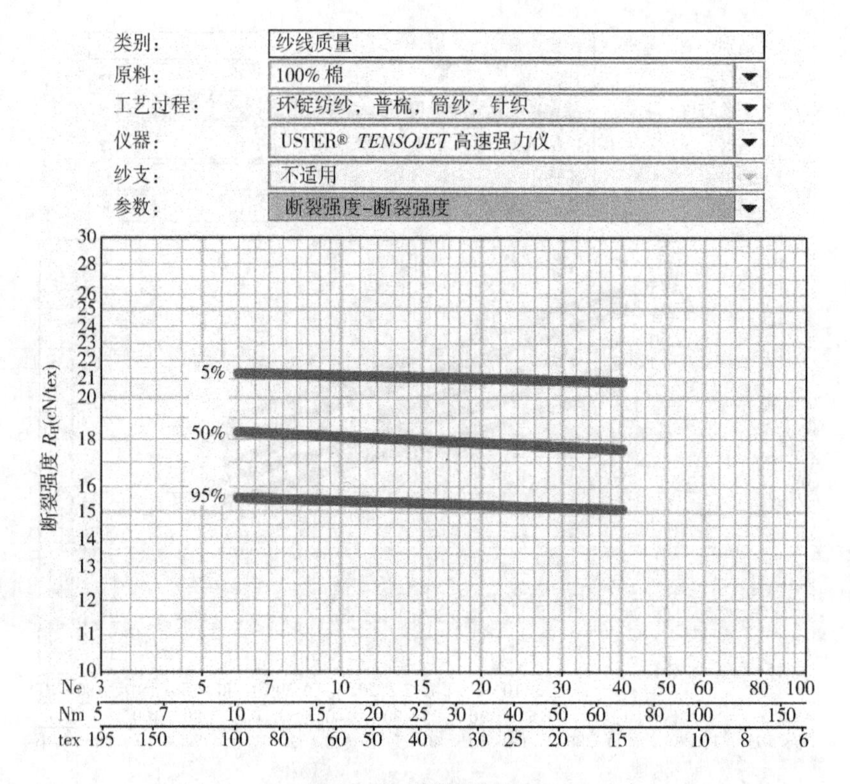

图 1-30　断裂强度 R_H

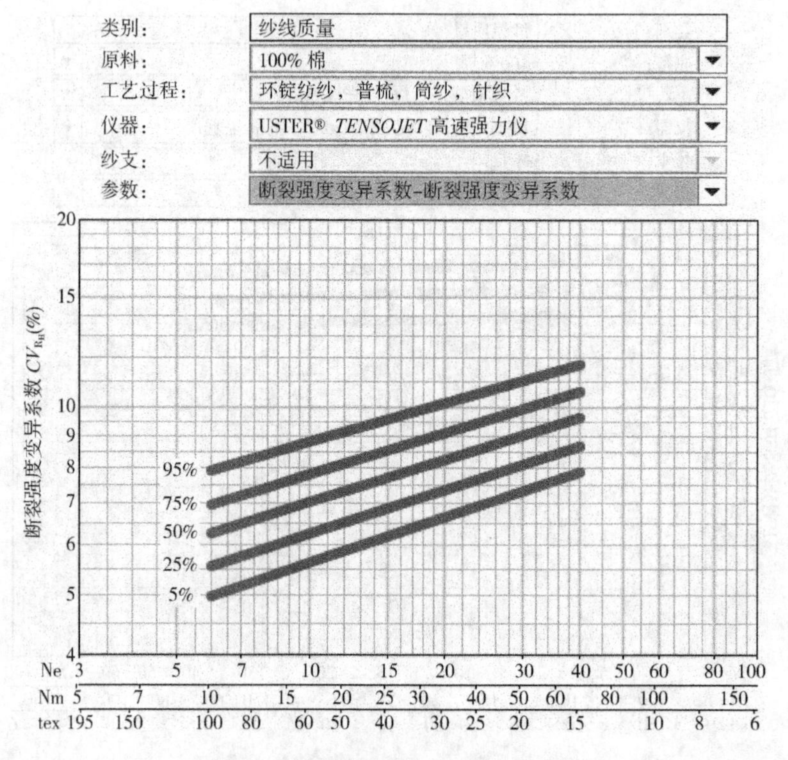

图 1-31　断裂强度变异系数 CV_{R_H} 值

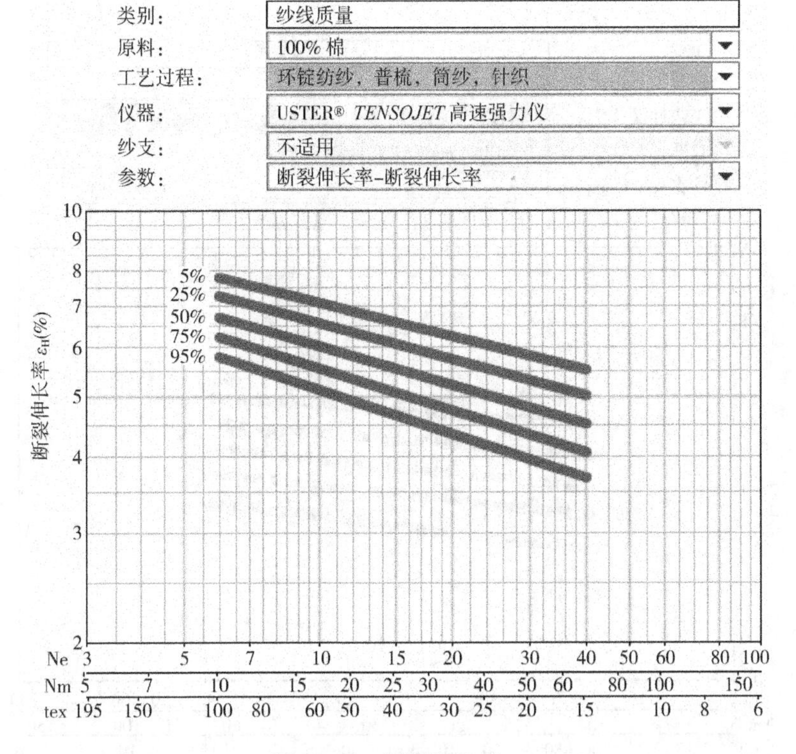

图 1-32　断裂伸长率 ε_H

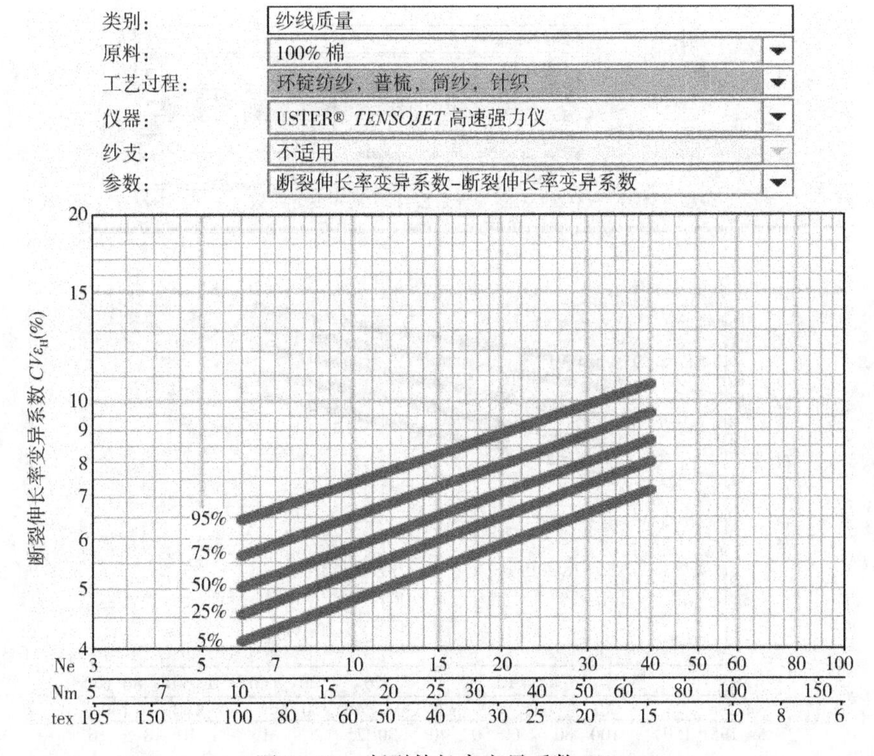

图 1-33　断裂伸长率变异系数 CV_{ε_H}

（4）环锭普梳纯棉机织筒纱（图1－34～图1－44）。

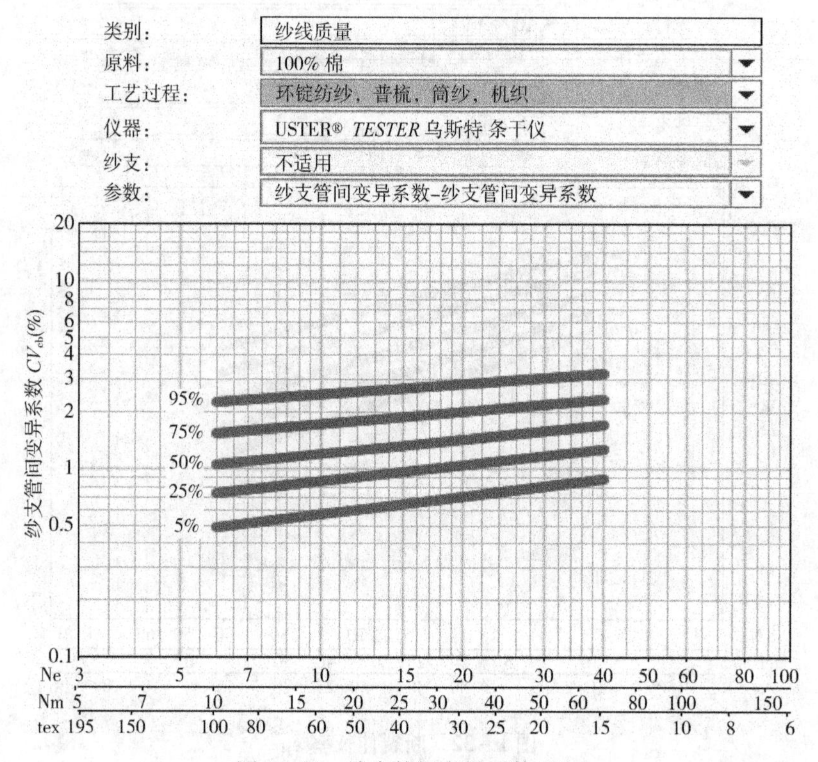

图1－34　纱支管间变异系数 CV_{cb}

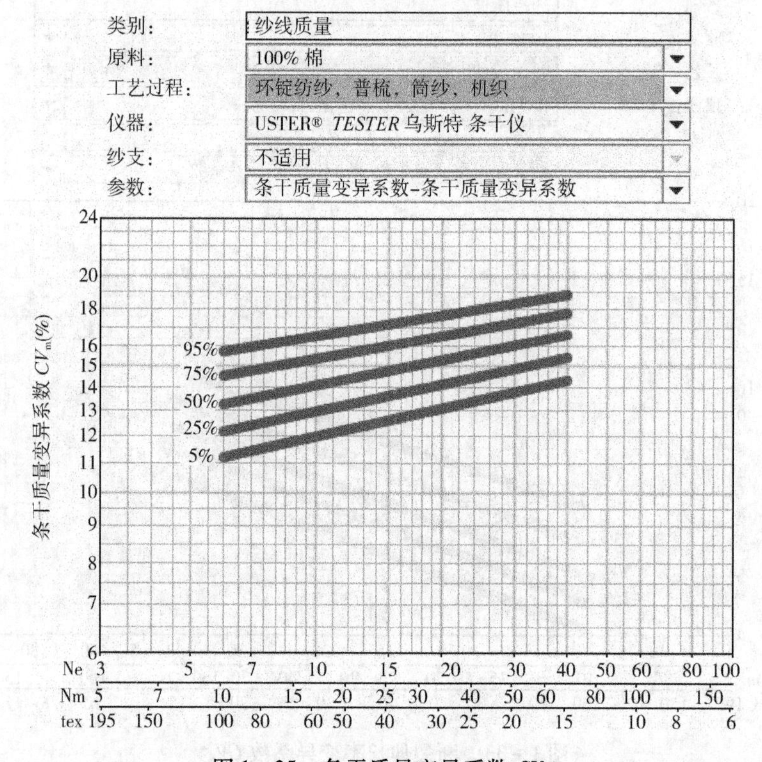

图1－35　条干质量变异系数 CV_m

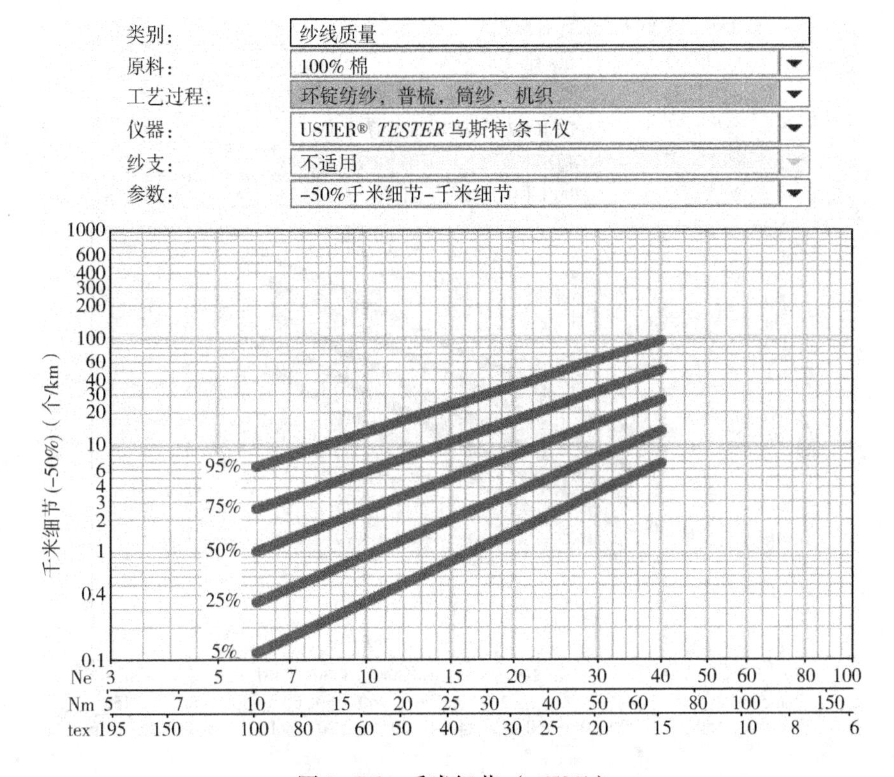

图 1-36　千米细节（-50%）

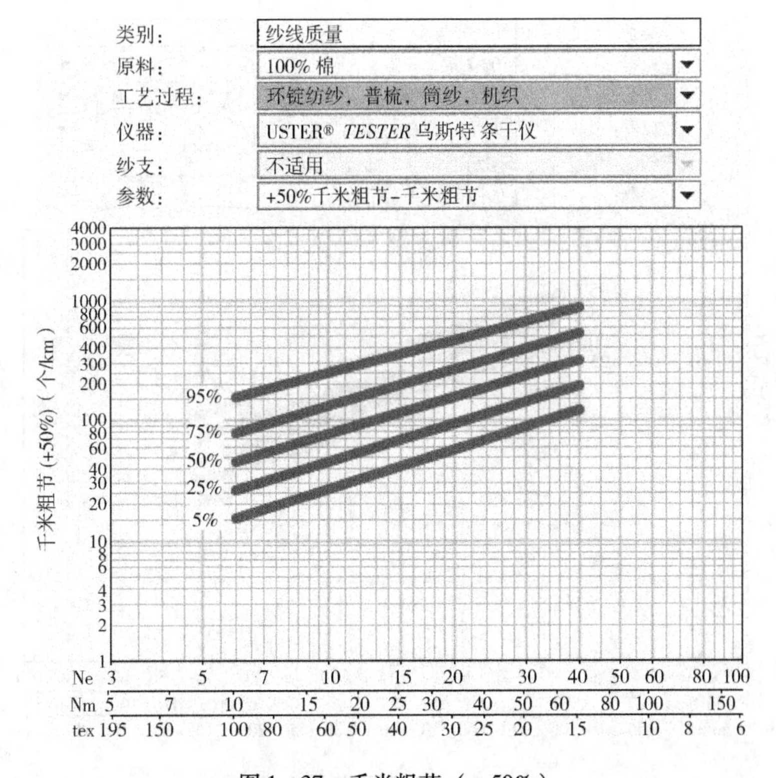

图 1-37　千米粗节（+50%）

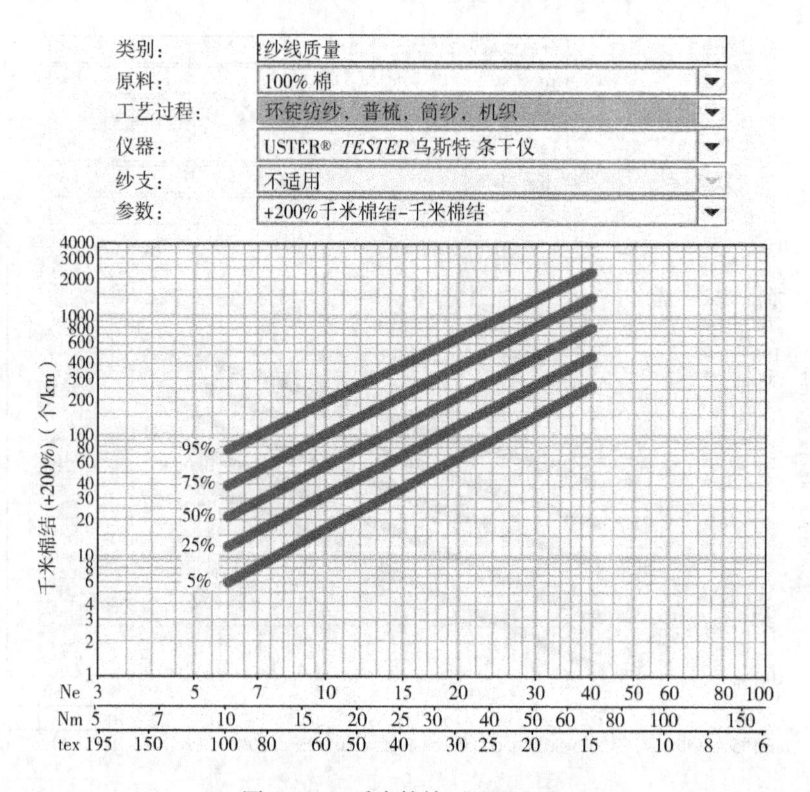

图 1-38　千米棉结（+200%）

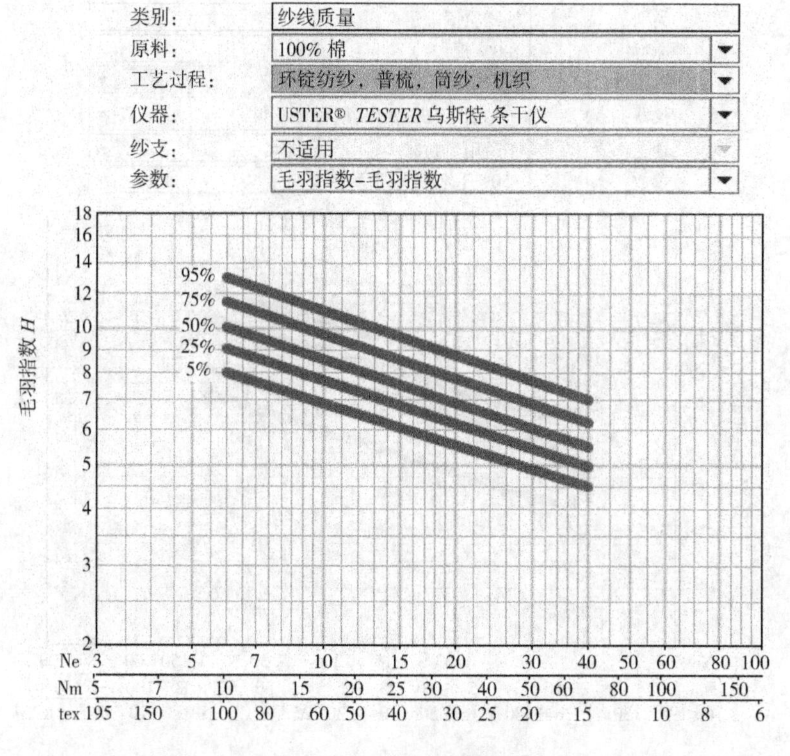

图 1-39　毛羽指数 *H*

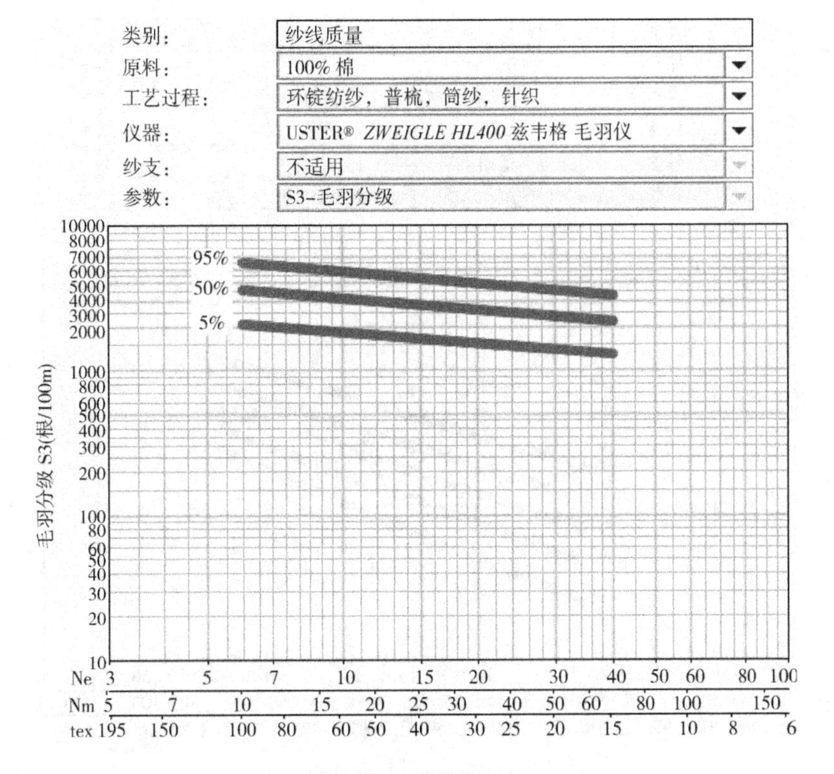

图 1-40　毛羽分级 S3

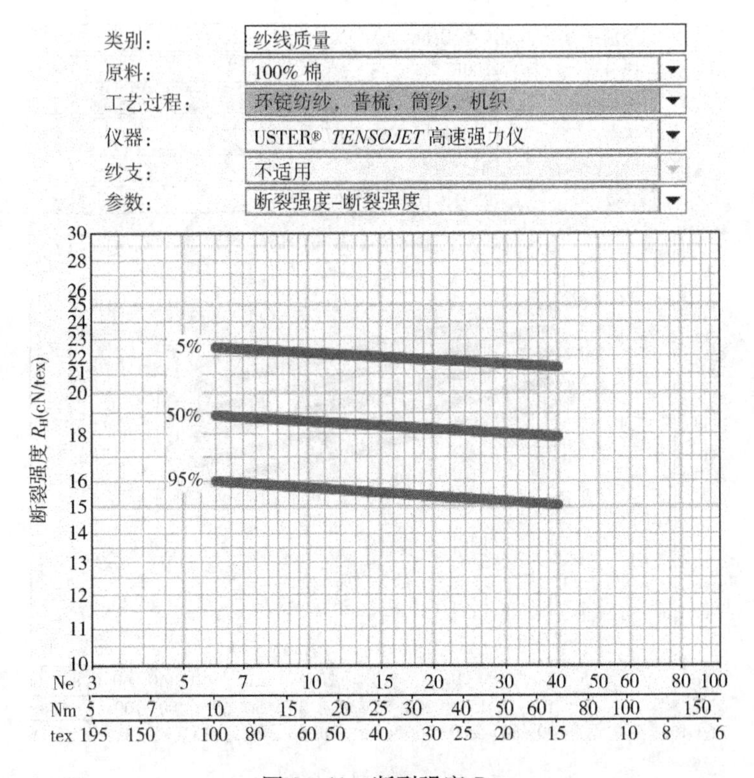

图 1-41　断裂强度 R_H

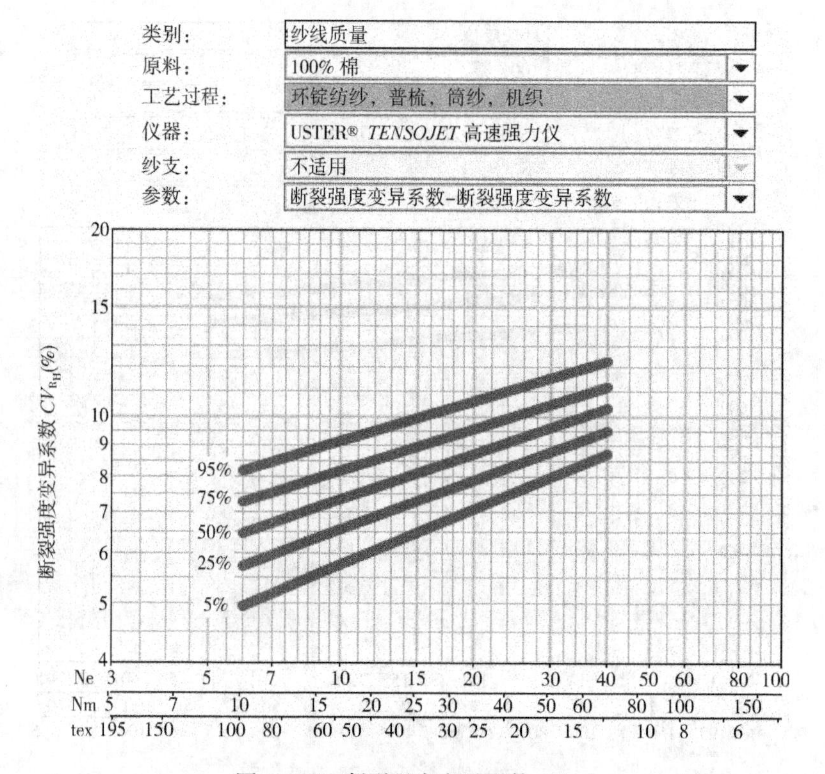

图 1－42　断裂强度变异系数 CV_{R_H}

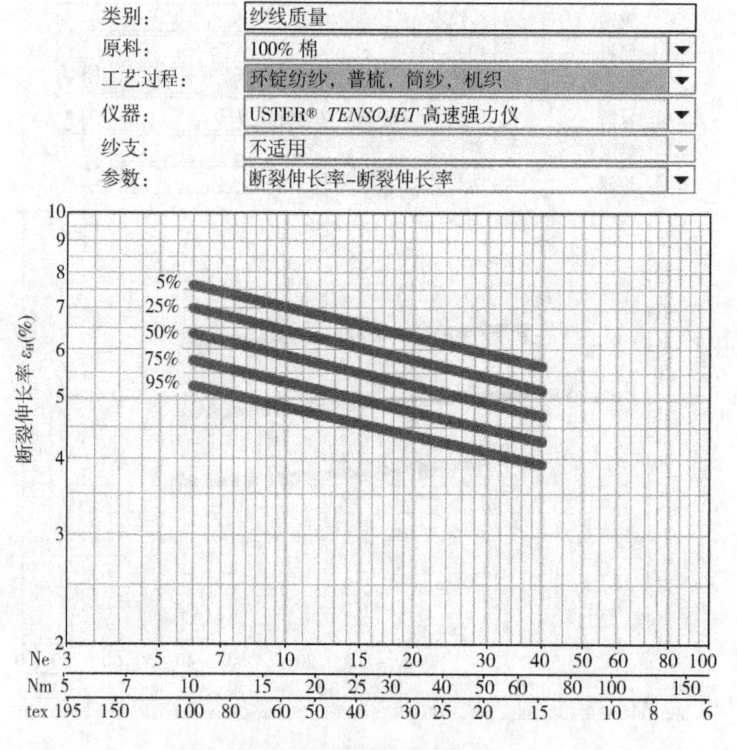

图 1－43　断裂伸长率 ε_H

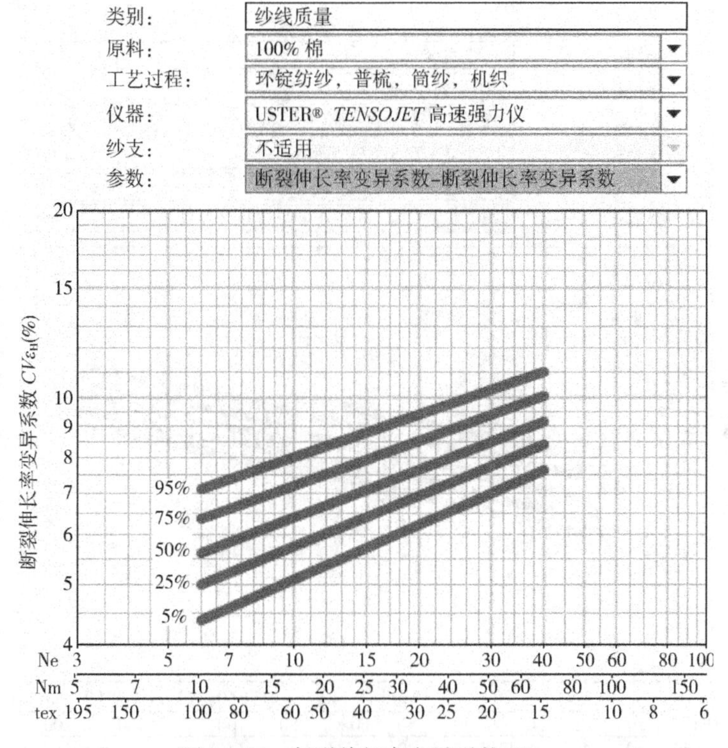

图 1－44　断裂伸长率变异系数 CV_{ε_H}

（5）环锭精梳纯棉针织管纱（图 1－45～图 1－55）。

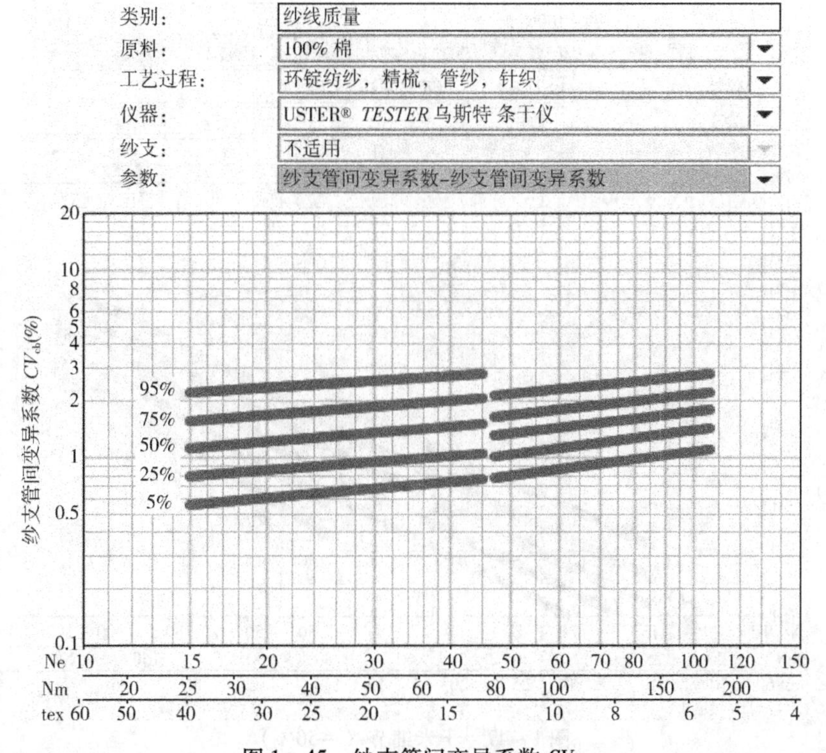

图 1－45　纱支管间变异系数 CV_{cb}

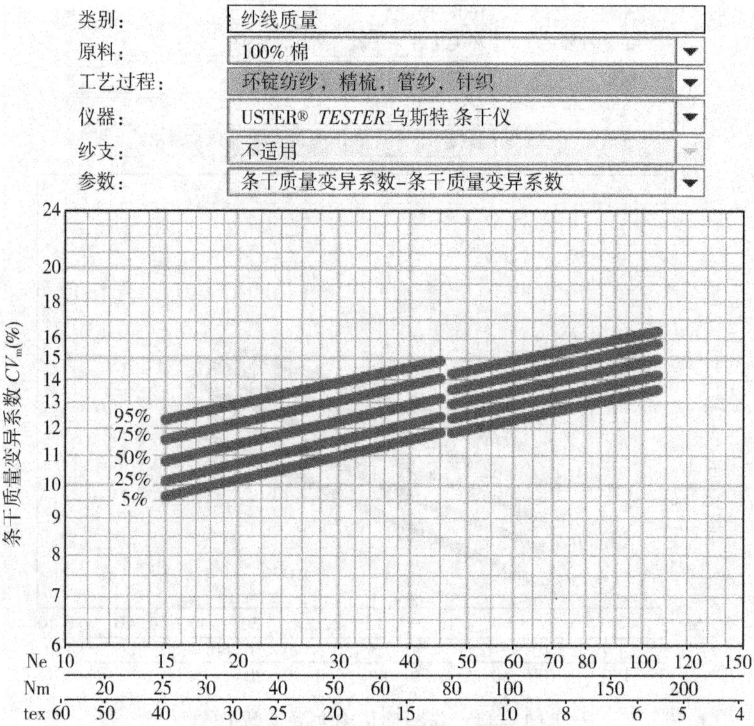

类别：纱线质量
原料：100% 棉
工艺过程：环锭纺纱，精梳，管纱，针织
仪器：USTER® TESTER 乌斯特 条干仪
纱支：不适用
参数：条干质量变异系数-条干质量变异系数
条干质量变异系数 CVm(%)
24
20
18
16
15
14
13
12
11
10
9
8
7
6
95%
75%
50%
25%
5%
Ne 10 15 20 30 40 50 60 70 80 100 120 150
Nm 20 25 30 40 50 60 80 100 150 200
tex 60 50 40 30 25 20 15 10 8 6 5 4

图 1-46 条干质量变异系数 CV_m

类别：纱线质量
原料：100% 棉
工艺过程：环锭纺纱，精梳，管纱，针织
仪器：USTER® TESTER 乌斯特 条干仪
纱支：不适用
参数：-50%千米细节-千米细节
千米细节 (-50%)（个/km）
1000
600
400
300
200
100
60
40
30
20
10
6
4
3
2
1
0.4
0.1
95%
75%
50%
25%
5%
Ne 10 15 20 30 40 50 60 70 80 100 120 150
Nm 20 25 30 40 50 60 80 100 150 200
tex 60 50 40 30 25 20 15 10 8 6 5 4

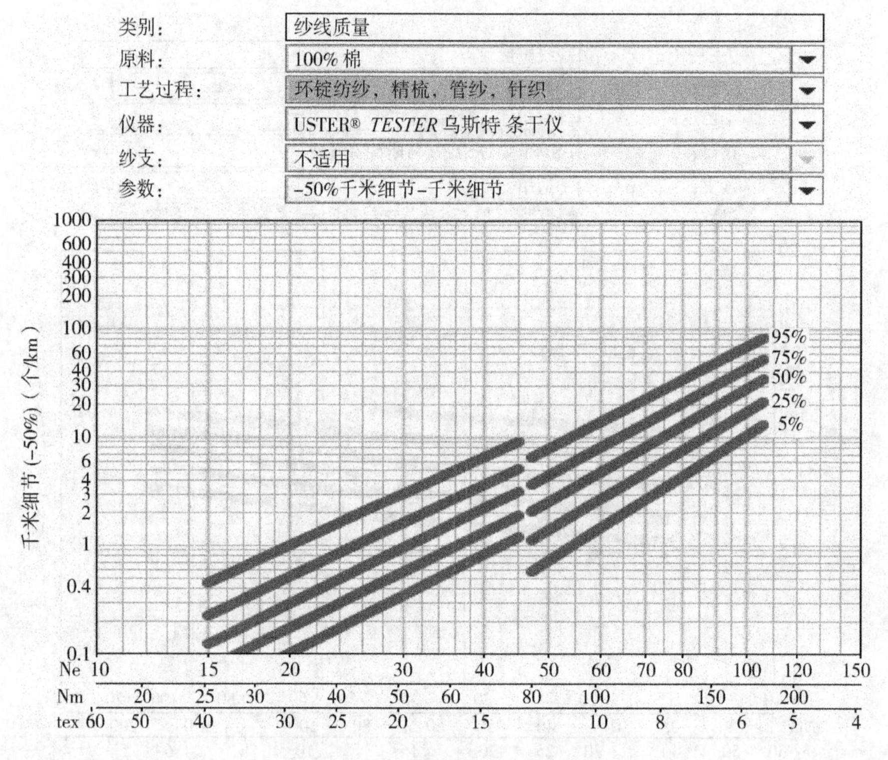

图 1-47 千米细节（-50%）

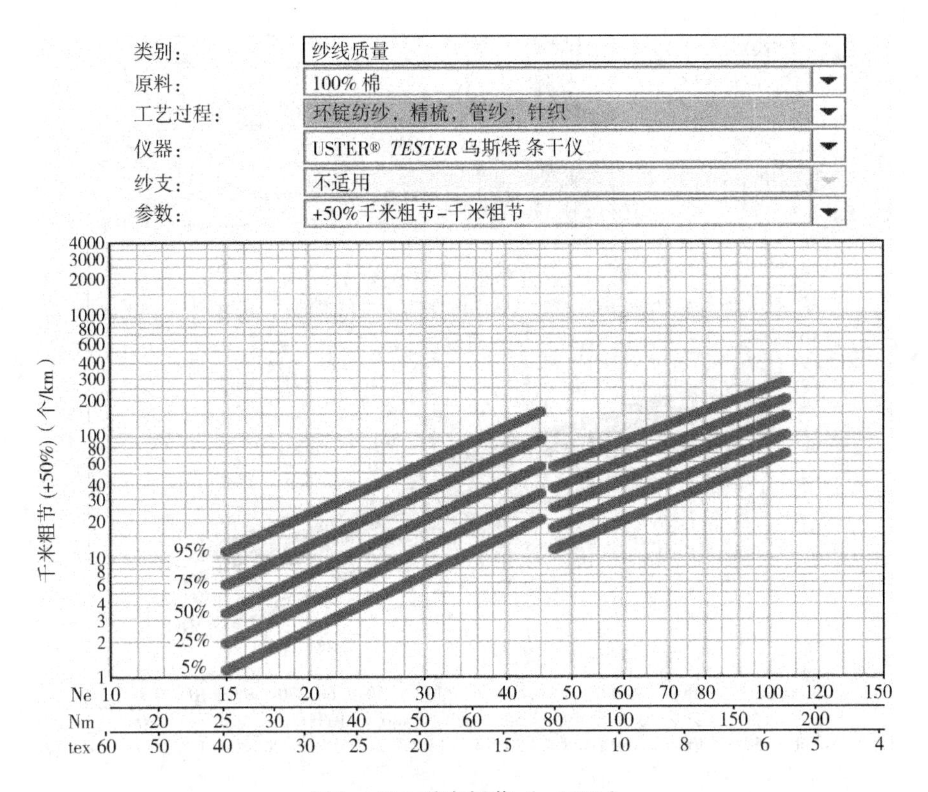

图 1－48　千米粗节（+50%）

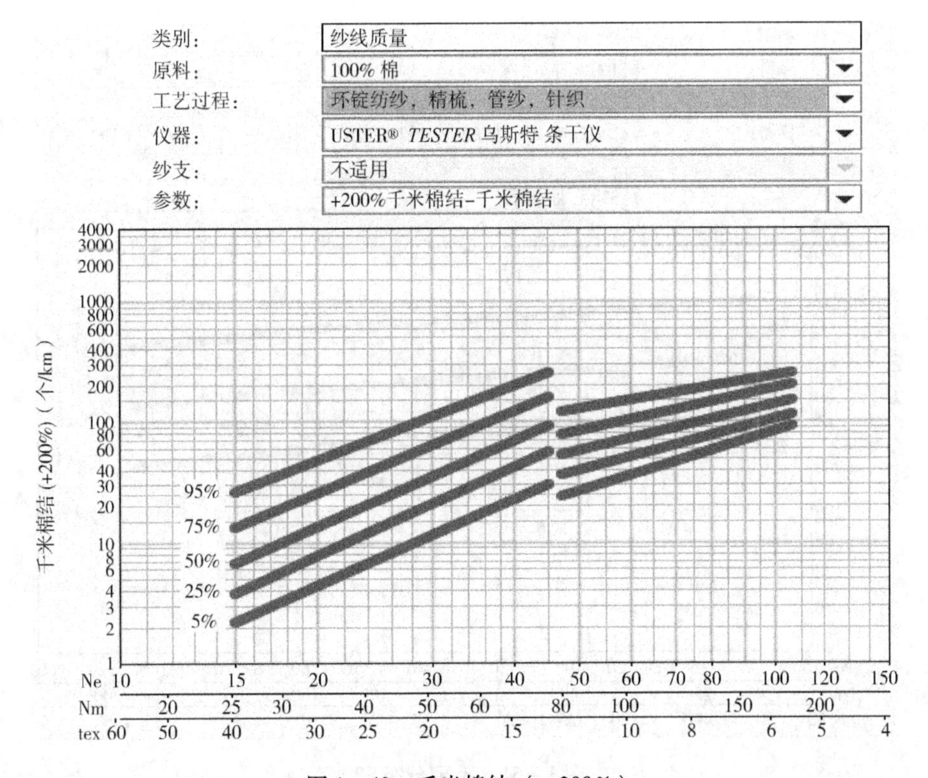

图 1－49　千米棉结（+200%）

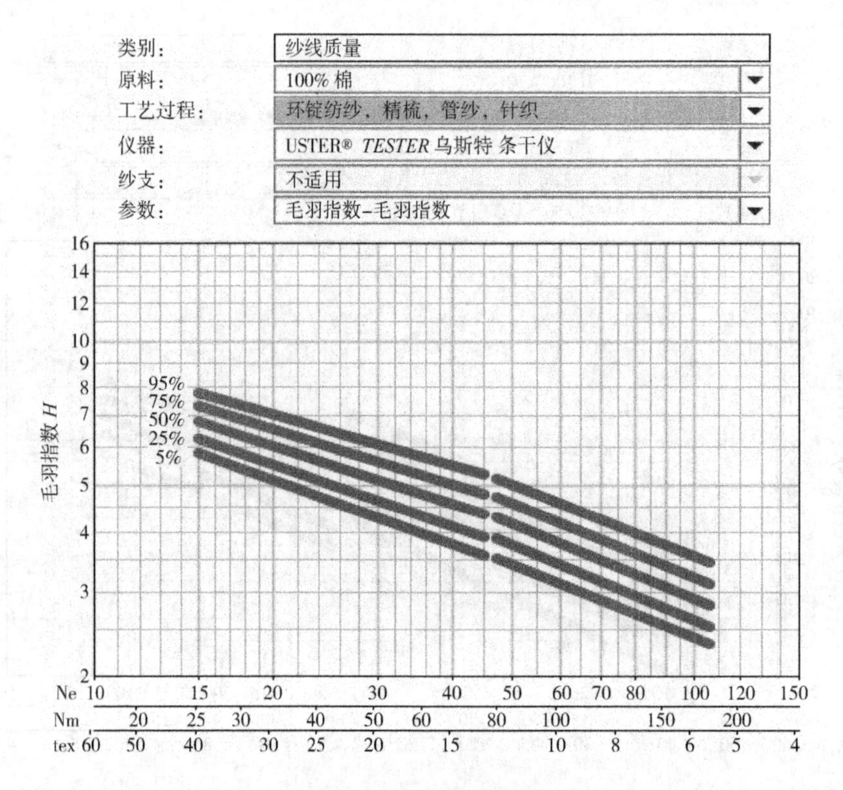

图 1-50　毛羽指数 *H*

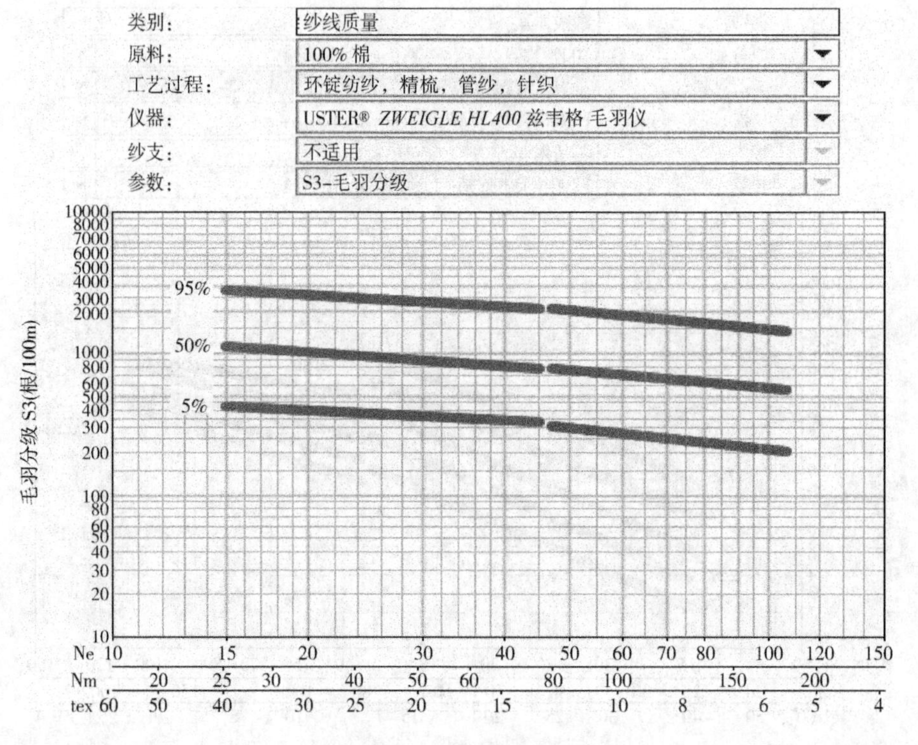

图 1-51　毛羽分级 S3

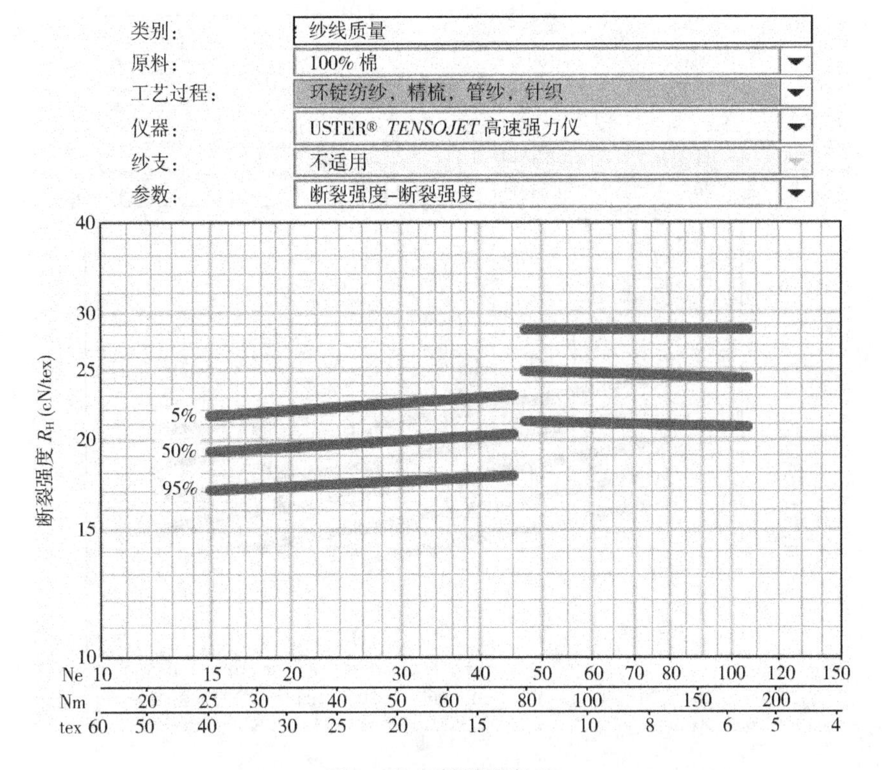

图 1-52　断裂强度 R_H

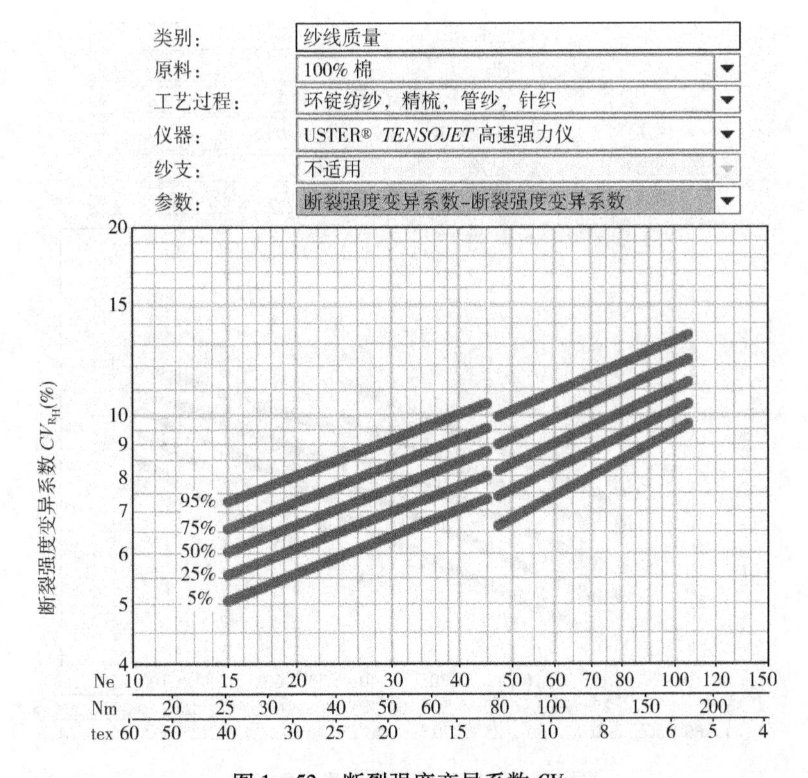

图 1-53　断裂强度变异系数 CV_{R_H}

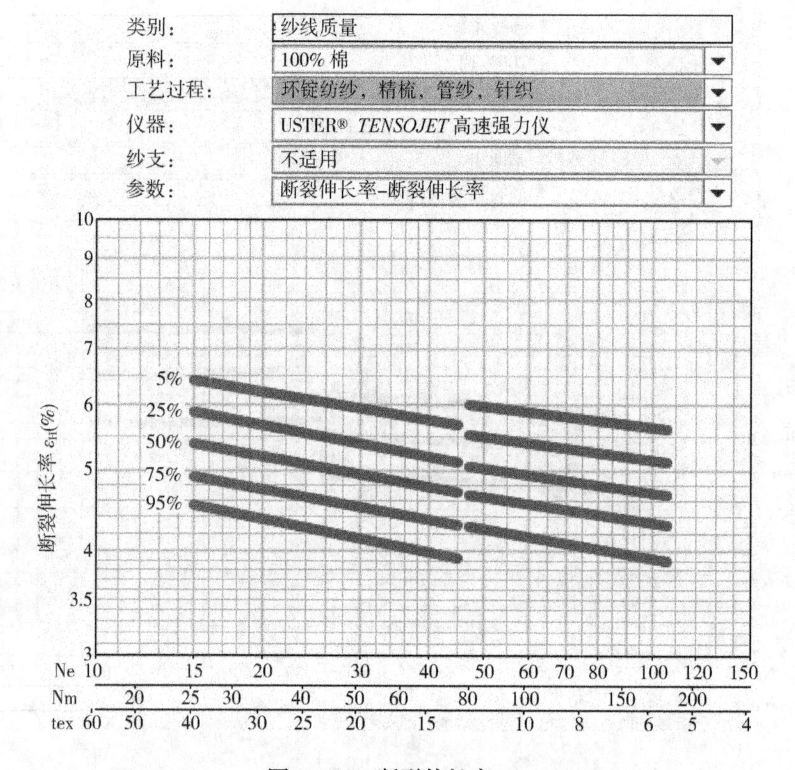

图 1-54　断裂伸长率 ε_H

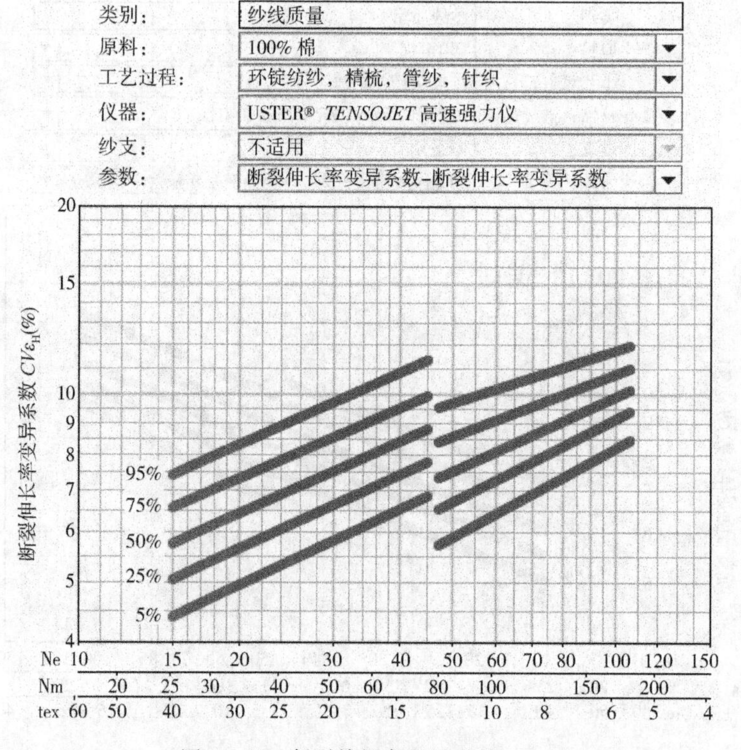

图 1-55　断裂伸长率变异系数 CV_{ε_H}

（6）环锭精梳纯棉机织管纱（图1－56～图1－66）。

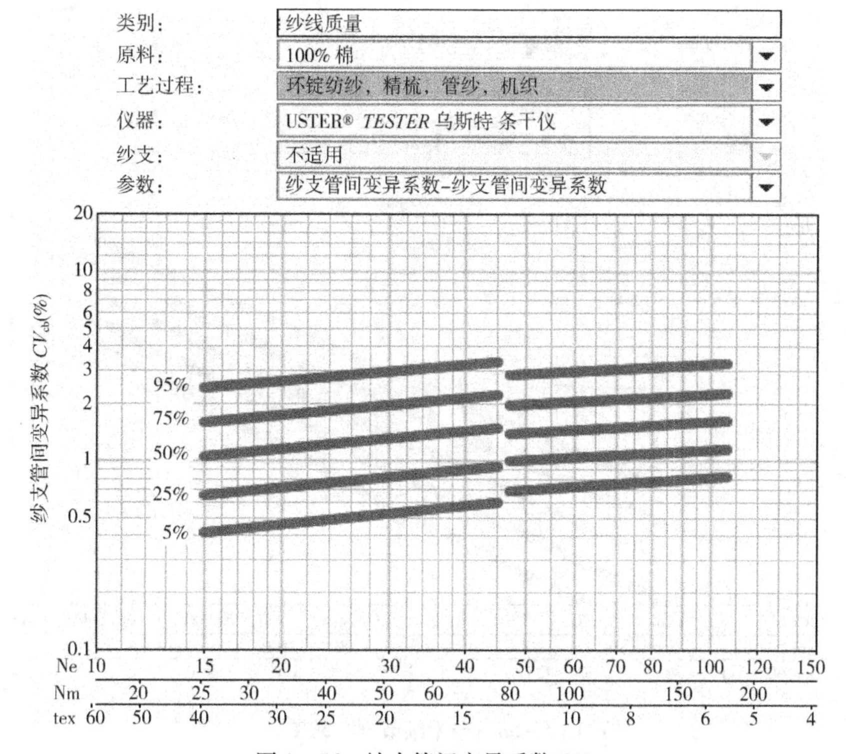

图1－56 纱支管间变异系数 CV_{cb}

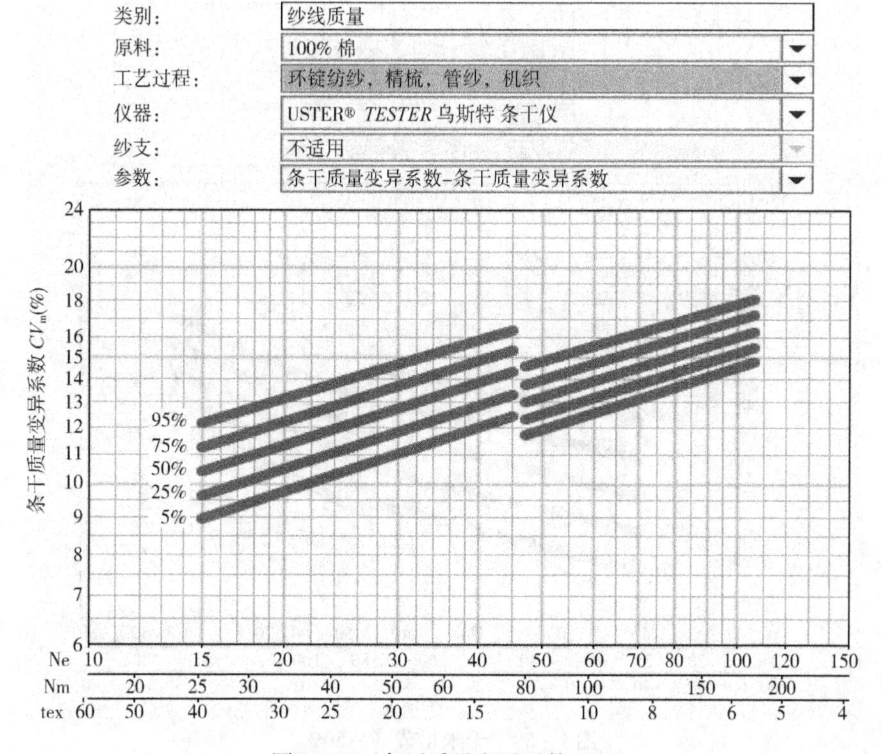

图1－57 条干质量变异系数 CV_m

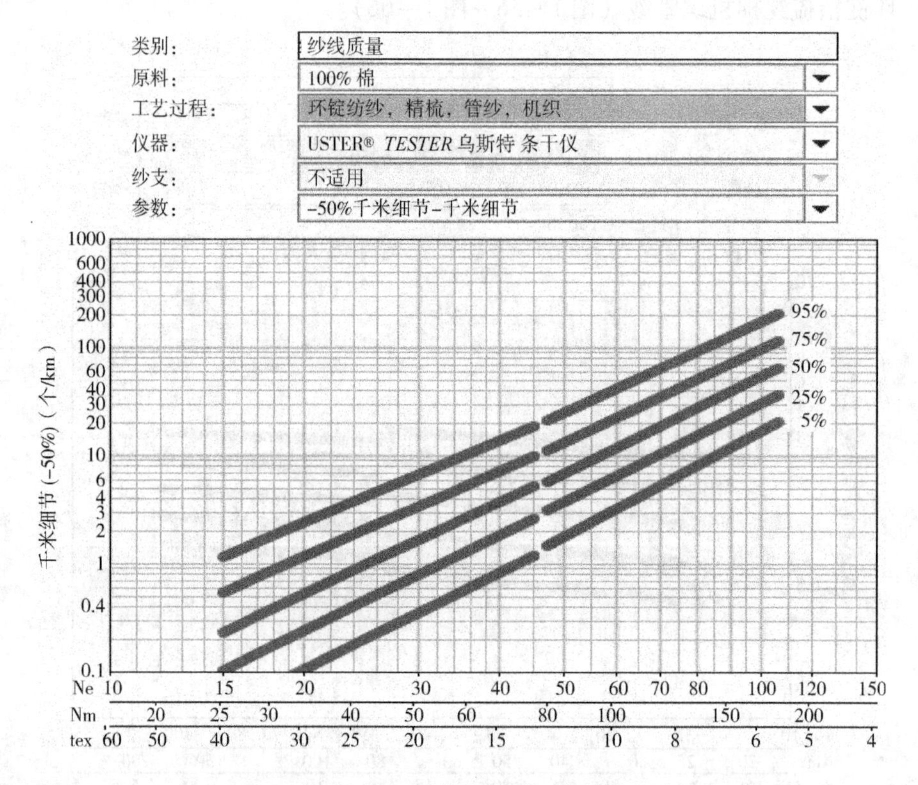

图 1-58　千米细节（-50%）

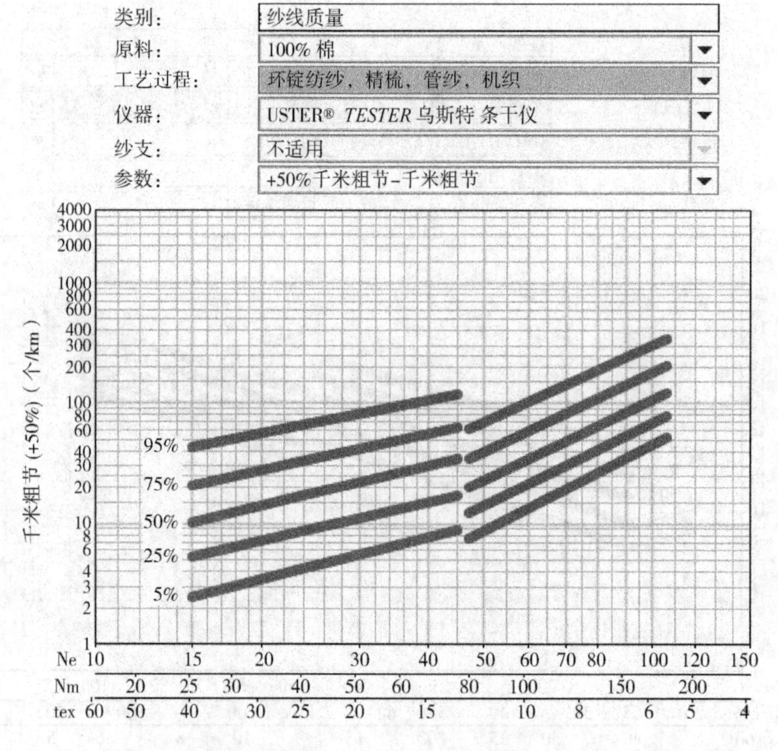

图 1-59　千米粗节（+50%）

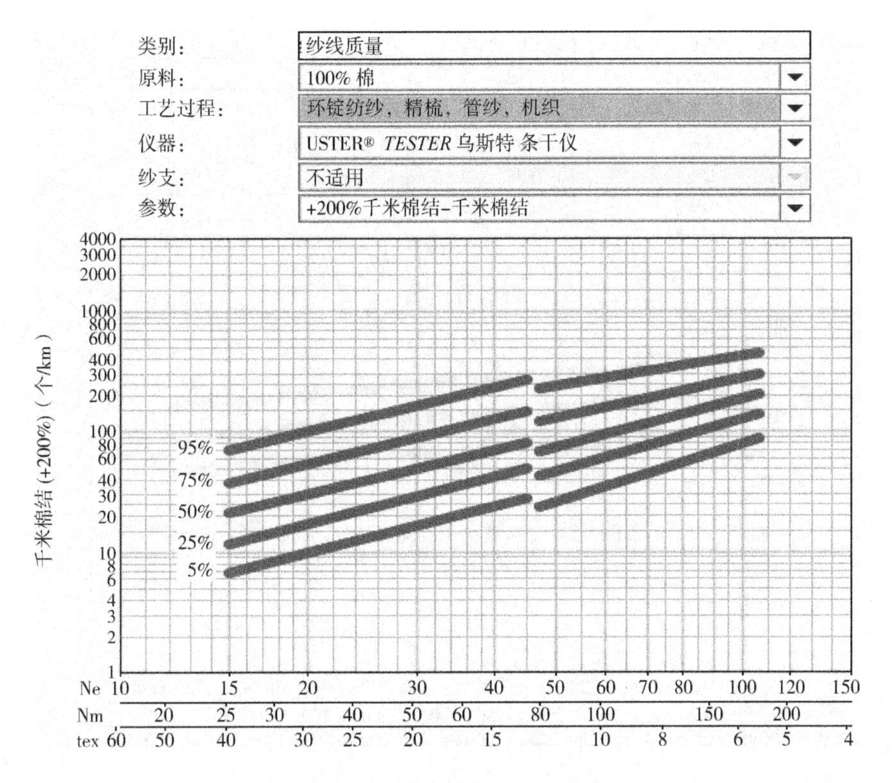

图 1-60　千米棉结（+200%）

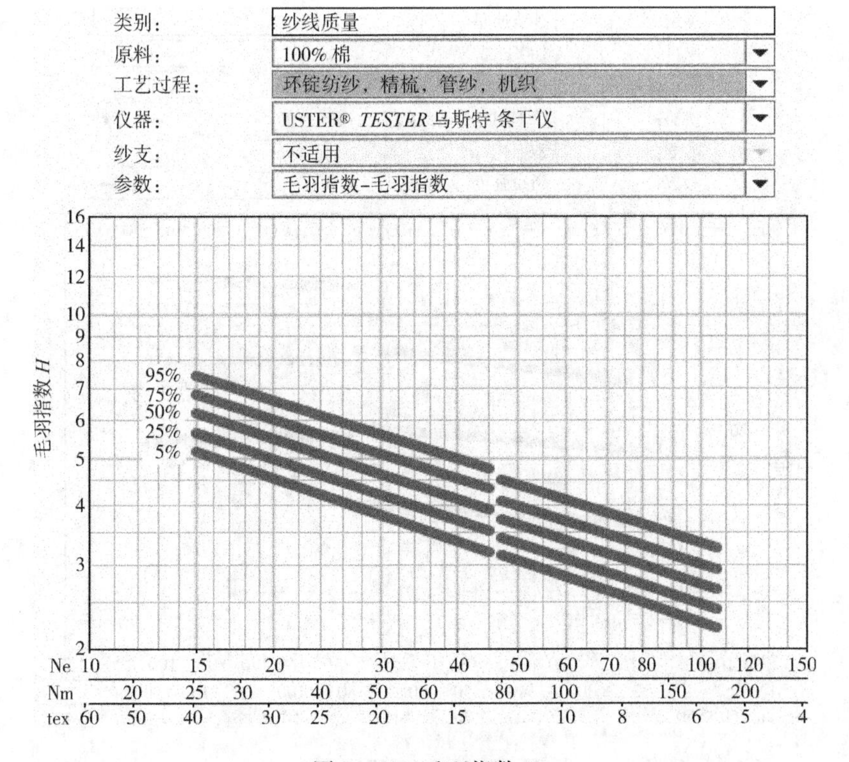

图 1-61　毛羽指数 *H*

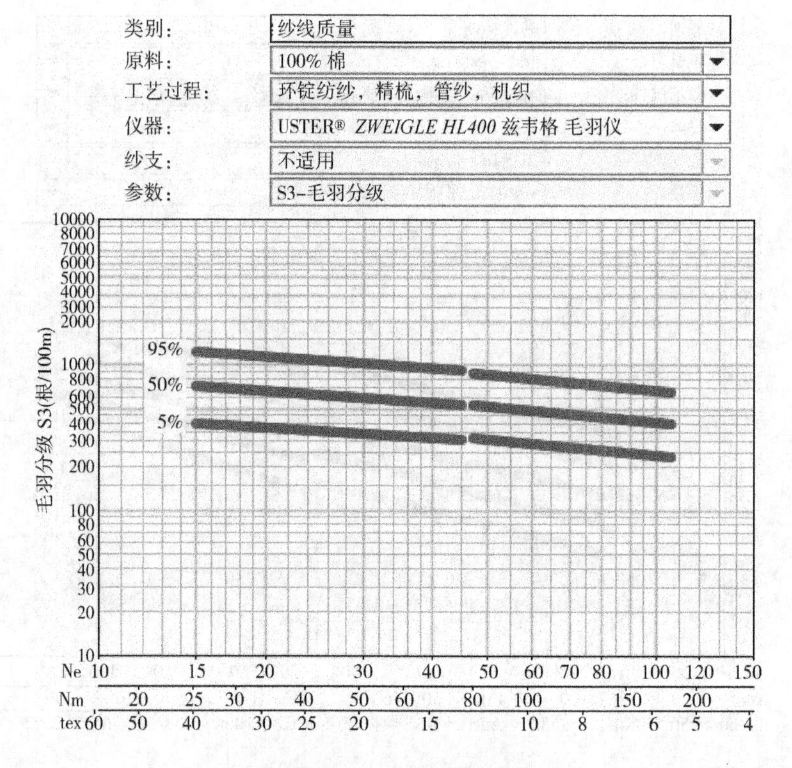

图 1-62 毛羽分级 S3

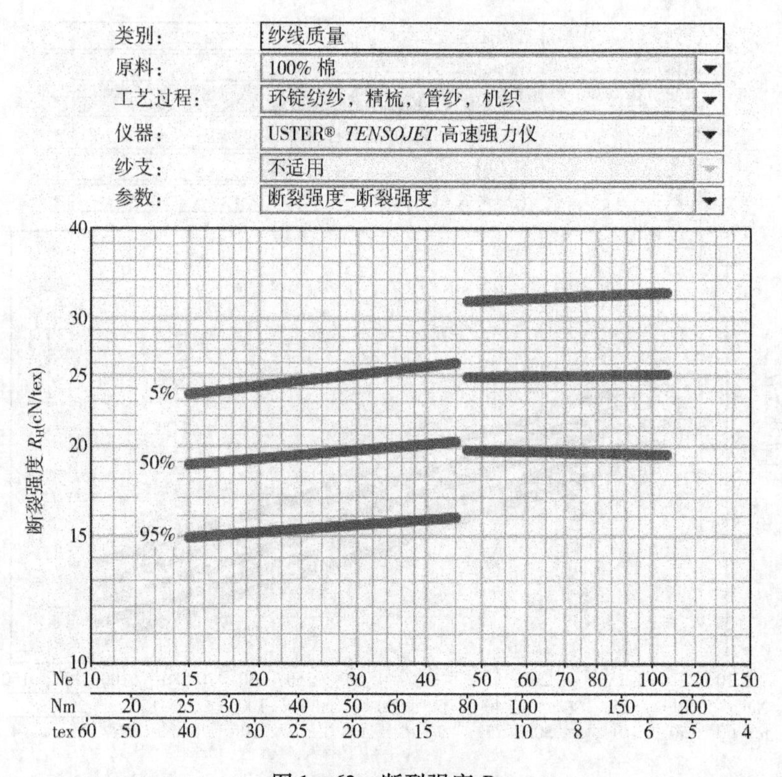

图 1-63 断裂强度 R_H

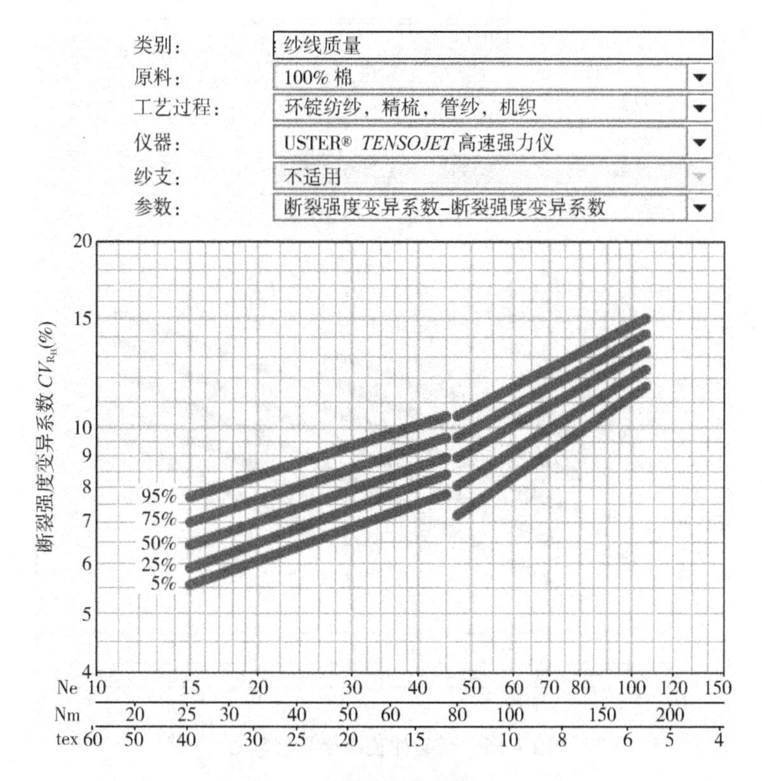

图 1-64　断裂强度变异系数 CV_{R_H}

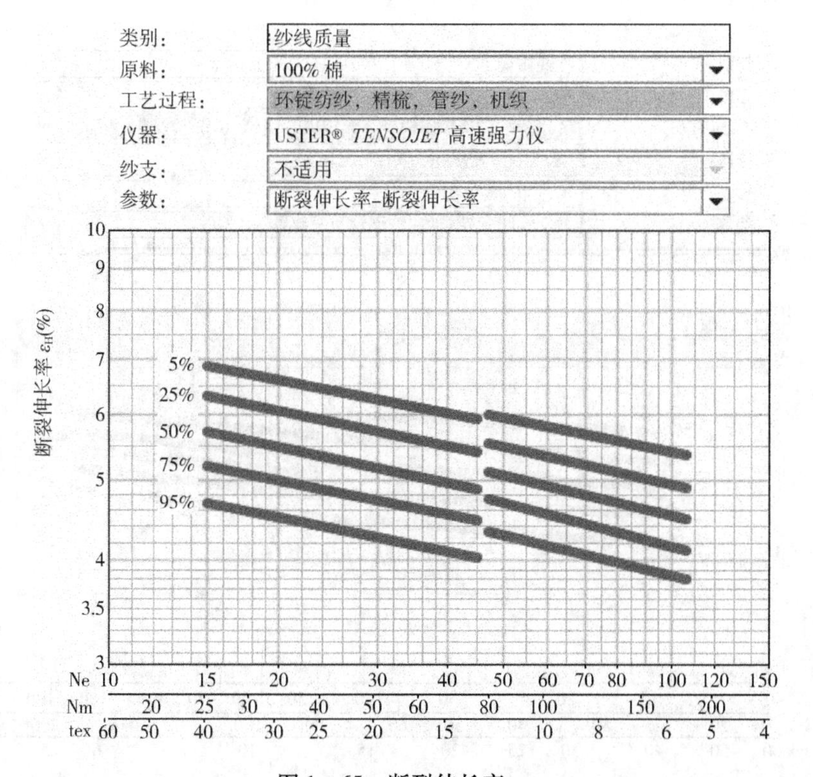

图 1-65　断裂伸长率 ε_H

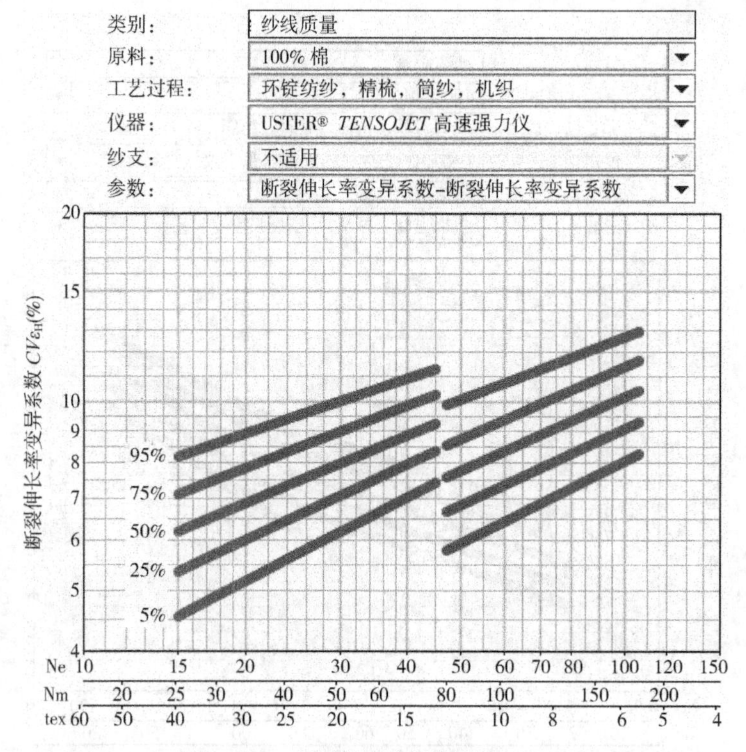

图1－66　断裂伸长率变异系数 CV_{ε_H}

（7）环锭精梳纯棉针织筒纱（图1－67～图1－77）。

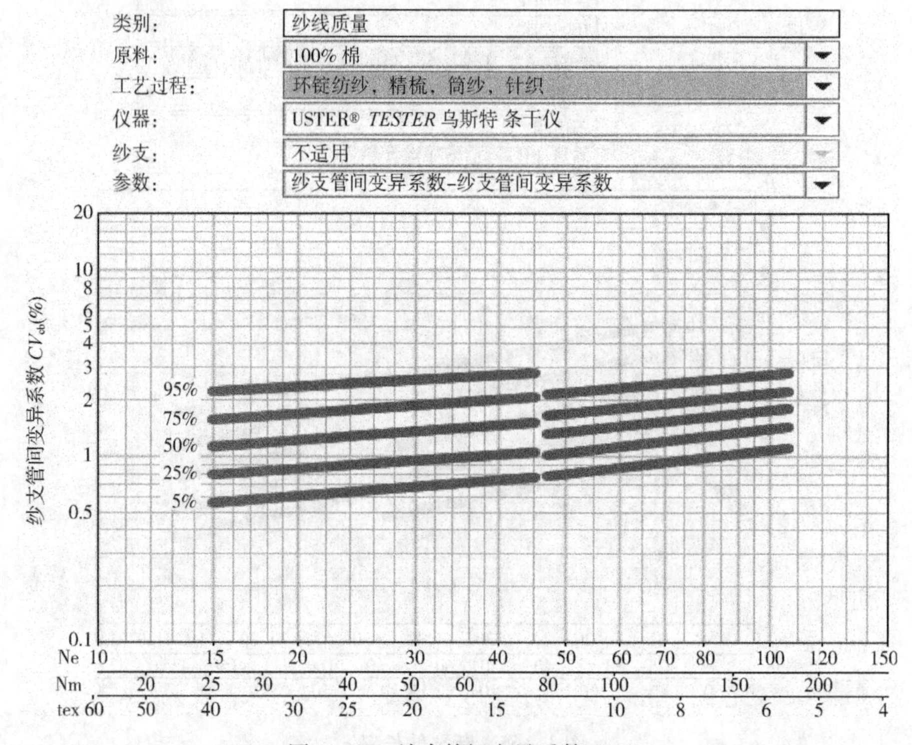

图1－67　纱支管间变异系数 CV_{cb}

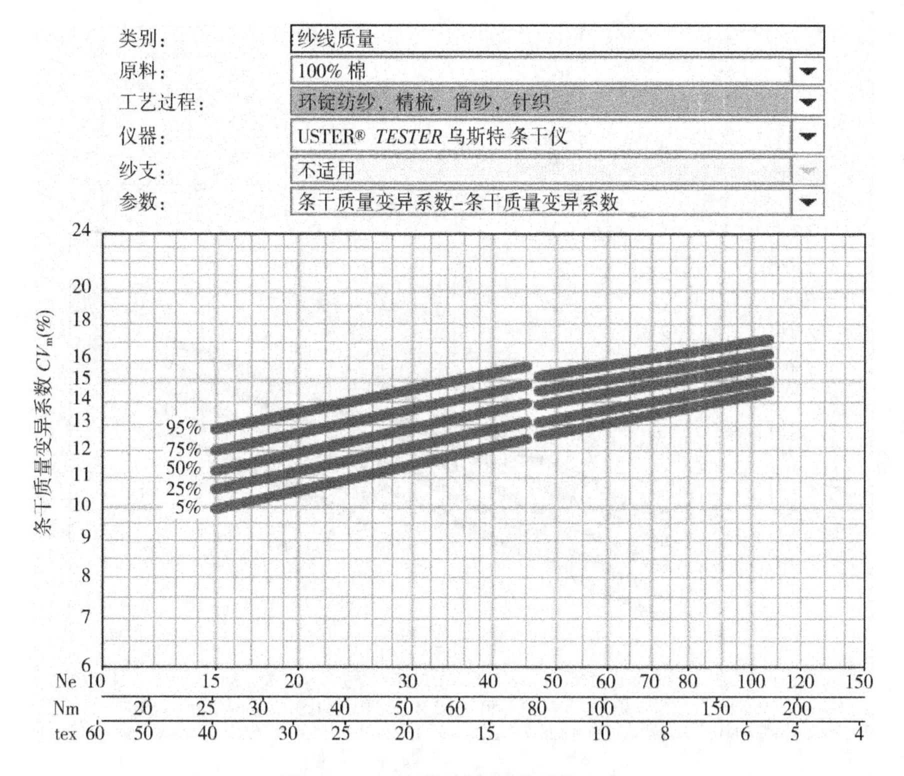

图 1-68　条干质量变异系数 CV_m

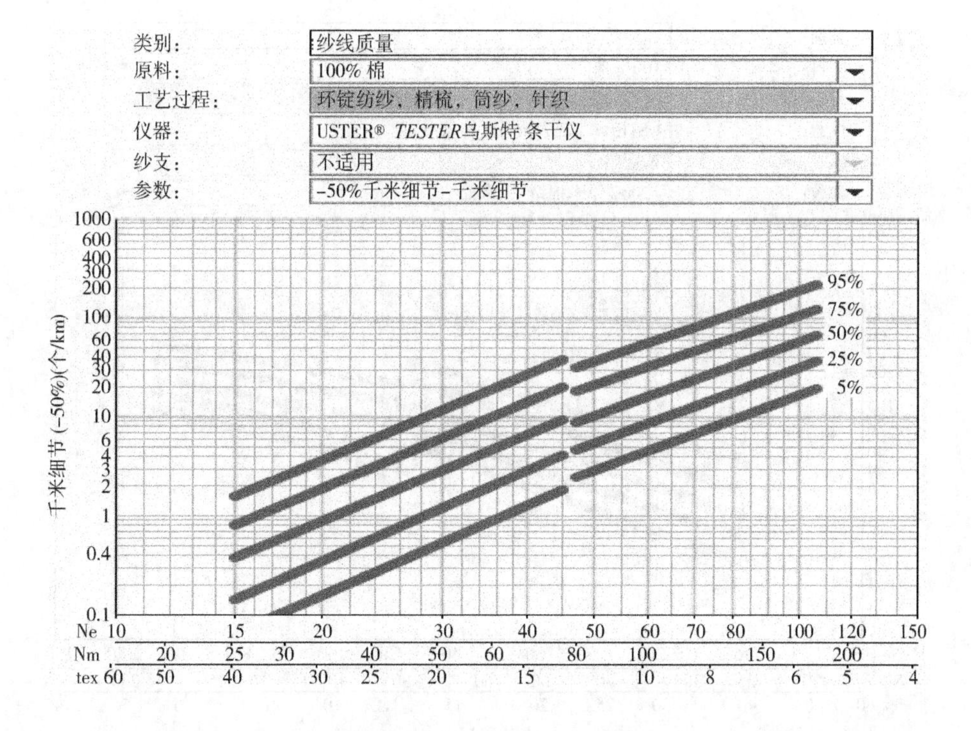

图 1-69　千米细节（-50%）

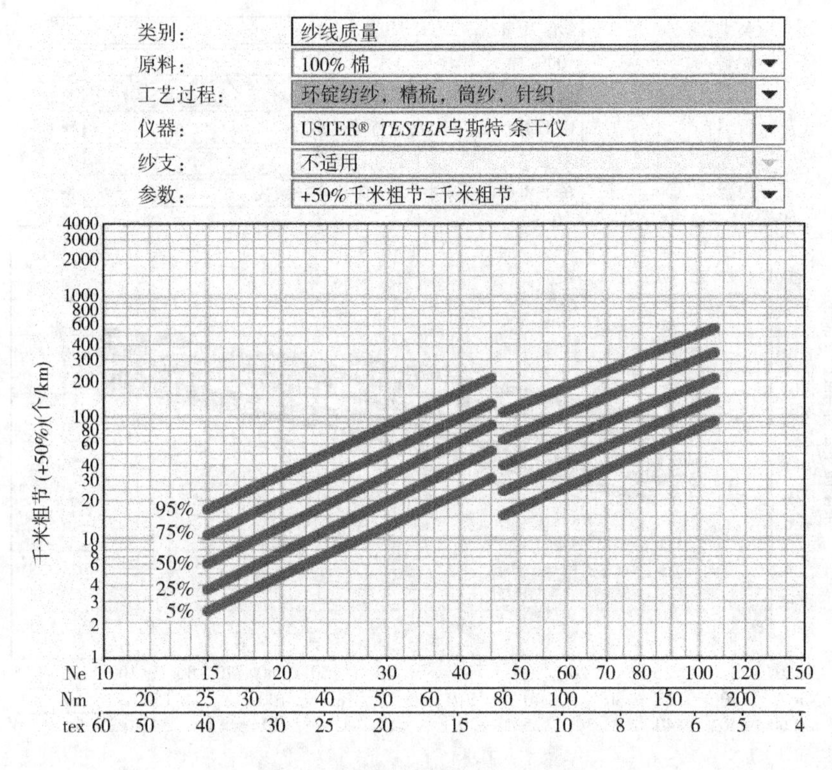

图 1-70　千米粗节（+50%）

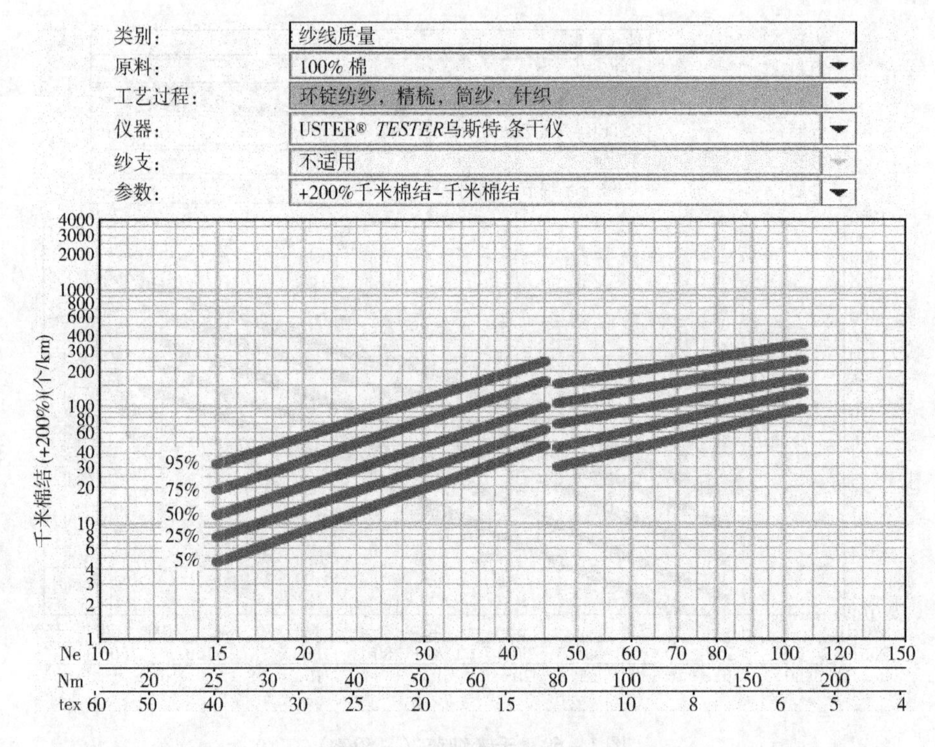

图 1-71　千米棉结（+200%）

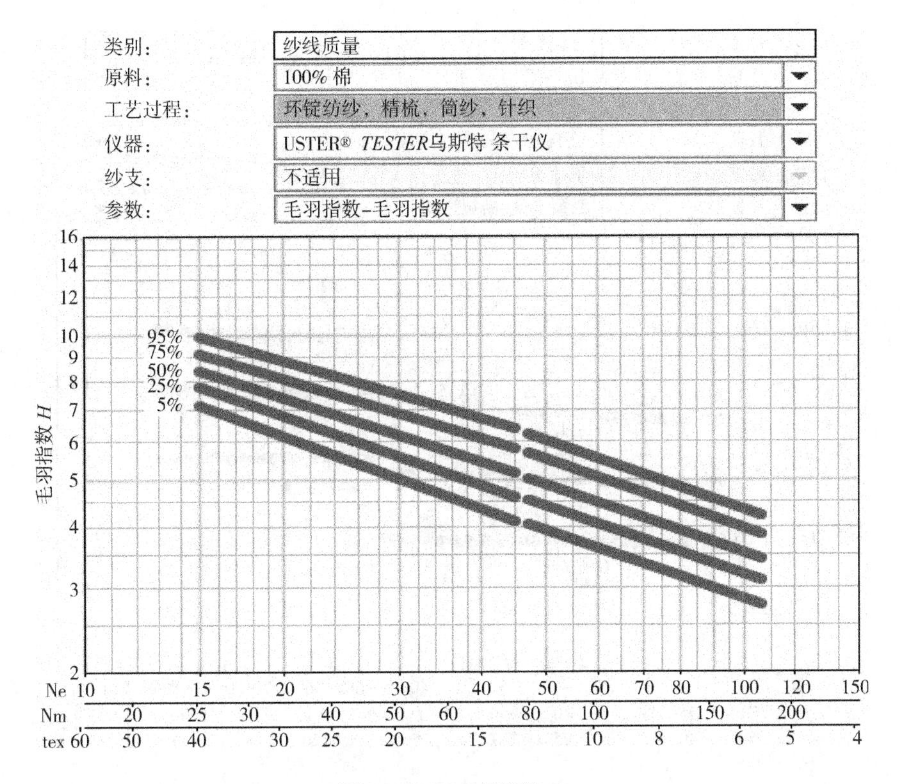

图 1－72　毛羽指数 H

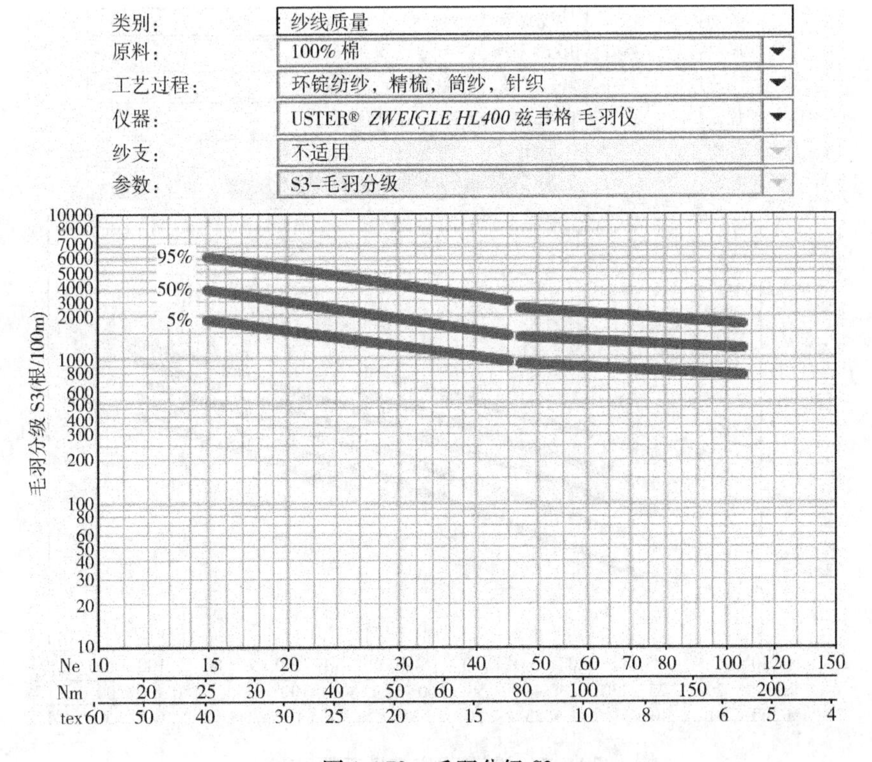

图 1－73　毛羽分级 S3

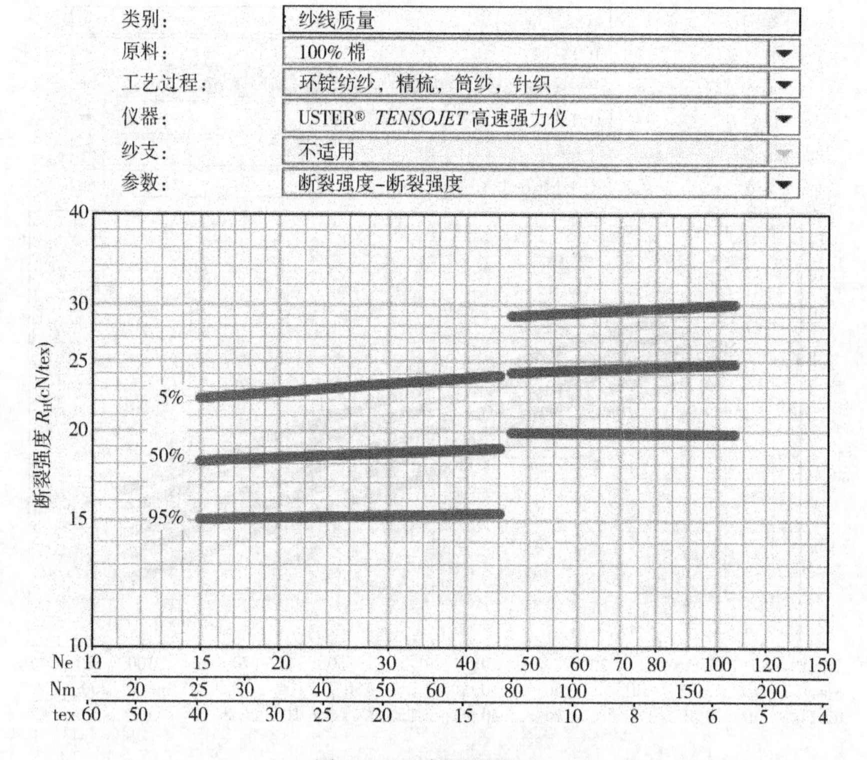

图 1-74　断裂强度 R_H

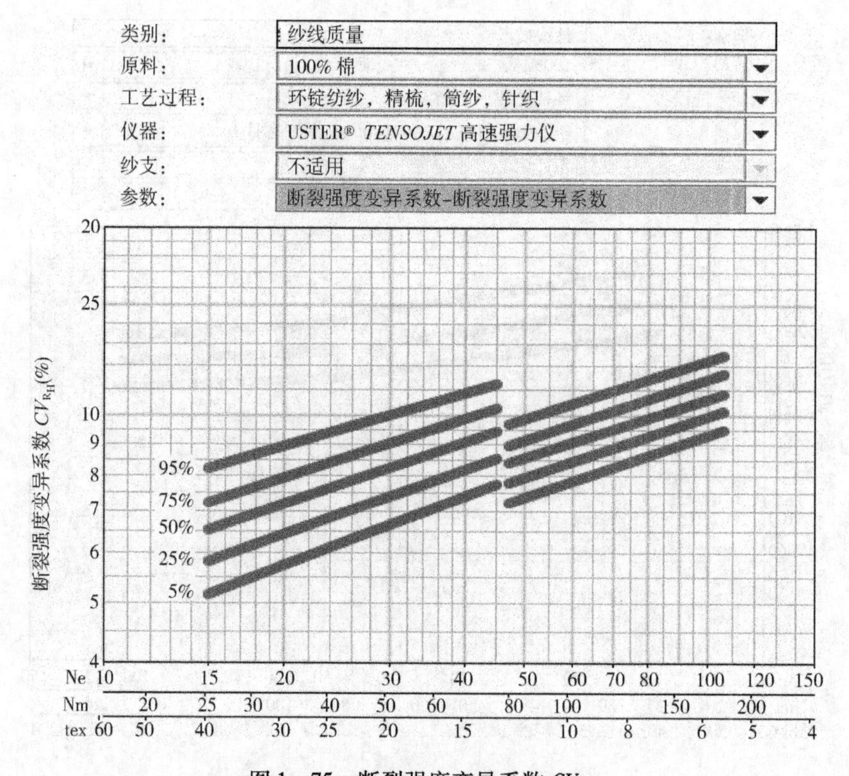

图 1-75　断裂强度变异系数 CV_{R_H}

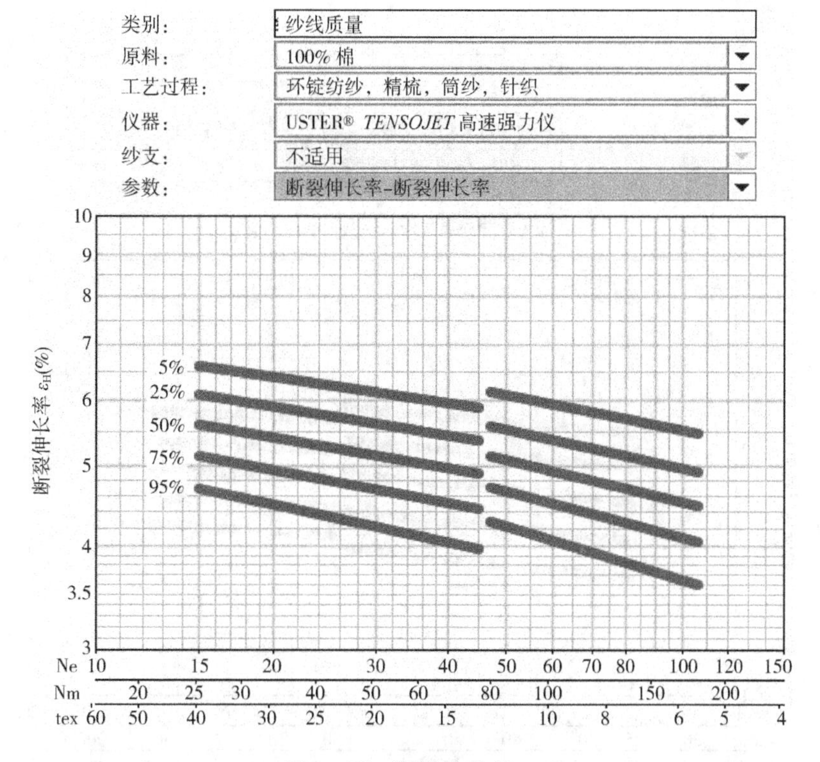

图 1-76　断裂伸长率 ε_H

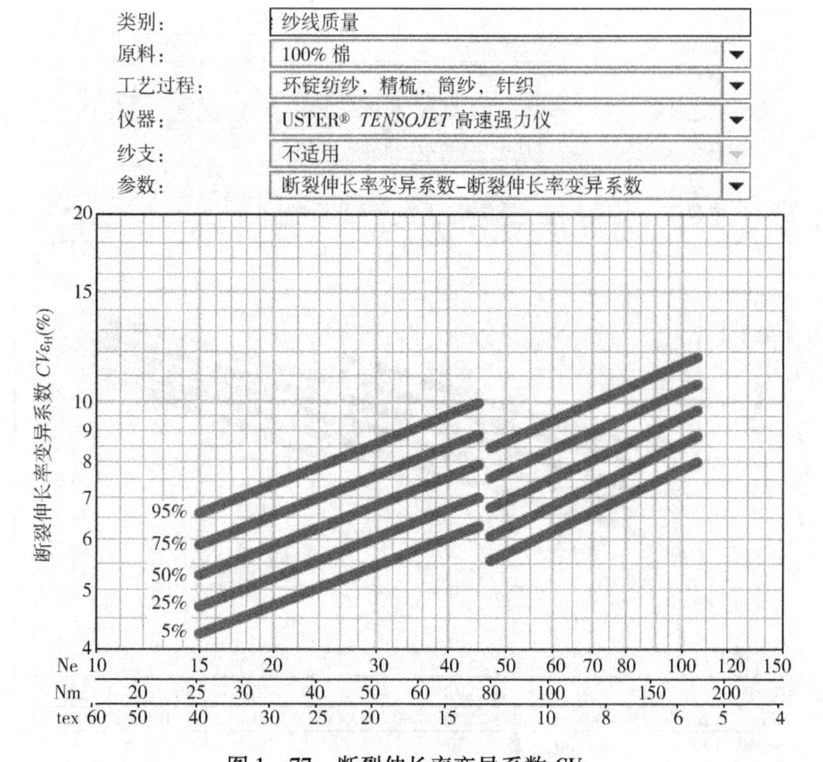

图 1-77　断裂伸长率变异系数 CV_{ε_H}

（8）环锭精梳纯棉机织筒纱（图 1 - 78 ~ 图 1 - 88）。

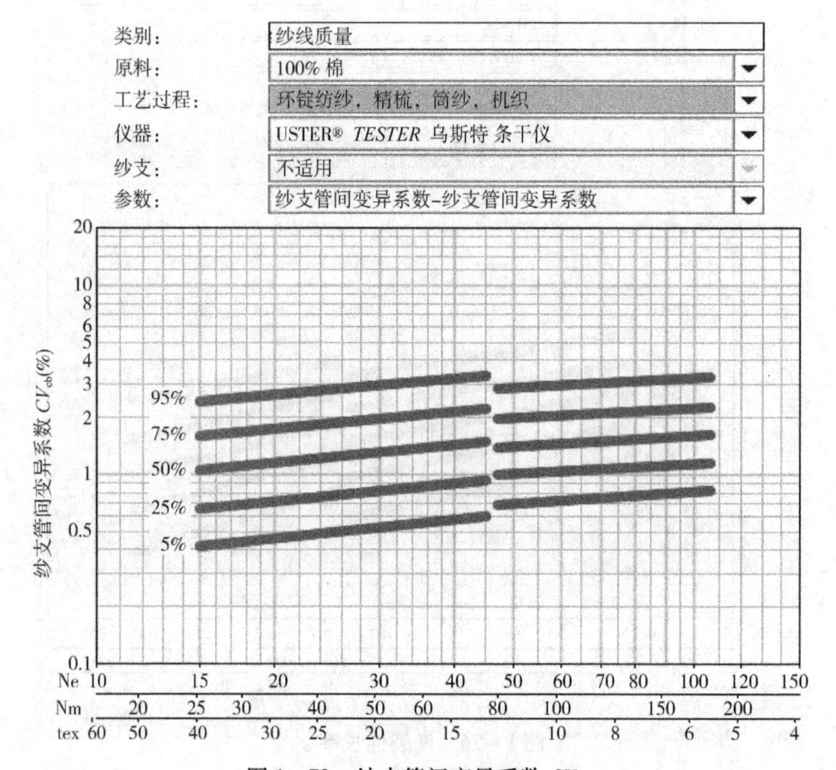

图 1 - 78　纱支管间变异系数 CV_{cb}

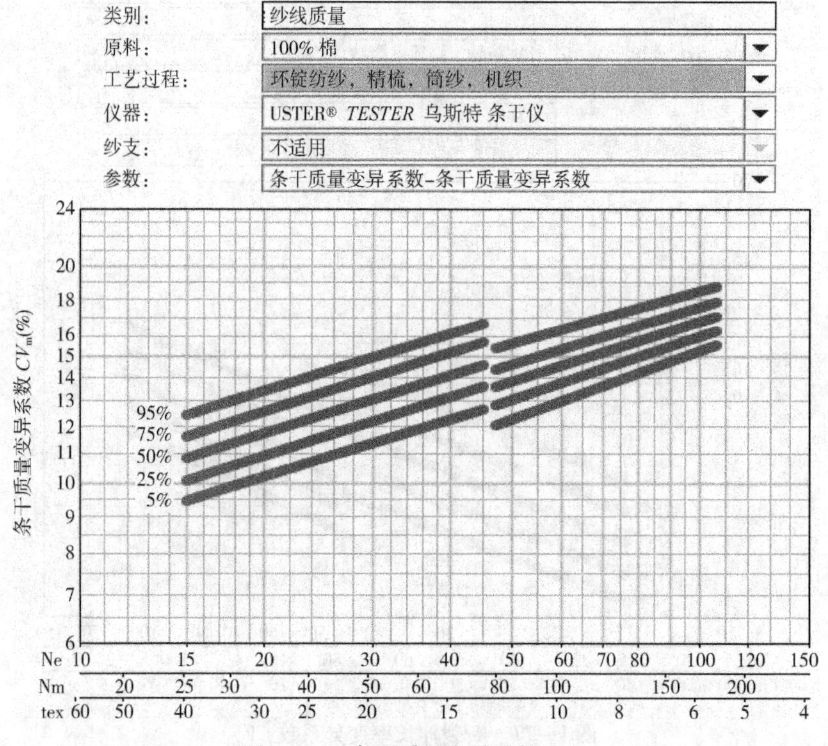

图 1 - 79　条干质量变异系数 CV_m

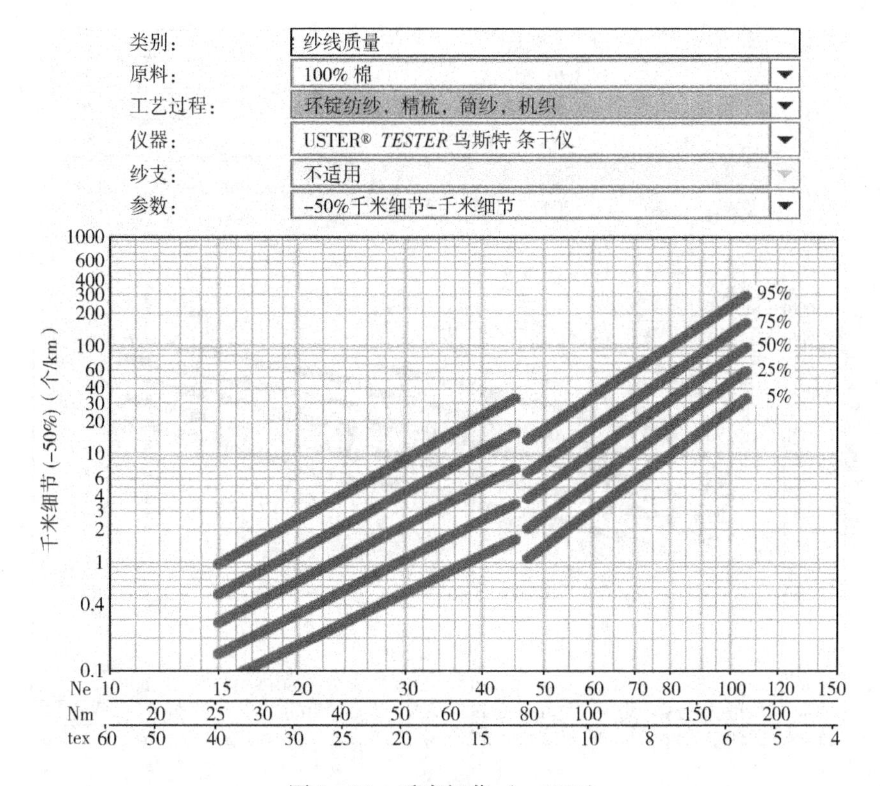

图 1-80 千米细节（-50%）

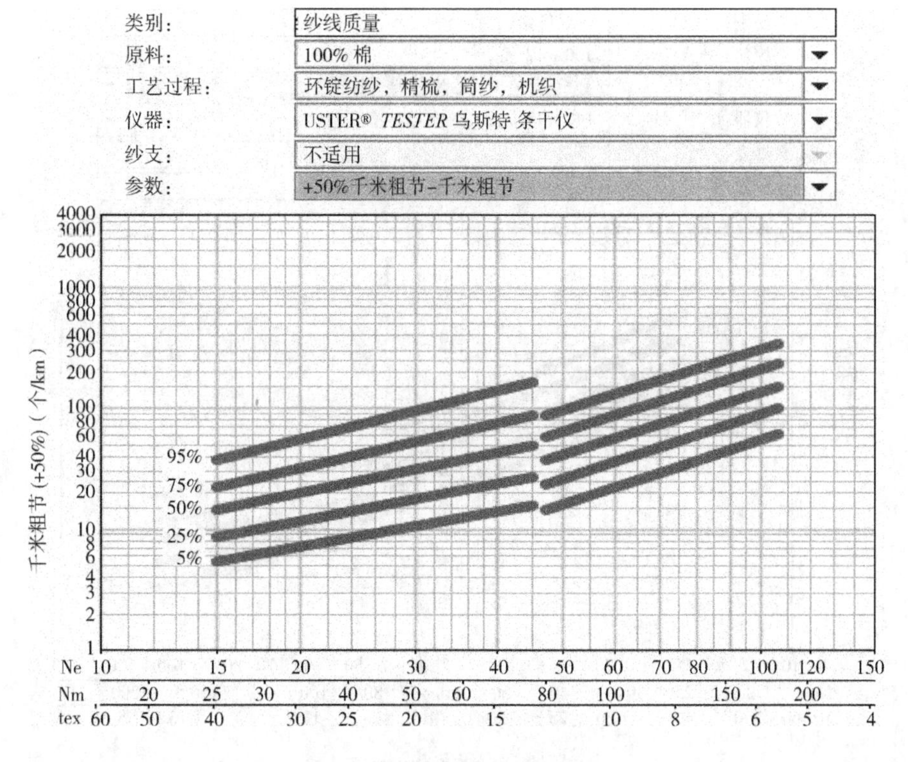

图 1-81 千米粗节（+50%）

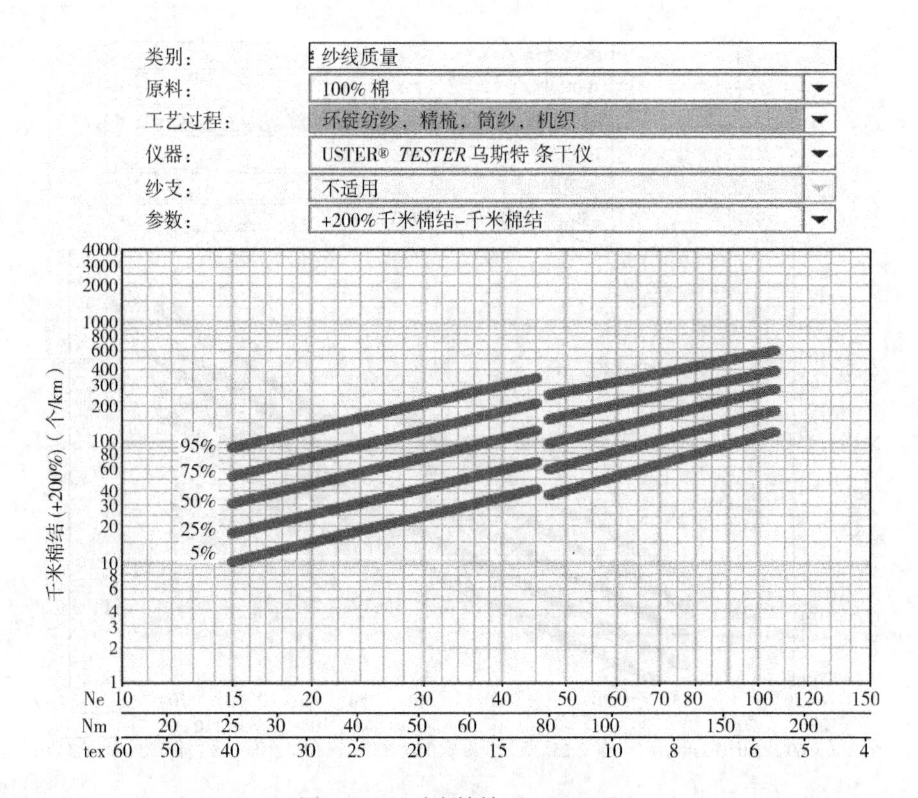

图 1－82　千米棉结（+200%）

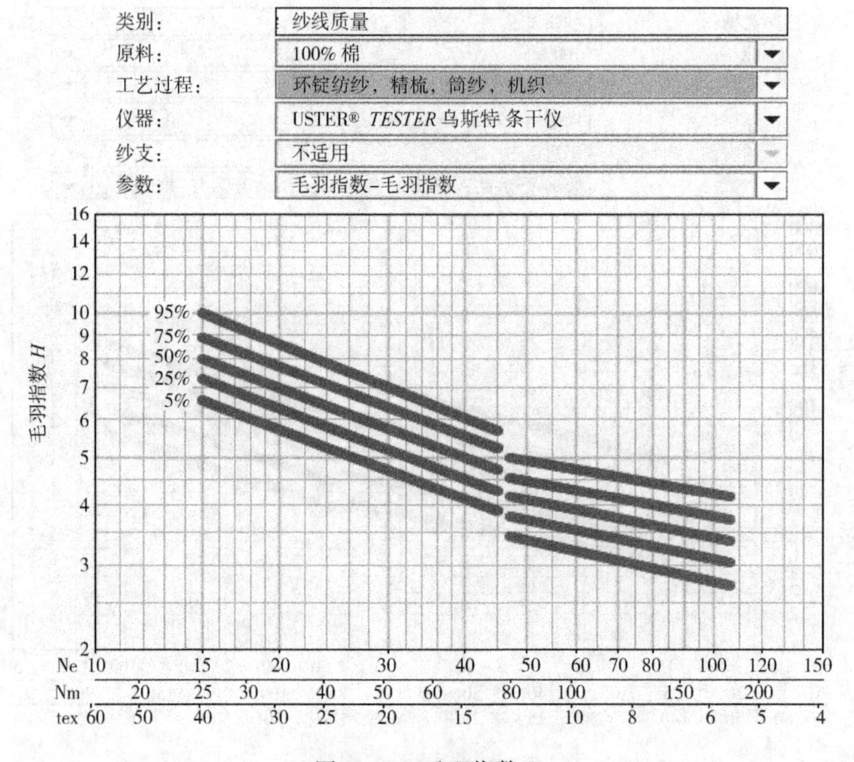

图 1－83　毛羽指数 H

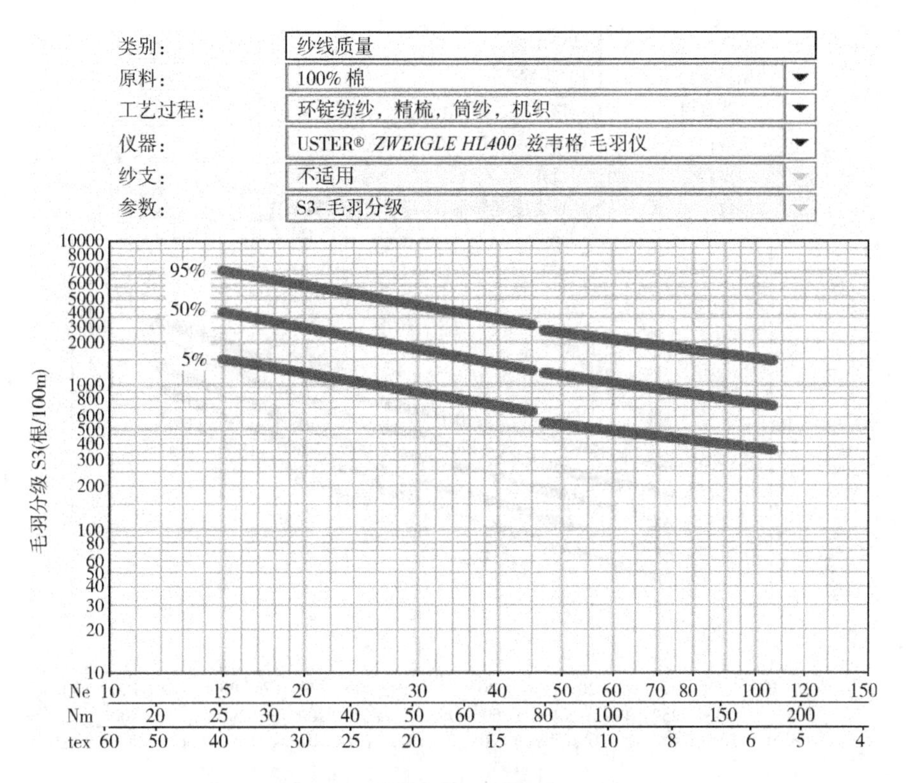

图 1－84 毛羽分级 S3

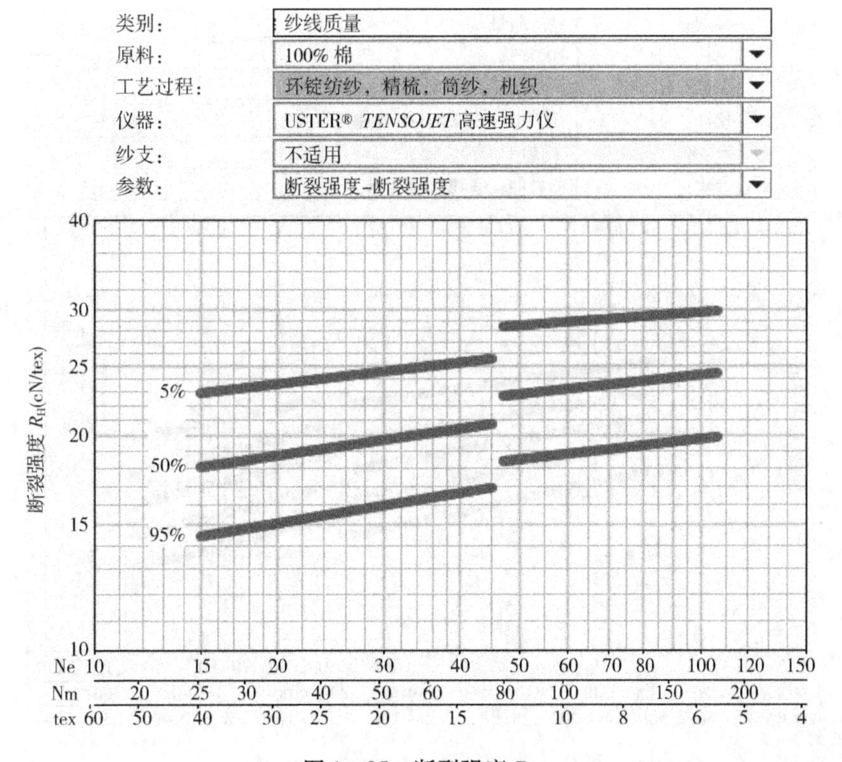

图 1－85 断裂强度 R_H

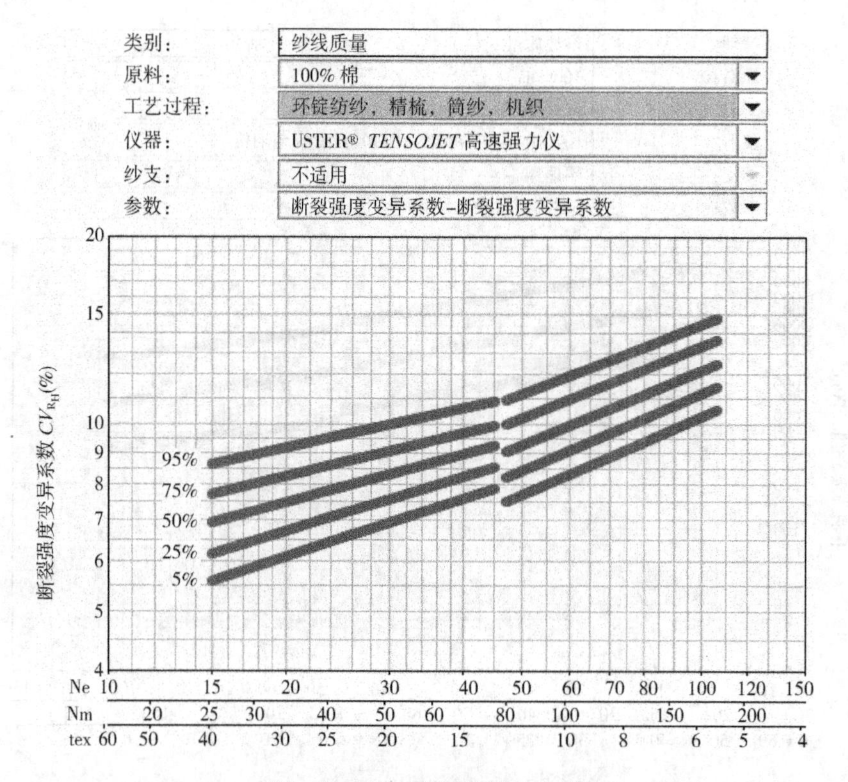

图 1-86　强度变异系数 CV_{R_H} 值

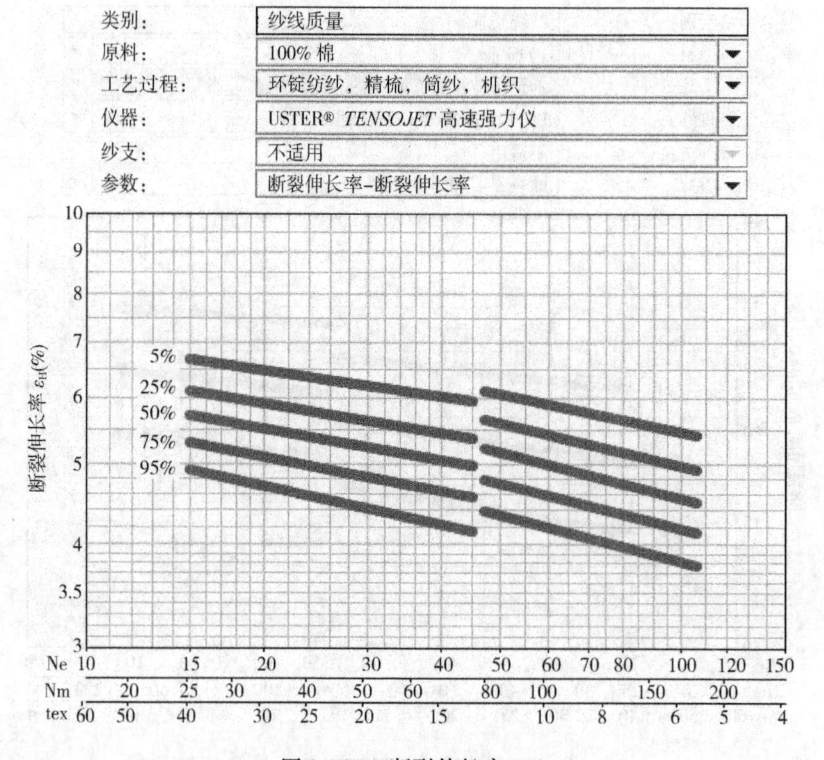

图 1-87　断裂伸长率 ε_H

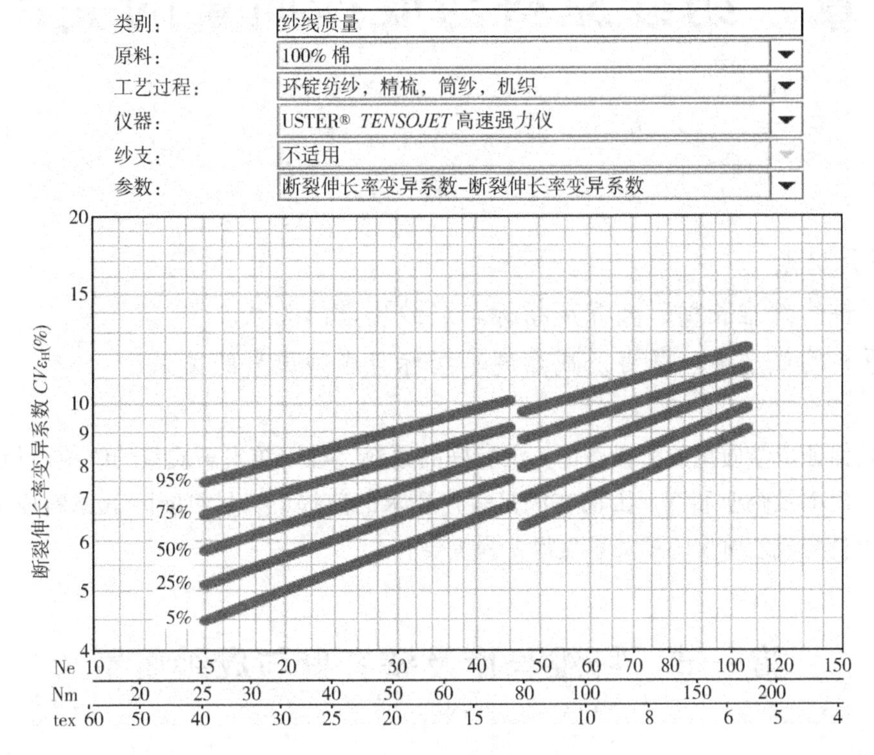

图 1－88　断裂伸长率变异系数 CV_{ε_H}

思考题

1. 标准的定义及分类。
2. 制定纱线质量标准的意义。
3. 纱线的国家标准与 USTER 公报之间的差异。

第二章　纺纱原料与成纱质量的关系

本章知识点

1. 原料的纤维长度、整齐度指标与成纱质量的关系。
2. 原料的线密度、强力及成熟度等指标与成纱质量的关系。

原料是保证成纱质量的前提条件，没有好的原料，难以纺出高质量的纱线。但原料也直接影响纺纱成本及企业利润，因而在满足客户要求的前提下，尽可能降低原料成本。因此，了解纺纱原料与成纱质量间的关系显得尤为重要。

第一节　纤维长度及整齐度与成纱质量

一、纤维长度与成纱质量

纺织纤维必须具有一定的细度和长度，才能使纤维间相互抱合，并依赖纤维之间的摩擦力纺制成纱。

长度是纤维材料的主要品质指标之一，是决定纤维材料纺纱价值的重要因素。纺纱的主要工艺参数如罗拉隔距、牵伸倍数、捻度和加压等都与纤维长度有关，如环锭纺纱因受罗拉直径和罗拉隔距的限制，一般纤维的平均长度小于25mm，将会造成纺纱困难，质量无法保证，转杯纺纱可以纺制16mm以上的纤维；环锭纺纱因受机台断面尺寸的限制，目前使用前后罗拉中心距190mm的摇架，最长可纺80mm的纤维，转杯纺受纺杯直径的限制，最长可纺65mm的纤维。纤维长度与成纱质量的关系十分密切。主要表现在以下几个方面。

1. 纤维长度与成纱强力

在纱线中，如果纤维长度较长，则纤维与纤维之间的接触长度较长，当纱线受外力作用时纤维就不易滑脱。这时纱线中因受拉而滑脱的纤维数较少，故成纱强力较高。纤维长度的变化对成纱强力的升降影响是不同的。当组成纱线的纤维长度较短时，则长度对成纱强力的影响程度相对较大，当纤维长度足够长时，长度对强力的影响就不很明显。常用的纺织纤维中，棉纤维的长度属较短的，因此，其长度对成纱强力的影响比较大。纤维长度与成纱强力的关系如图2－1所示。

2. 纤维长度与成纱线密度

各种长度纤维的纺纱线密度有一个极限值。在保证成纱具有一定强度的前提下，纤维长度越长，所纺纱的极限线密度就越小，即所纺纱线越细；纤维长度越短，所纺纱的极限线密度就越大，即所纺纱线越粗。例如，长度在25mm以下的细绒棉，一般只能纺30tex以上的中、粗特纱；长度在29mm左右的细绒棉，纺制纱线的极限线密度为10tex，如果要纺10tex以下的细纱，必须采用长绒棉。长绒棉的最长纤维可纺到3tex的细纱。

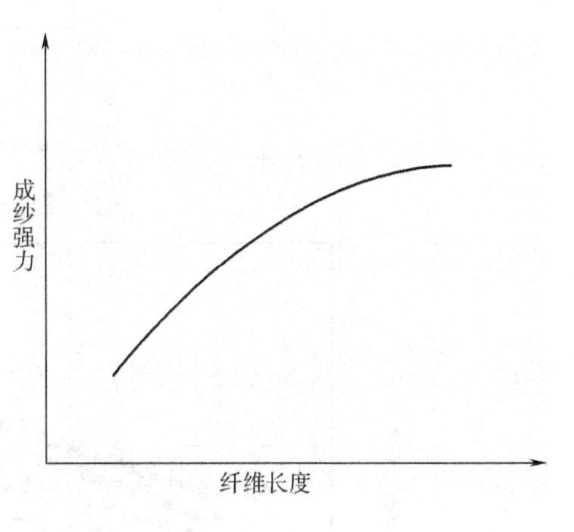

图2-1　纤维长度与成纱强力的关系

3. 纤维长度与成纱条干均匀度

纤维长度越长、长度整齐度越高时，细纱条干越好。纤维长度很短、长度整齐度很差时，条干变差，成纱品质下降。

4. 纤维长度与成纱毛羽

纤维较长时，在纱线上的纤维头端露出较少，成纱毛羽较少，表面光洁；反之，成纱表面毛羽较多。

二、纤维长度整齐度与成纱质量

1. 纤维长度整齐度的有关评价指标

纤维长度整齐度是对纤维长度分布状态的描述，是反映纤维长度分布的集中性与离散性的指标。整齐度好，说明纤维长度分布比较集中，短绒含量少，对纺纱生产和成纱质量有利。通常用来评判纤维长度整齐度水平优劣的有以下几项指标。

（1）短绒率。纤维长度低于某一界定长度的纤维重量（根数）占纤维总重量（根数）的百分率，分别称为重量（根数）短绒率。国内规定长度小于16mm以下的纤维为短绒，国际规定小于12.7mm（0.5英寸）的纤维为短绒。AFIS PRO 2、HVI1000和PREMIER aQura棉结和短纤维测试仪可以由用户选择短绒的界定长度（16mm或12.7mm）。严格地说，短绒率并不能完全反映棉纤维长度整齐度水平的优劣，但因两者之间紧密相关，因此短绒率常作为反映纤维长度整齐度状况的参考指标之一。

（2）基数。基数是指用罗拉式分析仪测定纤维长度时，以主体长度组为中心的5mm范围内纤维的重量占总重量的百分率。

（3）均匀度。均匀度是基数与主体长度的乘积，能相对反映纤维长度的均匀整齐程度。

（4）整齐度指数 *UI*（%）。整齐度指数 *UI*（%）是指平均长度占上半部平均长度的百分率。

（5）整齐度比 *UR*（%）。整齐度比 *UR*（%），即50%纤维跨距长度与2.5%纤维跨距长度之比的百分率。

目前，USTER公报中采用整齐度指数 *UI*（%）来量化棉纤维长度整齐度的优劣水平。最新的USTER 2013公报中根据HVI的检测结果（*UI*值）确定的公报水平见图2-2。从图中的水平线上，直接可以得到不同上半部平均长度或人工分级手扯长度条件下要求的长度整齐度指标。

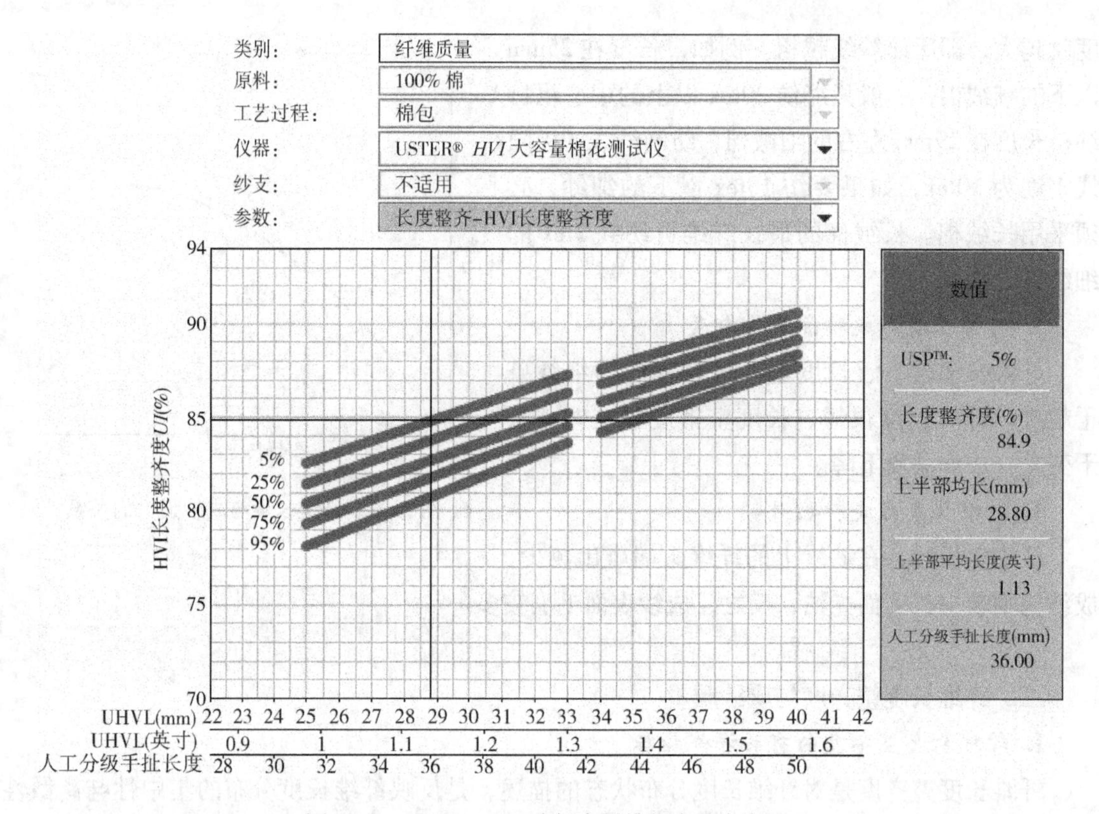

图 2-2 USTER 2013 公报中纤维长度整齐度 *UI*

2. 纤维长度整齐度与成纱质量

（1）纤维长度整齐度与细纱断头、成纱强力。一般情况下，用纤维长度整齐度较好的配棉纺纱时成纱强力较高，且强力变异系数 *CV* 较小。这是因为，当纤维长度整齐度好时，纱条每一截面内纤维排列比较均匀一致，存在强力弱环的概率较小，纤维强力利用系数较高，因此整体上成纱强力较好，细纱工序断头率也明显较少。

（2）纤维长度整齐度与成纱条干、毛羽。纱线条干变异系数 *CV* 并非仅由纤维长度、细度等指标决定，而与纤维的长度整齐度关系更为密切。整齐度好的纤维其成纱不仅条干水平好，而且细节、粗节、棉结明显减少。同时，纤维长度整齐度直接影响成纱毛羽。这是因为，当纤维长度整齐度较差时，因短绒含量相对较高，短绒在牵伸、加捻过程中不易得到有效控制而大多处于纱条截面边缘位置，一端或两端伸出纱条即形成毛羽。因此，控制好纤维长度整齐度对控制好成纱毛羽也是极为有利的。

第二节 纤维线密度及强力与成纱质量

一、纤维线密度与成纱质量

1. 纤维线密度与成纱强力

在纺同特纱线时，纺纱所用纤维线密度越小，纱线截面中纤维根数就越多。线密度小的纤维一般较柔软，在加捻过程中内外转移的机会增加，各根纤维受力比较均匀，且在纱中互相抱合较紧密，增加了纤维间的接触面积，从而提高了纤维间的抱合力和摩擦力，滑脱长度可能缩短。由于上述原因，纱线在拉伸断裂时，滑脱纤维数量减少（即提高了纤维的强力利用系数），成纱强力提高。理论计算，纤维线密度在 1.7～2.1dtex（4800～6000 公支）的范围内，每增加 0.035dtex（100 公支），则 10tex 经纱的强力增加 2.7%。但应注意，成熟度差的薄壁纤维，虽然线密度小，因其单纤维强力低，使用这种纤维纺纱时，成纱强力反而降低。

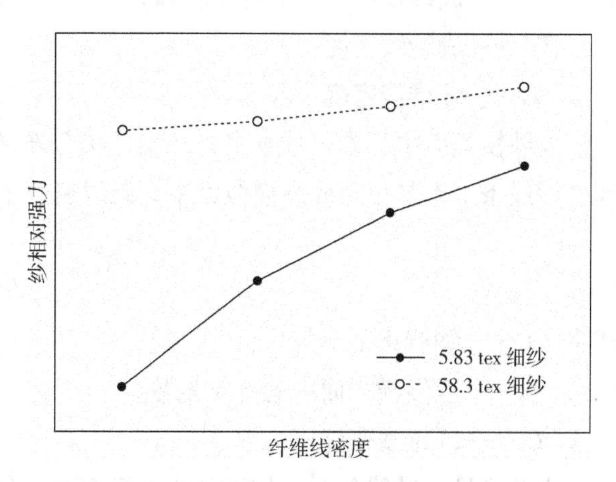

图 2－3　纤维线密度与成纱强力的关系

从图 2－3 可以明显看出，对于细特纱来说，纤维线密度对成纱强力的影响甚大，粗特纱无明显影响。

2. 纤维线密度与成纱线密度

为保证成纱具有一定的强度，线密度小的纤维可纺较细的纱，一定线密度的纤维，可纺纱的最低细度有极限值。

环锭纱纺纱线密度与原料细度的一般对应范围见表 2－1，可作参考。

表 2－1　纺纱线密度与纤维线密度的一般对应范围

纺纱线密度（tex）	原棉（dtex）	棉型化学纤维（dtex）	中长型化学纤维（dtex）
7 及以下	1.2～1.4	0.88～1.22	
8～10	1.3～1.5	1.33～1.44	
11～13	1.5～1.7	1.55～1.67	
14～19	1.6～1.8	1.67	2.22～2.78
20 及以上	1.8 以上	1.67	3.33

工厂中常根据纺纱线密度和成纱质量的不同要求，规定各类配棉中纤维的平均最低纤维线密度和线密度差异范围，这对保证成纱质量和生产稳定起重要的作用。例如，一般棉纱规定各成分原棉纤维线密度差异不得超过 20dtex；在原棉的接替中平均线密度不得超过 50dtex。由于纤维线密度的影响，远比纤维线密度不匀率要大，有时为了改善纱线条干不匀及提高强力，有意在主体较粗的纤维中，混用部分较细的纤维，即所谓以粗中夹细，也可取得较好的效果。

3. 纤维线密度与成纱条干

纤维线密度直接关系到成纱横截面中纤维的根数。成纱横截面中纤维的根数可用下式计算：

$$n = \frac{Tt' \times 10}{Tt} \tag{2-1}$$

式中：n——成纱横断面中的纤维根数；

Tt'——成纱线密度，tex；

Tt——纤维线密度，dtex。

成纱横截面中纤维根数越多，纤维随机分布越易均匀，纱线条干也越均匀。根据理论计算，纱线条干不匀率与成纱横截面中纤维线密度不匀率的关系式如下：

$$C = \frac{1 + C_a}{\sqrt{n}} \tag{2-2}$$

式中　C——纱线条干不匀率；

n——成纱横截面中的纤维根数；

C_a——纤维线密度不匀率。

由此可见，纱线条干不匀率与成纱横截面中纤维根数的平方根成反比，而与纤维线密度不匀率成正比。在一定条件下，线密度小的纤维可以纺出条干比较均匀的纱。纤维线密度对条干不匀率的影响比纤维线密度不匀率的影响要大。

二、纤维强力与成纱质量

纤维具备一定的强力，这是具有纺纱性能的必要条件之一。纤维在纺纱过程中，要不断地受到外力的作用，使其纺制成具有一定形状、一定粗细和一定强力的纱线，这就决定了组成纱线中的单纤维必须具有一定的强力。它与成纱质量的关系十分密切。主要表现在以下几个方面。

1. 纤维强力与成纱强力

其他条件相同，单纤维强力高者，成纱强力也高，但当纤维单强增加到一定限度时，由于纤维线密度增大（纤维单强高者，成熟度好，线密度大，纤维柔软性下降，且纱条截面内纤维根数减少），成纱强力不再显著上升。

单纤维强力特别差时，在纺纱过程中纤维容易折断，增加短纤维，恶化纱线条干均匀度，从而使成纱强力降低。成纱强力很大程度上取决于纤维的线密度，因此，纺纱生产多以纤维的断裂长度来比较不同线密度的纤维强力。当纤维的断裂长度大时，必然是纤维的线密度小或单强高，因此成纱强力就越好。

2. 断裂伸长率与成纱条干

一般纤维断裂伸长率和回弹性与纱线条干不匀的关系不大，但某些新型纤维具有很大的纤维断裂伸长率和良好的弹性，对纱线条干不匀影响较大。例如，当今备受青睐的涤纶改性纤维 PTT（对苯二甲酸丙二醇纤维）、PBT（聚对苯二甲酸丁二酯纤维）等，它们具有很大的纤维断裂伸长率、良好的弹性和回弹性。PTT 纤维断裂伸长率高达 500% 以上，弹性恢复率达 90% 以上，在纺纱牵伸较小，从慢速纤维转变为快速纤维时，可使须条（纤维束）只伸长不变细或少变细，随后弹性回复成原来长度，从而导致牵伸力极大，牵伸效率降低，纺纱质量偏差难以控制，条干节粗节细，尤其在5倍以下小牵伸时更易发生。

为此，纺制这类纤维时，需在牵伸倍数较小的后区适当增大牵伸，或者采用较大的后区中心距和较小的粗纱捻系数以及加大牵伸区罗拉压力。并条工序因为前后区牵伸都小于5倍，也易产生牵伸力剧增、牵伸效率降低、条干节粗节细的现象，必要时可增加一道并条，减少条干凹凸不平的现象。

原料方面要求纤维的断裂伸长率和弹性保持稳定，切忌混有超长纤维和倍长纤维，并控制混纺比率。

第三节　纤维成熟度与成纱质量

棉纤维成熟度可以作为评定棉纤维内在品质的一个综合指标，它直接影响棉纤维的色泽、强力、细度、天然转曲、弹性、吸湿、染色等性能。因此，可以根据棉纤维的成熟度来估计或衡量棉纤维的其他各项物理性能指标。

一、棉纤维成熟度的含义

棉纤维的许多性能都与结构有关，棉纤维的结构在较大程度上会受到成熟度的制约，因而棉纤维成熟度对许多性能都有较明显的影响。从科学角度讲，棉纤维的成熟度是指细胞壁的充实度。胞壁充实度越大，则纤维成熟度越好。

瑞士USTER公司生产的AFIS PRO 2单纤维测试系统，利用光散射技术，可以准确地测定每一根纤维的胞壁充实度，并能测试出未成熟纤维的含量及其分布状况，AFIS PRO 2将胞壁充实度小于0.25的纤维，定义为未成熟纤维，0.25～0.50为薄胞壁纤维，0.50～1.0为成熟纤维，目前被广泛使用。

国内棉纤维的成熟度常采用成熟度系数表示，成熟度系数越大，表示棉纤维越成熟。

纤维在棉铃中发育最初，其横截面完全是圆形的。在发育过程结束以后，棉铃开裂。这时，纤维变干并且塌陷，形成如图2-3中所描绘的典型的“腰圆形”横截面，甚至完全成熟的纤维内部仍有一个未被纤维素充满的空心，叫作“中腔”。

计算细胞壁的平均厚度θ，需要根据纤维周长P计算出一个同周长的圆形横截面（图2-4），然后用面积A_1除以A_2。

$$细胞壁厚度\ \theta = \frac{4\pi A_1}{P^2} = \frac{4\pi A_1}{4r^2 \cdot \pi^2} = \frac{A_1}{r^2 \cdot \pi} = \frac{A_1}{A_2} \tag{2-3}$$

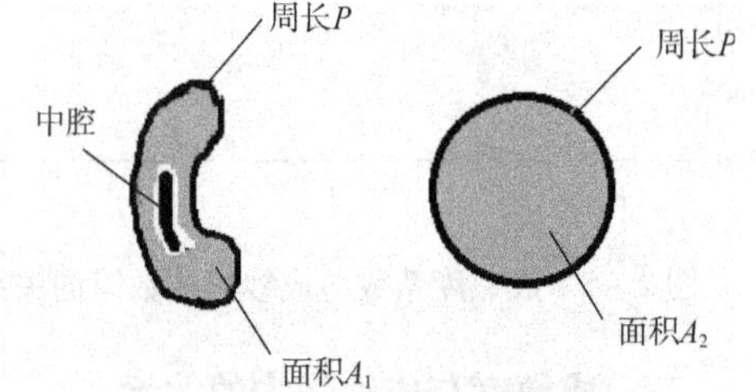

图2-4　棉纤维细胞壁厚

表2-2和表2-3给出了USTER AFIS单纤维测试仪测得的原棉中纤维成熟度和未成熟纤维含量的大致范围，某些特殊品种可能不在此范围之内。

表2-2　原棉中纤维的成熟度和未成熟纤维含量范围及描述（短/中长纤维）

成熟度	描述	未成熟纤维含量（%）	描述
<0.75	非常不成熟	<6	非常低
0.76～0.85	不成熟	6～8	低
0.86～0.90	成熟	9～11	中等
0.91～0.95	成熟	12～14	高
>0.96	非常成熟	>15	非常高

表2-3　原棉中纤维的成熟度和未成熟纤维含量范围及描述（长纤维）

成熟度	描述	未成熟纤维含量（%）	描述
<0.80	非常不成熟	<6	非常低
0.81～0.86	不成熟	6～8	低
0.87～0.92	成熟	9～11	中等
0.93～0.95	成熟	12～14	高
>0.96	非常成熟	>15	非常高

二、成熟度与成纱棉结、粗节和细节的关系

图2-5和2-6分别显示了成熟度系数与成纱棉结、粗节和细节间的关系。从图2-5中可以看出，随着成熟度系数的增加，成纱棉结数量呈现下降趋势。从图2-6中可以看出，在正常成熟的棉纤维中，成熟度系数越大，成纱的粗节和细节越少，但当成熟度到达一定数值后，随成熟度系数的增加，粗节和细节趋于平衡，不再发生变化。

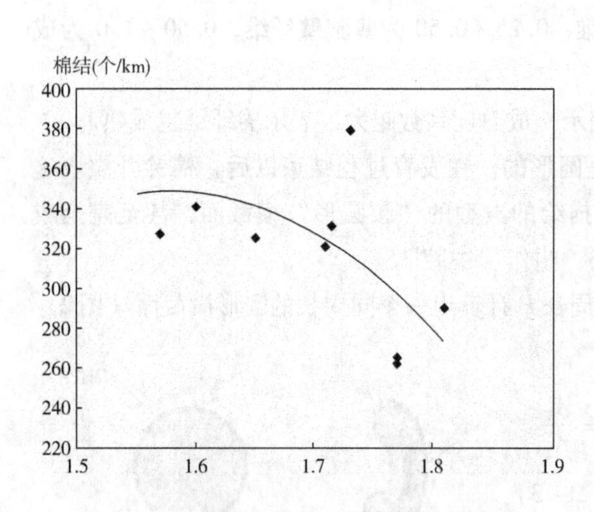

图2-5　成熟度系数与成纱棉结数量的关系

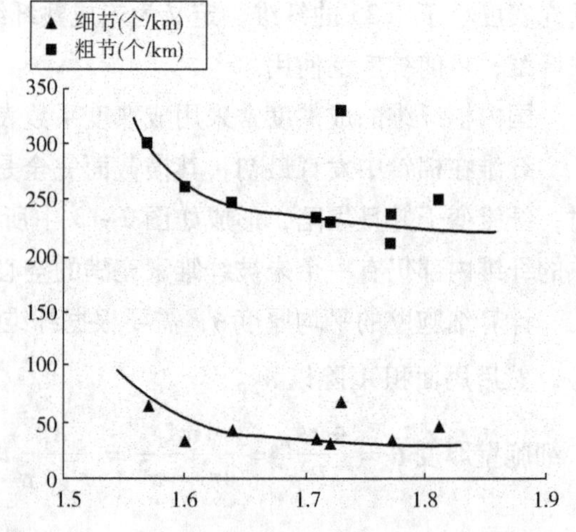

图2-6　成熟度系数与纱线粗细节数量的关系

三、成熟度与成纱强力的关系

影响成纱强力的因素很多，棉纤维的长度、细度、强度、天然转曲等多方面性能都对成

纱强力有影响，而纤维的这些性能又都与成熟度有密切的关系，所以棉纤维成熟度的好坏对成纱强力也有直接影响。如图2-7为成熟度系数与成纱强力的关系，可以看出，在正常成熟的棉纤维中，成熟度系数越大，成纱强力越高。

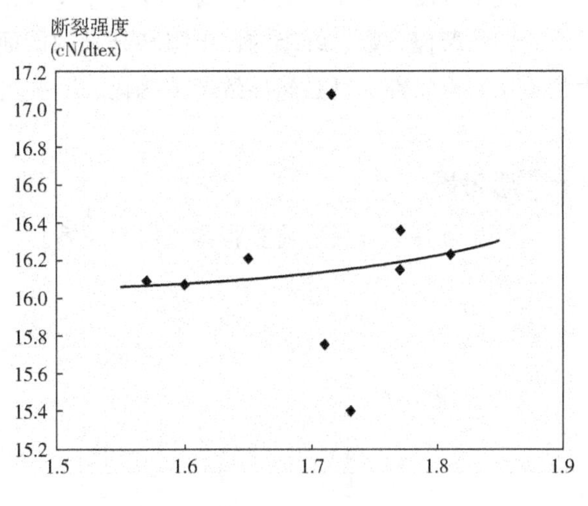

图2-7　成熟度系数与成纱强力的关系

成熟度适中的棉纤维，天然转曲多，纤维的抱合力强，纤维本身的强力也高，纤维细度适当，纤维成纱强力也高。

成熟度过低的纤维，纤维细度细，纤维本身的强力也低，而且天然转曲极少，抱合力差，因此成纱强力较低。过成熟的纤维，虽然纤维本身强力高，但纤维偏粗，天然转曲也少，纤维多呈棒状，抱合性较差，所以成纱的强度也不高。

棉纤维成熟度与成纱强力的关系，并不完全呈线性的关系，因为纤维的成熟度好则纤维粗，纤维成熟，色泽形态饱满，手感好，成纱强力高；而选择过成熟的纤维时，成熟系数过高，转曲少、抱合差，对成纱强力不利，反而降低成纱强度；成熟度系数差而单强下降显著时，对成纱强力也不利。如果成熟度一般（如成熟度系数为1.4~1.6），但纤维较细，则对提高细纱强力有利，成熟度系数虽稍低，但色泽正常而细度增加显著时，对成纱强力也有利。

四、成熟度与成纱条干均匀度的关系

成熟度差的棉纤维，纤维细，强力低，刚度小，纤维在加工过程中易扭结或折断，特别是在清、梳棉工艺处理不当时，容易产生大量短纤维、棉结等，使纱线条干均匀度水平下降。图2-8显示，当棉纤维的成熟度系数在接近1.7时，纱线条干 *CV* 最小，纱线粗细较均匀。

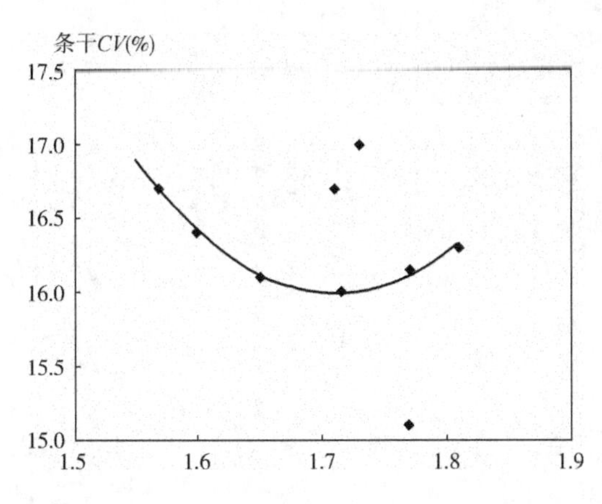

图2-8　成熟度系数与纱线条干 *CV* 的关系

此外，纤维的其他方面性质也会对成纱质量造成不同程度的影响。原棉中紧棉结、杂质、破籽、带纤维籽屑、软籽表皮、僵片，化学纤维中的并丝、硬丝、僵丝、胶块、未牵伸丝、硬板丝、注头丝等可统称为各类疵点。如果它们在清梳工序中未被清除，则在牵伸时一般不会变小或解体，有可能包卷在纱条中，形成粗节或造成后道工序断头。

原棉含杂高或化学纤维中疵点含量高均对条干不利，需要严格控制。化学纤维中除了细度和长度整齐度与条干不匀率关系密切外，纤维的卷曲数和卷曲率、纤维的油剂和上油率、纤维表面的摩擦系数、纤维的比电阻和纤维的截面形态都对纤维的可纺性和牵伸工艺具有很大的关系。可纺性不良必然导致牵伸恶化、断头增加，附加不匀剧增，必须引起足够的重视。

思考题

纺纱原料指标与成纱质量指标之间的关系。

第三章　纺纱半制品与成纱质量的关系

本章知识点

1. 半制品纤维分离度、纤维伸直平行度对成纱质量的影响。

2. 半制品短绒率、结杂及条干对成纱质量的影响。

纺纱半制品是指生条、熟条、精梳条和粗纱，它们的条干不匀和内在结构对成纱质量有直接的影响。相同条干不匀率的半制品纺出的纱线条干不匀率，往往不一样，这是因为它们的内在结构存在差异。半制品的内在结构的差异包括其纤维分离度、纤维伸直平行度、短绒率和棉结杂质数等指标的不同，与成纱质量具有很大关系。

第一节　半制品纤维分离度及伸直平行度与成纱质量

一、半制品纤维分离度与成纱质量

1. 纤维分离度的评定方法

喂入梳棉机的棉卷或从清梳联管道输送的棉流由大量未分解的棉束及少量的单纤维组成，经过梳棉机的细致分梳作用后，生条中的纤维大部分呈单纤维状态，但也包含为数不少的未分解棉束及棉结，即所谓纤维集结体。这些纤维集结体不仅本身直接影响纱线的外观与均匀度，而且在牵伸过程中纤维成束运动也会造成牵伸不稳定，影响成纱的条干不匀、重量不匀、强力、断头率等。这些纤维集结体是影响成纱质量的重要因素。所谓纱条分离度即是采用这些纤维集结体为基础的评价指标。

纤维分离度的评定以纱条中单纤维百分率与纤维平均集结系数两个指标综合表示。分离度高表示纤维分梳分离良好，分离度差表示纱条中存在较多未能分梳分离成单纤维的纤维。

（1）单纤维百分率 S（%）。指已分解纤维 F_i 占全部纤维 N 的百分率。

$$S = \frac{F_i}{N} \times 100\% \qquad (3-1)$$

式中：F_i——单纤维根数；

N——试样中纤维总根数。

（2）纤维平均集结系数 C_i、C_j。纤维平均集结系数是指未分解纤维占全部纤维的百分率。

$$C_i = \frac{\sum_{i=1}^{n} F_i}{N} \tag{3-2}$$

$$C_j = \frac{\sum_{j=1}^{n} F_j}{N} \tag{3-3}$$

式中：C_i——包括单纤维在内的平均集结系数；

C_j——不包括单纤维在内的平均集结系数；

$\sum_{i=1}^{n} F_i$——包括单纤维在内的集结体总个数；

$\sum_{j=1}^{n} F_j$——不包括单纤维在内的集结体总个数；

N——试样中纤维总根数。

2. 半制品纤维分离度对成纱质量的影响

（1）半制品纤维分离度与成纱条干。纤维的分离度差，对条干会产生以下影响。

①在牵伸过程中，纤维会成束一起运动，造成纱线条干粗细不匀。

②纤维束中的棉结、杂质等不易被清除，进而影响纤维的正常运动，使纱线条干不匀型纱疵增加。

③在牵伸过程中纤维相互纠结抱合，影响纤维的顺利伸直，从而影响纱条条干。

（2）半制品纤维分离度与常发性纱疵。纤维分离度差，含有较多纤维束，相当于增大了纤维细度均匀性和长度均匀性的离散度，因为未分离开的纤维在牵伸过程中常会像一根纤维一样成束运行和变速，一方面破坏了牵伸区纤维的正常运动规律；另一方面也破坏了纱线截面内纤维的根数分布的均匀性和纱线短片段内纤维结构分布的均匀性。因而会造成常发性纱疵增加。

3. 提高纤维分离度的途径

提高纤维分离度最主要的是要充分梳理，因此有人说“只有梳得好，才能纺得好”，这是十分正确的。这首要要求生条分离度良好，不存在或很少有未被梳开的纤维束。

必须指出，精梳机、并条机和粗纱机也会造成新的纤维集结体，造成粗节。主要有少量松棉结经牵伸后形成紧棉结；纱条运行过程中碰毛或受阻形成弯钩；精梳棉网成条时破边形成的弯钩；飞花落棉附着或通道短绒聚积形成短绒棉结、接头包卷过紧造成纤维集结等。其中纱条运行过程中形成的纤维成束状的前弯钩影响最大，必然导致粗节。

提高棉条纤维分离度的主要途径有以下几个方面。

（1）开清棉工序。要贯彻“多松少打，先松后打，多梳少返”的工艺原则，提高筵棉开松度。对于某些纤维束较多、包装较紧的原料，应在使用前进行预开松或者松包预处理。

（2）梳棉工序。多年来一直坚持“紧隔距、强分梳、高转移”的工艺原则，近年来有学者针对梳棉工序梳理工作介质对最终纱线品质的影响项目和程度，提出“均衡柔和梳理工艺的技术理念”，强调通过实施均衡柔和梳理工艺措施，排除有害疵点、减少纤维损伤，从而达到改善成纱品质、降低梳理成本及提升梳理产能的目的。因此，要结合具体加工条件和要求，合理选择恰当的分梳工艺是十分重要的，同时要优选分梳元件，确保分梳元件锋利和隔距准确，扩大梳理面，提高分梳效能，减少棉束和云斑产生。

（3）精梳工序。充分发挥精梳机锡林和顶梳的分梳作用，确保棉网成形良好，避免云斑、破洞、边缘不良、横向切断、纤维弯钩等产生。锡林、顶梳梳针要始终处于良好的状态。

二、半制品纤维伸直平行度与成纱质量

1. 半制品纤维伸直平行度的概念

如果纤维在纱条中是完全平行（与纱条轴线平行）和伸直的，其在纱条中的伸直度可称100%。但实际上，纤维在纱条中是各式各样的，有卷曲、弯钩、不平行及其他形状，因而在牵伸过程和纱条结构中，纤维的有效长度小于平行伸直时的长度。伸直度是表示这种差异的程度，故纤维伸直度可用纤维在纱条轴向投影长度占纤维伸直长度的百分数来表示。有关资料介绍，纤维的伸直度：生条在60%～65%之间，头道并条在75%～85%之间、二道并条在80%～90%之间，精梳后粗纱中的纤维伸直度可达90%以上。纤维伸直度测试方法有示踪法、切断称重法、光学法等多种，但都不能反映纤维前后弯钩伸直的情况，并且方法烦琐，效率不高，故未广泛使用。

德国特吕茨勒公司推出在梳棉机、并条机、精梳机上在线检测纤维长度和短绒率、纤维弯钩和平行度等信息的TC－LCT型检测装置，可为改善梳理、减少纤维损伤、合理配置工艺提供可靠的数据。

2. 半制品纤维伸直度对成纱质量的影响

（1）半制品纤维伸直度与纱线条干。半制品纤维伸直度差，对纱线条干有以下影响。

①纤维在纱条中沿纱条轴线的有效长度缩短，相当于增加了纱条中短绒率，罗拉对伸直度差的纤维控制效果减弱，影响纱条条干。

②在牵伸过程中纤维相互纠结抱合影响纱条条干，使条干不匀型纱疵增加。

③在牵伸过程中纤维的变速运动相互影响，纤维快慢速变化的随机性增强，影响纱条条干。

（2）半制品纤维伸直度与纱线强力。纤维伸直度差，纤维在纱条中沿纱条轴线的有效长度缩短，纤维与纤维之间的接触长度较短，当纱线受外力作用时纤维就容易滑脱，这时纱线中因受拉而滑脱的纤维数较多，故成纱强度较低。

（3）半制品纤维伸直度与纱线毛羽。加捻三角区是成纱加捻毛羽形成的决定因素，如果进入加捻三角区须条中纤维平行伸直度好、纤维间抱合紧密、间隙小，那么形成的毛羽概率就要减小，成纱的毛羽也将减少。

（4）半制品纤维伸直度与常发性纱疵。纤维伸直度差时，缩短了纤维在纱条轴向投影的长度，其实质上相当于纤维长度缩短，长度整齐度变差。由于纤维伸直、平行度差，纤维在牵伸过程中，在沿纱条轴向运动的同时，还在纱条径向上做不规则的运动，一方面破坏了牵伸区纤维的正常运动规律；另一方面容易与其他纤维纠缠或自身扭结而形成棉结，进一步破

坏纱线截面内纤维根数分布的均匀性和纱线短片段内纤维结构分布的均匀性。因而造成常发性纱疵增加。

3. 提高纤维伸直度的途径

（1）纺纱方法。纺纱方法对纤维伸直度是有影响的。例如，在环锭纺中，纤维的伸直度和弯钩的方向性与棉纺各工序及成纱质量有着密切的关系，从并条、粗纱到细纱工序，纤维伸直度逐步得到改善，弯钩纤维也逐步减少；而在转杯纺中，纤维的伸直度和弯钩的方向性在很大程度上也影响着转杯纱的质量，由于其流程短，转杯纱的纤维伸直度一般要低于环锭纱，强力也相对低一些。

（2）梳理作用。良好的梳理，有利于提高纤维的伸直度。一般情况下，纤维和棉束在棉卷和筵棉中排列较乱，伸直度也较差，虽也存在一定的弯钩纤维，但没有明显的方向性。纱条中纤维弯钩的方向性主要是由梳针作用产生的。盖板上主要是后弯钩纤维，这是分梳造成的；锡林上大部分是前弯钩纤维，且其平行度较好；道夫上主要是后弯钩纤维，而直线形也占一定比例。

梳棉机的后部形式（如单刺辊、双刺辊和三刺辊等）、牵伸倍数、剥棉的形式（罗拉剥棉和斩刀剥棉）、各部件隔距、转移率大小等都会对纤维伸直度造成影响，应该根据具体情况设计合理的梳理工艺。RIETER C60 型梳棉机机幅比一般梳棉机增加 50%，输出棉条定量相应加重，在输出处加装一对预牵伸罗拉，使输出棉条定量维持原状。由于经预牵伸后，棉条伸直度得到改善，从而可减少一道并条，已在转杯纺纱中大量使用。

（3）纺纱工艺道数。纱条中纤维能否伸直，必须在纤维间具备三个条件。

①有速度差即相对运动。

②有一定的接触持续时间。

③有足够的作用力使产生的摩擦力克服弯钩屈曲处的抗弯力。

理论分析得出，前弯钩纤维在牵伸中不易伸直。据此在工序配置时，要求将生条中的纤维弯钩较多的方向，形成粗纱喂入方向的后弯钩，即梳棉至细纱间的工序道数应呈奇数配置，以发挥纤维伸长平行的最佳效果。由此形成普梳工序推荐两道并条和一道粗纱的奇数法则，是有一定道理的；同理，精梳工序宜采用偶数法则，但对精梳和化学纤维纱而言，因为经精梳后，纱条本身伸直度较高；化学纤维本身等长，弯钩较少，纤维集结体也少，所以喂入方向性的影响较小，奇偶数配置法则作用就不必过于强调。

（4）牵伸工艺。

①牵伸形式。一般分曲线牵伸和压力棒牵伸。由于两者均加强了摩擦力场控制，对纤维的控制力加强，有利于后弯钩部分保持慢速，增加了伸直过程的延续时间，故可提高后弯钩的伸直效果。

②牵伸倍数。一般牵伸倍数越大，纤维运动相对速度越大，纤维伸直效果较好，特别对后弯钩纤维。细纱机牵伸倍数大于并条、粗纱机，因此伸直效果较好。

③并条道数的牵伸分配。从改善伸直度的效果考虑，由于喂入头并条的纤维前弯钩多，喂入二并的后弯钩纤维较多，故并条机头并的总牵伸宜小，二并宜大，以充分发挥二并的后

弯钩伸长作用，但要防止因二并总牵伸过大反而影响其条干不匀率。

④后牵伸优选。在罗拉牵伸区中，牵伸力大有利于须条中纤维的伸直平行。在临界时摩擦力最大，更易产生胶辊滑溜造成的条干不匀或“出硬头”，因此，如果罗拉加压较大时，后牵伸可优选在牵伸力较大的情况下。TD03 型并条机设置牵伸力检测时，可在较大牵伸力情况下自动优选后牵伸。

(5) 纱条抱合力。纱条抱合力是指纤维法向压力等于零时，纤维互相滑移的切向阻力。它是由纤维间互相纠缠勾结和黏附而形成的，显然伸直度的提高，将导致抱合力的降低。抱合力的降低会增加纱条喂入运行过程和卷绕过程的意外牵伸。精梳棉条由于伸直度高，抱合力低，在并条机、粗纱机喂给中极易造成意外牵伸，造成接合脱开甚至脱头等现象，使条干不匀显著恶化。因此，俗称“熟、烂”的精梳条的后并条宜缩减道数，目前精梳经一道后并条工艺已基本一致。精梳条和其熟条、粗纱的定量也不能太轻，否则也易产生意外牵伸，恶化条干，所以说片面强调“轻定量、小牵伸”的观点是不全面的。

第二节　半制品短绒率及结杂与成纱质量

一、短绒率和结杂在纺纱过程中的变化情况

1. 短绒率

原棉经开清棉工序，受打手的打击、开松和梳理，一般纤维都有一定损伤、断裂，使短绒率会有所增加。清棉后的筵棉经梳棉机后，同样在梳理转移过程中，短绒率会有一定的增大，但梳棉机排除短绒的能力比开清棉工序大，故一般短绒率增加不大或者会稍有降低。

在乌斯特 2013 公报中，对环锭纺普梳和精梳工艺条件下根数短绒率 SFC（n）在纺纱过程中的变化进行统计，不同水平下的统计结果见图 3－1 和图 3－2。

从图 3－1 中可以看出，环锭普梳过程中，由棉包到筵棉过程，根数短绒率是增加的，从筵棉到生条过程，根数短绒率开始降低，生条到熟条过程短绒率得到进一步较大幅度的降低，从熟条到粗纱过程，短绒率指标变化不明显。并条过程中短绒率降低的主要原因是牵伸作用提高了纤维的平行伸直度，使一部分弯钩纤维得到伸直。

从图 3－2 中可以看出，精梳工序使短绒率有较大幅度的降低，由于精梳工序短绒率降低幅度较大，精梳条的平行伸直度高，再经过并条后短绒率降低幅度趋缓，从并条到粗纱短绒率同样变化不明显。

短绒率对纱线质量的影响，尤其是强力和毛羽指标的影响是不言而喻的。从经过并条后到细纱工序，短绒含量不会发生大的变化，因此，降低短绒主要是抓住清梳和并条工序环节。

2. 棉结

图 3－3 显示了在环锭普梳纱加工过程中棉结总数的变化情况。开清工序棉结增加的幅度较大，梳棉工序是降低棉结的关键环节，降低幅度最大，经过并条工序，棉结得到进一步降低，从熟条到粗纱，棉结数量不再有明显的变化。

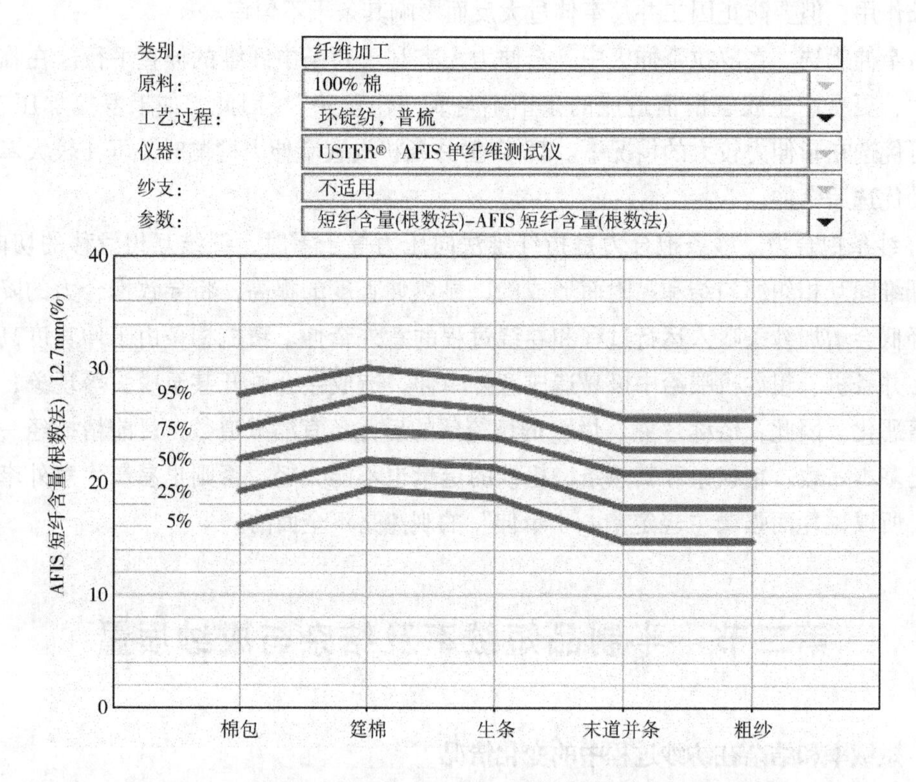

图 3－1　环锭纺普梳加工过程中不同水平下根数短绒率的变化

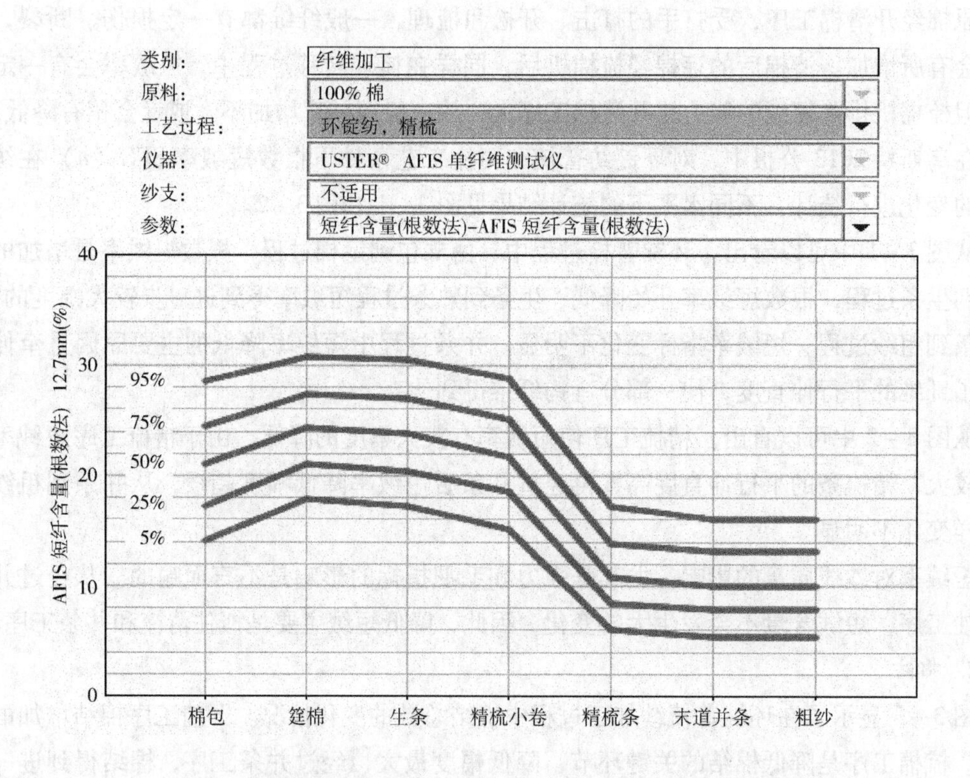

图 3－2　环锭纺精梳加工过程中不同水平下根数短绒率的变化

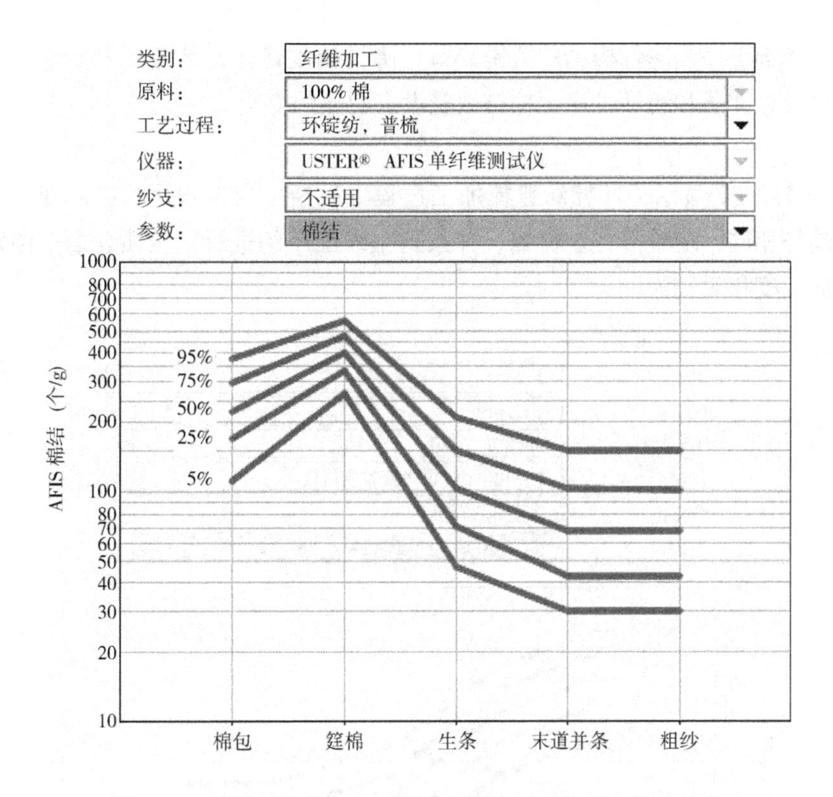

图 3－3　环锭纺普梳加工过程中不同水平下棉结总数的变化

图 3－4 显示了在环锭精梳纱加工过程中棉结总数的变化情况。同样是开清工序棉结增加

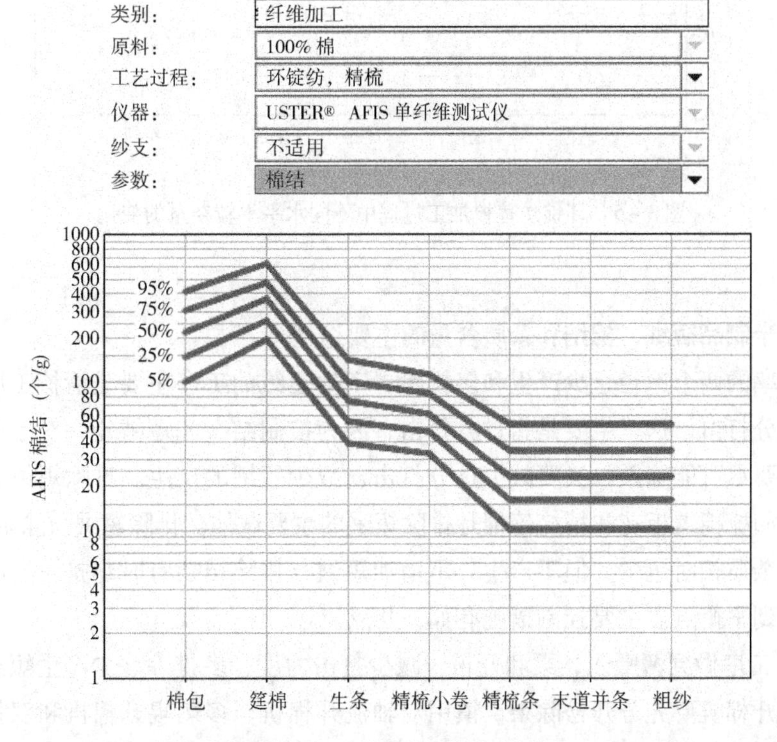

图 3－4　环锭纺精梳加工过程中不同水平下棉结总数的变化

的幅度较大，梳棉工序是降低棉结的关键环节，降低幅度最大，精梳环节使棉结含量得到进一步降低，再经过并条和粗纱工序，棉结数量没有明显的变化。

3. 杂质

图3－5～图3－7显示了环锭纺普梳加工过程中粒杂、尘杂和异物率的变化情况。三种杂质的变化趋势相同，随着清花、梳棉、并条到粗纱工序的进行，杂质含量逐渐降低，其中清梳工序降低幅度相对较大。

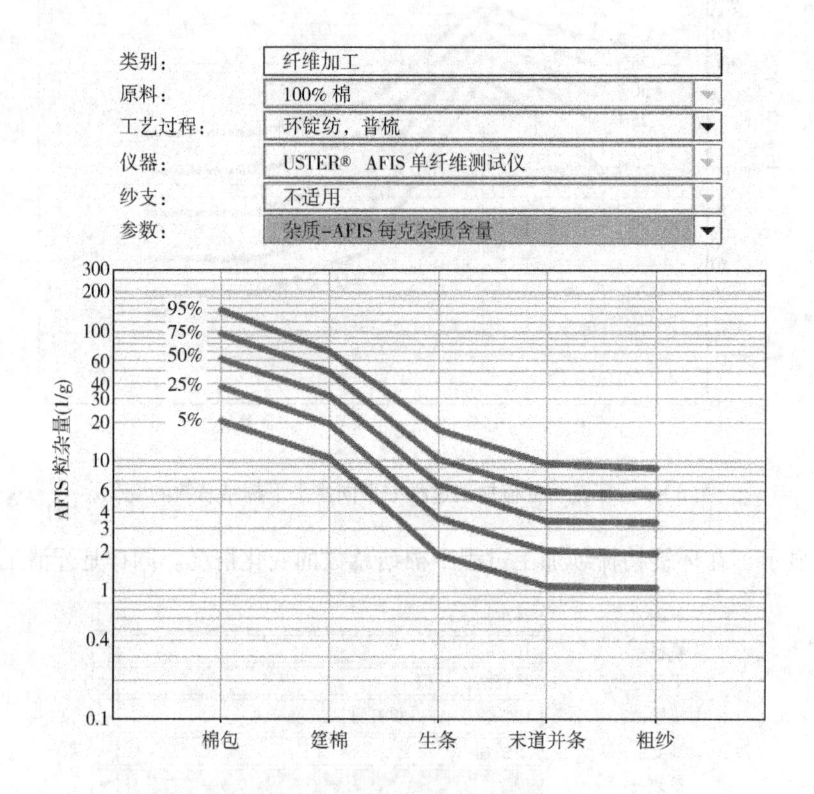

图3－5 环锭纺普梳加工过程中不同水平下粒杂量的变化

二、降低半制品短绒、棉结和杂质含量的主要途径

控制短绒率的两个途径是少产生和多排除。产生短绒的工序主要是清梳工序，在这方面要做到减少过分打击，这里主要是指过分打击，因为控制结杂和短绒是一对矛盾，要处理好这种矛盾，既要尽可能除杂，又要减少过分打击，减少短绒的产生。排除短绒主要是在梳棉和精梳工序，如梳棉盖板花和精梳落棉是排除短绒的主要载体。排除短绒与除杂则是统一的，短绒少，棉结杂质相对也少。但不产生、不增加短绒与排除结杂有时却是矛盾的，有时难以兼顾，需要找到平衡点。主要控制措施有如下几点。

(1) 清花工序做到薄喂入，柔和开松，减少打击力度，多排除、少产生短绒。抓棉机要抓小，抓匀；开棉机要充分开松除杂，慎用双轴流开棉机、多刺辊开棉机和双打手成卷机等设备。推荐握持打击与自由打击交叉配置。三刺辊开棉机容易产生短纤维，多数已将第一刺

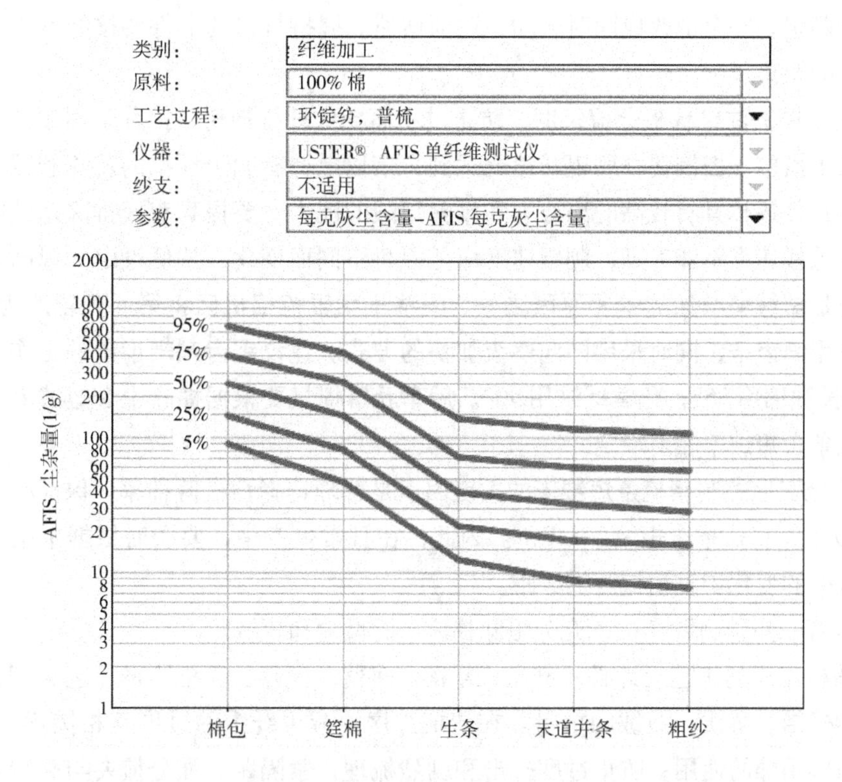

图 3－6　环锭纺普梳加工过程中不同水平下尘杂量的变化

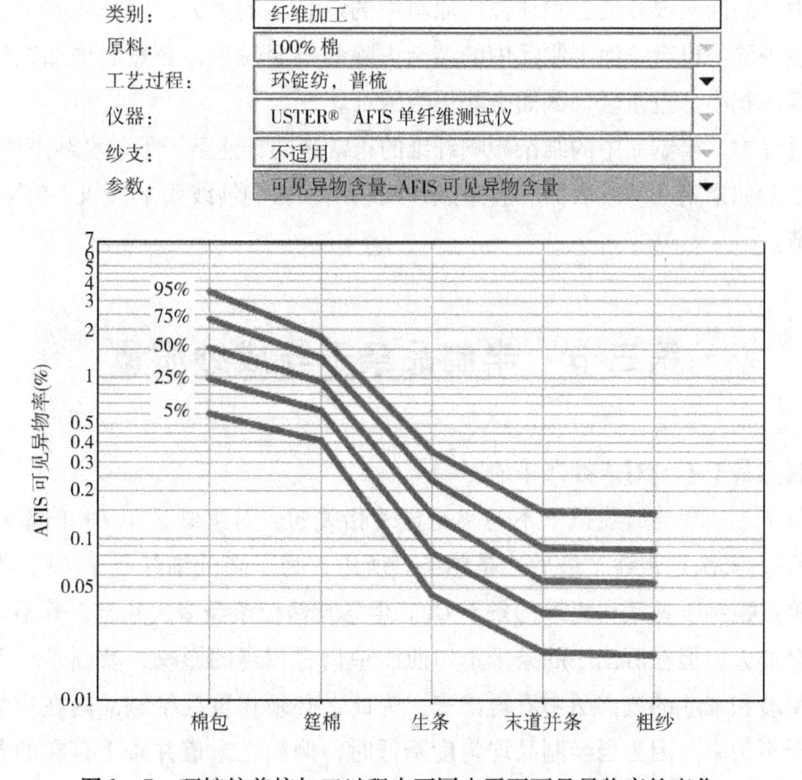

图 3－7　环锭纺普梳加工过程中不同水平下可见异物率的变化

辊改为梳针刺辊，并全部改成同时转动，逐渐增速。握持打击的部件要按纤维长度确定握持点至打击点的距离。

（2）梳棉要关注给棉板分梳长度，防止过小而导致纤维损伤，推荐采用顺向喂棉、挠性喂棉板等技术措施。控制锡林刺辊转速比达到2倍以上，有利于纤维的转移和减少返花，高速条件下小直径锡林具有较高的离心力和排除短绒的能力。要提高盖板排除短绒能力，但盖板落棉率和盖板速度不能太高；刺辊速度应随原料不同而变化，从低设定。现已证明连续三锯齿的配置是短绒率增加的主要原因之一，一些三刺辊梳棉机已将第一刺辊改为梳针刺辊，另外两个采用锯齿条，同时采用同向逐级加快的方式。建议锯齿刺辊齿条的工作角度：细绒棉用80°；长绒棉用85°；化学纤维用90°。后车肚落棉量要根据棉卷中含短绒率多少及时调整，保证生条含短绒率相对稳定。

（3）精梳工序控制精梳条短绒率的关键因素是合理选择精梳落棉率，保证精梳短绒去除率在60%以上，精梳条含短绒率≤8%。因此，在日常生产中，要及时根据生条含短绒率和精梳条短绒率的变化调整精梳落棉隔距。

（4）推荐采用强力除杂机，充分去除棉流中的微尘和短绒。

（5）清梳工序的工艺设计必须贯彻“早落、多落、少碎、多排”的工艺原则，尽可能地降低生条中棉结、杂质、短绒的数量。在清梳工序要减少纤维的过度互相搓揉，减少返花；控制回花和再用棉的使用；防止过度打击和剧烈梳理；紧隔距、强分梳要与高转移同步。并条机改变并合数和牵伸分配，提高棉条中纤维平行伸直度，减少因牵伸不良产生的棉结。

半制品中的结杂对成纱的影响往往比原料中的结杂影响更大，因为原料中的结杂在清梳等工序还有被去除的机会，而半制品中的结杂去除的机会较少，必然会增加成纱出现纱疵的概率。由于其体积小、重量轻，因而去除更为困难。

在牵伸过程中，半制品中的结杂影响纤维的正常运动，使条干不匀型纱疵增加。成纱后，半制品中的结杂如果附在纱线表面，会造成纱线结杂，影响纱线条干；如果包覆在纱线内部，会造成粗细节。

第三节　半制品条干与成纱质量

一、半制品条干不匀对成纱条干的影响

半制品条干不匀率与纱线条干不匀率是显著相关的，对细纱条干 *CV* 值影响最显著的是半熟条条干 *CV*，其次是粗纱，最后才是熟条。所以，为了降低细纱条干 *CV*，除了细纱工序本身外，应重点控制半熟条和粗纱的条干 *CV*。生条与精梳条经多次并合，其不匀波的波幅会衰减，波长会加大，但在后工序的条干不匀曲线中仍有相当的影响，特别是严重的精梳条不匀，仍可在粗纱和细纱的波谱图中看得出来。为此，必须在重视半制品内在质量的同时，改善半制品条干不匀率。因为当半制品均匀度降低时，例如在末道并条上存在的条干不匀，经粗纱与细纱工序牵伸以后，只能增加新的附加不匀而不可能得到改善。如果在半制品中存在

周期性不匀，则会在成纱上成为更长片段的周期性不匀，并散布开来，成为严重的质量问题。因此，必须经常检验和控制条子、粗纱的条干均匀度。

细纱条干不好，纱线的强力便会降低，并影响织物的强度。

二、降低半制品条干不匀的措施

生条条干不匀率影响成纱的重量不匀率、条干和强力。影响生条条干不匀率的主要因素有分梳质量、纤维由锡林向道夫转移的均匀程度、机械状态以及棉网云斑、破洞和破边等。分梳质量差时，残留的纤维束较多，或在棉网中呈现一簇簇大小不同的聚集纤维，而形成云斑或鱼鳞状的疵病；机械状态不良，如隔距不准，刺辊、锡林和道夫振动而引起隔距周期性的变化，圈条器部分齿轮啮合不良等，均会增加条干不匀率。另外，如剥棉罗拉隔距不准，道夫至圈条器间各个部分牵伸和棉网张力牵伸过大，生条定量过轻等也会增加条干不匀。

因此，改善生条条干不匀要保持梳棉机机械状态正常和针齿的锋利，以便充分发挥梳理效能，提高纤维的分离度和混合均匀度，防止棉网产生云斑、破洞、破边等现象。同时要适当控制输出条子部分的张力，有利于降低生条的条干不匀。

对于精梳纱而言，要注意保证精梳的棉网结合正常，防止产生棉网破边，各通道要保持光洁。

精梳机、并条机及粗纱机牵伸装置中的隔距、压力是否正常，胶辊、胶圈及罗拉是否有缺损或偏心，集合器的尺寸是否适当，传动齿轮是否有损坏或安装不当等，都会影响条干的不匀。

此外，各道工序的接头操作、清洁工作和车间温湿度也都影响条干的不匀。因此，降低半制品的条干不匀，要加强设备维护，优化工艺设计，严格各项基础管理工作。现代的梳棉与并条设备上均采用自调匀整装置，能有效地降低半制品的条干不匀。例如，乌斯特公司研发的第二代自调匀整系统 USTER SLIVERGUARD PRO，该产品不仅包含有自调匀整系统，还带有棉条质量监控系统，可以及时对出条质量进行在线监控。这一功能对于目前高速并条机尤其重要，通过100%在线监控，对于质量不合格的棉条进行及时报警，避免其流入下道工序，导致成纱质量恶化或质量投诉。该棉条质量监控系统主要是通过FP传感器进行检测，来实现对棉条特数偏差，条干 CV_{m}、CV_{1m}、CV_{5m}，机械波以及粗节等质量参数进行监控；如果配备乌斯特棉条专家系统，除了对于每班的棉条进行以上质量监控之外，还可以对每天、每周、每月的棉条质量参数及其长期质量趋势分析进行查看。

思考题

1. 半制品纤维分离度和纤维伸直平行度的含义及其与成纱质量的关系。
2. 半制品短绒率、结杂及条干等指标的含义及其与成纱质量的关系。

第四章　纱条不匀的分析与控制

本章知识点

1. 纱条不匀的分类。
2. 纱条不匀的指标及测试方法。
3. 影响纱线条干不匀的因素及改善措施。

第一节　纱条不匀概述

对于纱线的生产方和使用方，有一个共同的愿望，就是期望纱线在整个长度方向上粗细尽可能一致。然而对于短纤维纺纱而言，做到长度方向上粗细完全一致那只能是理想状态，这和化学纤维长丝是无法比拟的。通常把纱线长度方向上横截面的粗细程度称为纱线的条干均匀度。

沿长度方向目测纱线或纱条，就会发现纱线或纱条的粗细是不均匀的，有粗也有细，粗细不均匀的情况是普遍存在的。纱线或纱条的条干不匀是指在其长度方向粗细不匀；纱线或纱条的条干不匀率是指在其长度方向粗细不匀的程度。纱线或纱条的条干不匀率与其本身的粗细有关。条干不匀率可以比较不同纱线和不同线密度纱线条干不匀的高低。

纺织品的质量与纱线条干均匀度密切相关。当半制品均匀度降低时，细纱的均匀度也相应降低；细纱条干不好，其强力便会降低，进而影响织物的强度。采用条干不匀程度较大的纱线进行织造时，在织物中会出现各种疵点和条档，会影响其外观质量。通常针织纱的条干均匀度要求高于机织纱。纱线条干不匀会使纺纱和织造的断头率提高，降低劳动生产率。纱线条干均匀度是布面条干不匀的决定性因素，只有优良的纱线条干才能形成优良的织物外观。

一、纱条不匀的分类

纱条不匀是纺纱原料和纺纱过程中的机械、工艺、操作、环境等的综合反映。广义的条干不匀包括长度方向各种片段长度的粗细不匀，棉纱中棉结、杂质、竹节也可列为广义的条干不匀。狭义的条干不匀是指短片段的条干不匀。长片段的粗细不匀，常以单位长度的重量不匀来衡量，采用特克斯制时称作重量不匀率（用支数制时称作支数不匀率）。

1. 按仪器测试长度和测试波长分类

（1）按测试长度分类。一般以测试片段长度 8 ~ 20mm 得出的条干不匀称为短片段不匀，以测试 5m、10m、100m 片段长度得出的条干不匀称为长片段条干不匀，长片段条干不匀常以测试长度的重量表示，称为重量不匀。

（2）按测试波长分类。短片段不匀一般指测出波长为纤维长度的 1 ~ 10 倍的条干不匀；中片段不匀是指测出波长为纤维长度的 10 ~ 100 倍的条干不匀；长片段不匀是指测出波长为纤维长度的 100 ~ 3000 倍的条干不匀。棉纺细纱常以波长在 50cm 以下的条干不匀称为短片段不匀，波长在 50cm ~ 5m 之间的条干不匀称为中片段不匀，波长在 5m 以上的条干不匀称为长片段不匀。

2. 按产生的原因分类

（1）纤维随机分布造成的不匀。即理论不匀，就是说在理想条件下纺纱，所纺得的纱线也存在一定的不匀。

（2）纤维集结和工艺不完善造成的不匀。指在纺纱过程中纤维不能完全分解成单纤维，纺纱工艺不能使纤维伸直、平行等导致的不匀。

（3）牵伸波造成的不匀。指浮游纤维变速随机性造成的非周期性不匀。

（4）机械缺陷造成周期性不匀。指机械缺陷如罗拉弯曲、偏心、传动齿轮不良等形成的不匀。

3. 按发生的概率分类

（1）常发性条干不匀。指因原料、牵伸工艺、机械等因素造成的经常发生的条干不匀，其发生的频率较高，对织物的外观和内在质量有一定的影响。

（2）偶发性条干不匀。指发生频率较低，非正常因素造成的条干不匀，如机械失效、操作不良等形成的条干不匀。偶发性条干不匀一般粗细不匀显著，对织物外观和内在质量影响较大，必须严加关注。

4. 按检验范围分类

按检验范围可将不匀分为内不匀、外不匀和总不匀。

分类虽然复杂，但就其实质而言，主要是结构性不匀和粗细不匀两类。在生产实际中，主要研究和控制的还是粗细不匀，即包括反映长片段不匀的重量不匀和反映短片段不匀的条干不匀。

二、$CV(L)$ 和 $CB(L)$ 曲线

对纱条的不匀率进行测试时，将所有长度纱条的不匀率全部检测出来是不现实的。一般都要取有限长度的纱条进行测试，因此所测得的不匀率只能是这段有限长度纱条内的不匀率，用 $CV(L)$ 表示，其中 CV 代表以变异系数所表示的内不匀率，L 表示所取纱段的长度。$CV(L)$ 表征了长度为 L 的纱条内不匀率，其值随长度 L 的不同而发生变化。当所测纱段长度 L 由零逐渐增大，$CV(L)$ 值迅速增大，当 L 到达一定长度后，$CV(L)$ 值的增长趋于缓慢。当 L 值继续增加，趋向 ∞ 时，$CV(\infty)$ 即为总不匀值。对于有限长度纱条 L 所测得的不匀率 $CV(L)$ 与试样实际的总不匀之间，还存在着各段长度 L 之间的不匀，称之为外不匀，常用 $CB(L)$ 表示，它与 $CV(L)$ 存在相反的变化趋势。当 L 很小，趋向于零时，外不匀 $CB(L)$ 即为总不匀，随着 L 值增大，$CB(L)$ 将逐渐减小。条干内不匀 $CV(L)$ 和外不匀 $CB(L)$ 的变化曲线如图 4 - 1 所示。

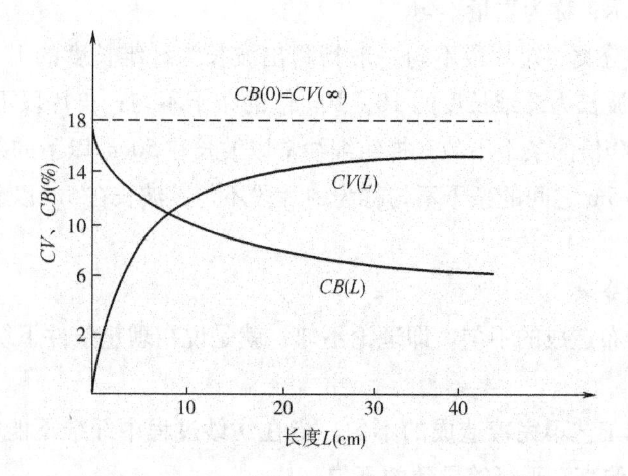

图4-1 条干内不匀 $CV(L)$ 和外不匀 $CB(L)$ 的变化曲线

对于正常纱条而言，当所取纱条长度在100cm以上时，CV值已趋向于定值，即曲线逐渐接近渐近线 $CV(\infty)$，而 $CV(\infty)$ 即为纱线的总不匀率数值。内不匀、外不匀和总不匀三者之间的关系可用如下关系式来表示，即：

$$[CV(L)]^2 + [CB(L)]^2 = [CV(\infty)]^2 = [CB(0)]^2 \qquad (4-1)$$

借助公式4-1和图4-1中曲线，可以求出一批纱线的总不匀率值或其近似值。对于质量正常的纱条，其不匀率主要由1m以内的短片段不匀所组成，若取2~3m的片段作切断测试，则所测得的不匀率CV值已基本接近总不匀。只有在工艺和质量较差的情况下，会存在显著的长片段不匀，这时在短片段不匀和总不匀之间将存在较大差异。此外，对于不同工序的制品，如生条、熟条、粗纱和细纱等，虽然内外不匀和纱条片段长度之间有相同的规律，但其 $CV(L)$ 和 $CB(L)$ 的曲线形态是有差异的。

三、纱条不匀的结构

许多文献都是根据纱条不匀的原因，把纱条不匀从结构上分为以下4个部分。

1. 随机波不匀率

由于用来纺纱的天然纤维不可能等长、等直径，纤维在纱条中也不可能达到完全平行伸直，因此纱线在分布上具有随机性。这种分布的随机性使得纱线有一最低的理论不匀率，称为随机波不匀率。

2. 因纤维集结和工艺设备不完善造成的不匀率

这是由于在纺纱过程中纤维不可能被完全单纤维化，其中有缠结纤维和小棉束存在，会在运动中使纱条不匀率增加。同时，在纺纱过程中也会存在工艺不合理和设备不完善等情况而使纱线出现不匀增加，如在梳理过程中针布出现轧伤等。上述原因造成实际波谱图和理想波谱图之间出现偏差。图4-2显示了理想波谱图和实际波谱图的差异。

3. 牵伸波造成的不匀率

主要产生原因是牵伸工艺不够合理，造成纤维变速点分布不稳定，使纱条在长度方向上形成粗细节，即为牵伸波。牵伸波在波谱图上的表现形式如图 4-3 所示。

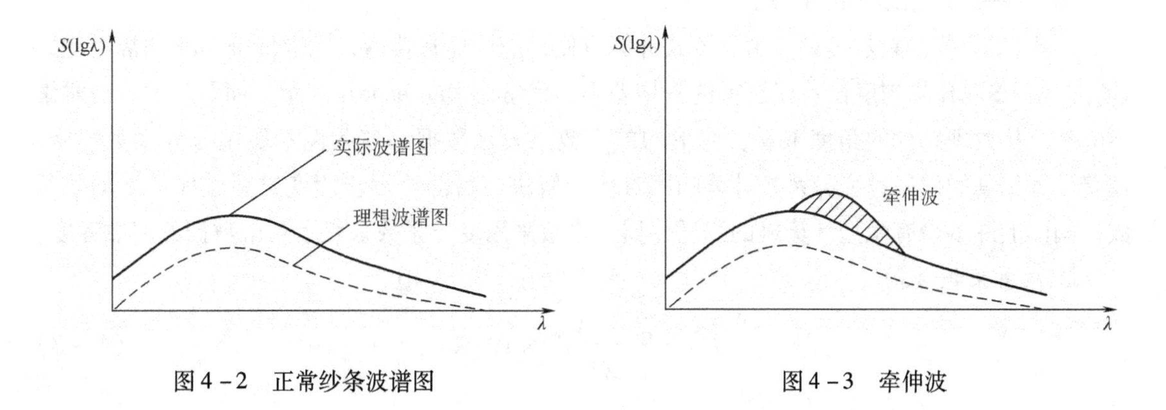

图 4-2　正常纱条波谱图　　　　图 4-3　牵伸波

4. 机械性周期不匀

由各道加工机器上周期性运动部件的缺陷造成，如胶辊、罗拉偏心等，使纱条条干产生周期性的粗细变化，称为机械性周期不匀。机械波在波谱图上以“烟囱”形式出现，如图 4-4 所示。

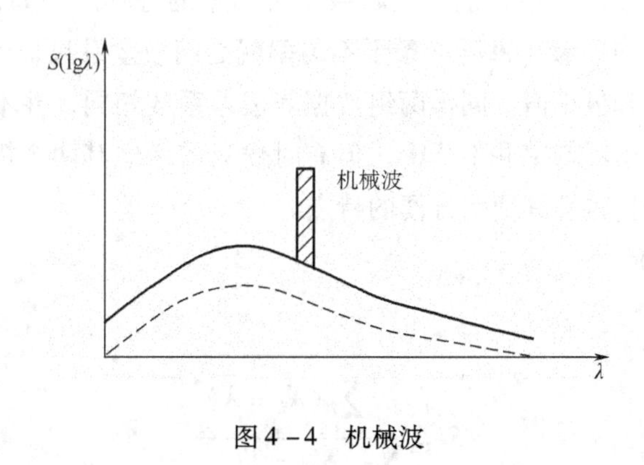

图 4-4　机械波

第二节　纱条不匀的指标及测试方法

一、条干不匀率的表达式

条干不匀率可以通过测试一定片段长度纱条的质量或直径的变异来表达，一般常用数理统计中离散性指标——平均差系数、变异系数（均方差系数）或极差系数来表示。

1. 平均差系数（U）

$$U = \frac{2n_1(\overline{X} - \overline{X}_1)}{n\overline{X}} \times 100\% \quad (4-2)$$

式中：$\overline{X}$——测试数据的平均数；

$\overline{X}_1$——平均数以下的平均数；

n ——测试总个数；

n_1 ——平均数以下的个数。

式 4－2 又称沙默尔公式，由于该式计算方便，应用非常普遍，我国传统的测试常用此式计算。由 USTER 均匀度试验仪测得的平均差不匀率常用 Unevenness 表示，简写为 U，即质量不匀率。从数理统计的角度来看，用平均差系数来表示数据的离散性不如用变异系数严密。随着计算工具的发展，变异系数计算的困难已经解决，目前已逐步用变异系数代替平均差系数，国际上许多带有微型计算机的测试仪器，多数采用变异系数来表示测试数据的离散程度。

2. 极差系数（J）

$$J = \frac{X_{max} - X_{min}}{\overline{X}} \times 100\% \tag{4-3}$$

式中：X_{max} ——测试数据中的最大值；

X_{min} ——测试数据中的最小值；

$\overline{X}$ ——测试数据的平均数。

数据中最大值与最小值之差叫极差，极差占平均数的百分率即为极差系数。它能反映数据中两个极端值的相对变动大小，也能反映条干不匀率的好坏。例如，用 Y311 型条粗条干均匀度试验仪测试的平均每米（每码）条干不匀率就是用极差系数来计算的。用极差系数计算仅考虑数据的极大值和极小值。同样两组数据其极差系数相同，并不能表明其离散程度一致，因此用它来表示条干不匀率并不严密，但有时候只需考虑其两个极端的情况，如布面的粗节、细节，用它来分析也有其简明方便的特点。

3. 变异系数（CV）

标准差：

$$S = \sqrt{\frac{\sum_{i=1}^{n}(X_i - \overline{X})^2}{n-1}} \tag{4-4}$$

变异系数 CV 值（即标准差不匀率）为：

$$CV = \frac{S}{\overline{X}} \times 100\% \tag{4-5}$$

式中：X_i ——测试所得各数据之值；

$\overline{X}$ ——测试数据的平均数；

n ——测试总个数；

S——均方差（标准差）。

在常态分布条件下：

$$CV \approx 1.253U \tag{4-6}$$

CV 值是反映条干不匀率的主要指标。它反映了条干不匀的平均离散性，CV 与 U（平均差系数）、J（极差系数）相比较更为严密和正确，但它也带有局限性，不能将条干不匀的全部变异特性表达出来，例如，条干不匀的周期性、条干不匀波的波幅大小和波长、波幅的极差等。同一线密度纱条的 *CV* 值相同时，其粗细变异的特性往往不一样。现举一组数据来说明，表 4－1 中数据的平均值相同，*CV* 值基本一致，但变化规律大不相同。

表 4－1　同一线密度纱条的 *CV* 值相同时的粗细变化规律

序号	数据一览						平均值	均方差 *S*	*CV*（%）	数据分布特性
1	6.0	4.02	8.0	6.0	4.0	8.0	6	1.633	27.2	有规律性
2	6.0	6.0	8.8	3.2	6.0	6.0	6	1.617	27.0	大小明显，其他均匀
3	6.72	6.72	6.72	6.72	6.72	2.4	6	1.610	26.8	突出一小，其他均匀
4	7.7	4.3	5.0	7.0	8.0	4.0	6	1.622	27.0	无规律波动

由此说明，*CV* 相同时，有时布面上表现比较均匀，有时有明显的粗细节，甚至出现规律性纱疵。可见，*CV* 值还不能反映条干不匀的全部，仅用 *CV* 值来分析条干不匀往往是不完整的，容易造成 *CV* 不高而布面却存在条干不匀、粗细节、横档等问题。

二、条干不匀率指标

1. 每千米疵点数（I. P. I）

每千米疵点数可以定量分析细纱中粗节、细节、棉结等常见疵点，结合 *CV* 值，可适用于分析牵伸工艺的优劣，但棉结数包含杂质在内，与条干关联不大。

条干仪可以定量分析细纱中的常见性疵点——细节、粗节、棉结数，并以千米疵点数（英文缩写为 I. P. I）来表示。

（1）细节。纱线横截面比平均值减少一定比例的为细节，一般有－30%、－40%、－50%、－60%四档。

（2）粗节。长度大于 4mm，纱线横截面比平均值增加一定比例的为粗节，一般有＋35%、＋50%、＋70%、＋100%四档。

（3）棉结。棉结表示折合长度为 1mm 的重量超过设定界限的纱疵，一般有＋140%、＋200%、＋280%、＋400%四档。

2. 条干不匀曲线图

从实测的质量不匀率曲线中可以看出纱条粗、细节出现规律及波幅、波长的大小，可弥补波谱图看不出粗节、细节分布的不足。图中长度与试样长度的缩小比例应按要求调整。

3. 波谱图

分析波谱图中长度及波幅的特征，可以了解条干不匀的性质，及时找出纺纱工艺或机件缺陷，特别是周期性变异的原因，并能估计它对织物的影响，对减少突发性纱疵起指导性作用。波谱图已成为条干不匀分析不可缺少的工具。应用中应注意以下几点。

（1）一般纱疵波谱图，要求测试分析长度应不小于 1000m，否则前纺问题找不出。波谱图如与条干不匀曲线图结合分析，可以防止遗漏较长的规律性不匀和部分片段上突变性质量变异。

（2）为了使波谱图分析建立在可靠的基础上，一般认为试样的长度至少包含 20 个同样性不匀的波长。

（3）波谱分析中非正弦波的机械波会产生谐波，如细纱机胶圈接头破损，转杯内积尘等形成的脉冲波等。机械不良如椭圆胶辊，每转一次可产生两个机械波。分析时不要把谐波误认为机械波，也不要把多个机械波误认为谐波，发现谐波应找出主波分析。

（4）并条机条干的圈条作用会产生圈条效应的机械波，罗拉沟槽有时也会在波谱图中反映。但它们的波幅不大，不影响产品质量。

（5）对波长特别短的罗拉扭振机械波，波长特别长的牵伸装置、横动装置失效形成的机械波，须条逸出胶辊形成的周期波等不常见的特殊波谱图，一般专家分析系统和计算分析都不易找出原因，应建立档案，便于追踪。

4. 条干 CV_b 值

CV_b 反映批次测试中管纱间条干 CV 的变异，即纺纱机各锭间差异，在一定程度上反映条干不匀率的稳定性。各批纱的 CV_b 的波动也反映各批间的质量稳定性。如有太多质量离散的管纱或筒纱，则 CV_b 是企业质量稳定和可靠的标准。CV_b 的重要性日益受到关注。从统计假设检验角度来看，两个试样 CV 平均数的差别必须通过其均方差 σ 和样本容量 n 计算 U 值或 t 值才能鉴别，而 σ、n 则与 CV_b 是一致的。

USTER 公司认为环锭纺最大 CV_b 允许为 3.0%，紧密纺为 2.5%。

5. 偏移率 DR

偏移率 DR 定义为，在设定的基准长度 L 内，超过纱条测试平均值 $\overline{X}$ 一定百分率（±α%）的纱条长度的总和与基准长度 L 的比值。它是日本计测器工业株式会社条干仪首创的测试指标，它与直观的布面粗节、细节显著相关，即：

$$DR = \frac{\sum l}{L} \times 100\% \qquad (4-7)$$

为了改善布的匀整度，使纹路清晰，用 CV 结合 DR 值来鉴别分析是一个理想方案。测试基准长度一般为 0.01～9.99m，门限自分率一般为 ±1%～±25%，可按产品要求设定。

由于目测织物时，较明显的是超过一定粗度和细度的不匀，因此偏移率 DR 值与织物的外观评价较一致，具有很好的相关性。如在图 4-5 上，粗细幅度正常范围在 ±30% 以内，超过此范围，布面评等时作疵布处理，大于 +30% 为粗纬疵布，小于 -30% 为细纬疵布。

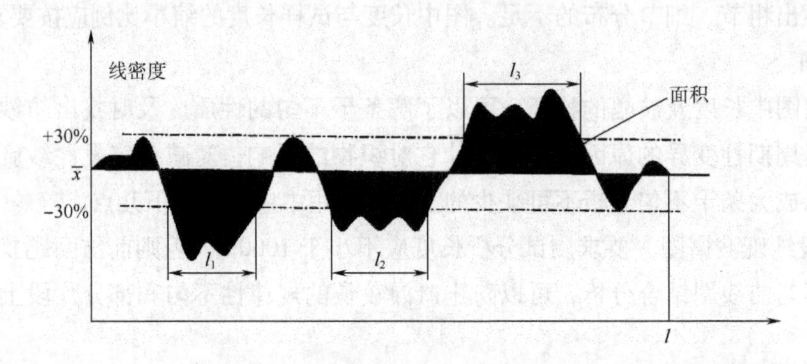

图 4-5 偏移率 DR 值定义的示意图

6. 平均值系数 *AF* 值

以首次测试总长度的线密度为100%，则以后各次平均线密度相对于它的比值即为 *AF* 值（%）。当受测细纱长度为100m 时，各次 *AF* 值的不匀率即相当于细纱质量不匀率或细纱不匀率。它反映受测纱管间线密度的变异，一般 *AF* 值在 95% ~105% 范围内属正常。*AF* 值可在观察 *CV* 时结合分析线密度的变化，供调整工艺参数时分析参考，起指导监督作用。

反映条干不匀的检测指标较多，实际应用时应根据生产需要、质量要求、用户反映选择一些重点指标分析，以达到事半功倍的效果。

7. 每 10 万米纱疵数

为了减少纱疵，提高织物制品率，防止络筒机电子清纱器切除过多，影响效率，应重视10 万米纱疵测试分析。一般工厂常以危害外观较大的纱疵如 A3、B3、C3、D2 和 E、F、G 的总和称为有害纱疵，并作为考核指标；针织纱要考核 H、I 类细节纱疵。必要时应将有疑问的有害纱疵剪下分析，以便针对性地采取措施。

三、不同要求时对条干不匀检测指标的建议

反映条干不匀的检测指标较多，实际应用时应根据生产需要、质量要求、用户反映选择一些重点指标分析，以达到事半功倍的效果，具体可参见表 4 –2。

表 4 –2　条干检测重点分析指标

检测目的和要求	重点分析指标
常规试验，质量把关	*CV*、波谱图
解决存在机械周期波	波谱图、条干不匀曲线图
条干时好时坏，波动大，锭差大	CV、CV_b
坯布粗节多，实物质量差	每千米粗节、*DR* 值
原料变化，工艺调整，设备改进	CV、CV_b、*DR* 值
针织纱细节多，实物质量差	每千米细节、*DR* 值
错纬多	偶发性纱疵指标 *E*、*F*、*G* 值
长细节多，一刀切纱疵多	偶发性纱疵指标 *H*、*I* 值

四、纱线不匀指标的主要测试方法及测试仪器

纱条不匀的主要测试方法有测长称重法、目光检验法和仪器测定法。

1. 测长称重法

测长称重法也称切断称重法，是测定纱条粗细不匀的最基本、简便和准确的方法之一。目前纺纱厂的棉条、粗纱、细纱及捻线的细度不匀，普遍采用测长称重法测定。所取片段长度为：棉条 5m，粗纱 10m，细纱和捻线各 100m。用平均差系数公式计算得到的值，在特数制中称为重量不匀率，在支数制中称为支数不匀率，在纤度制中称之为纤度不匀率。

片段长度按规定棉型纱线为 100m，精梳毛纱为 50m，粗梳毛纱为 20m，苎麻纱 49tex 以

上为50m、49tex以下为100m，生丝为450m。测长称重法测得的缕纱质量不匀是长片段不匀。当然，切断称重法可以测量各种片段长度的重量不匀率。片段长度有0.01m、0.025m、0.1m、0.3m和1m等，也可长到100m或以上。当切取短片段时，切取数量需要很多，工作量很大，因此仅在要求准确度较高时或校准仪器时被采用。

2. 目光检测法

用目光检测法来评定纱线的短片段条干不匀率被列为国家标准检验项目之一。通常用的就是黑板评定法。

棉纱条干不匀的黑板评定法方便简单，具有直观性，容易使生产人员一目了然，并具有综合分析效果。黑板检验的缺点是检验结果只能定性，不能定量，检验结果与检验者的主观感觉有关，容易造成误差。棉纱黑板评定等级方法已经列入我国棉纱GB/T 9996—1988、GB/T 398—1993及GB/T 398—2008等标准。这种评定方法是使用摇黑板机，纱线按一定的排列密度摇成黑板，黑板尺寸为250mm×220mm，黑板必须光滑平坦，然后在一定照度下（规定光源采用40W青色或白色日光灯，两条并列），将试样放在评级支架上，相邻放置与之相应的标准样照，规定检验者与黑板的距离为（2.5±0.3）m，视线与黑板中心平齐。根据纱线在黑板上形成阴影的深浅和面积的大小，粗节的粗度和数量的多少，以及是否存在严重纱疵如粗节、细节、竹节和严重规律性条干不匀等情况，比对标准样照，综合评定棉纱品等为优等、一等或二等。

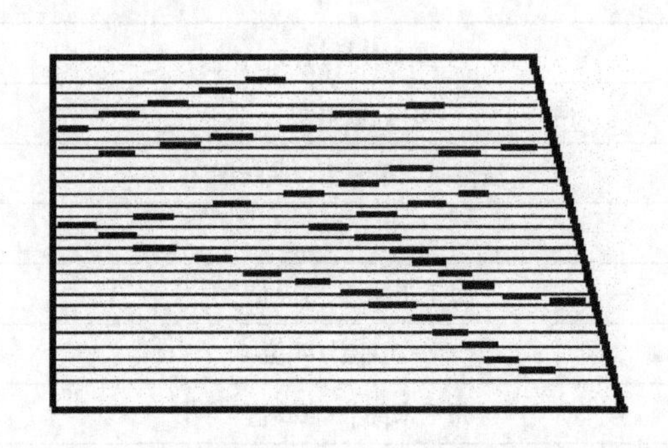

图4-6 梯形黑板纱线周期性不匀的V形纹

国外常用梯形黑板检测鉴别纱线是否存在周期性的条干不匀。采用矩形黑板时，如果黑板周长为纱线不匀周期的奇数倍，黑板上并列纱线将以粗细相间的方式出现，掩盖纱线规律性条干不匀。采用梯形黑板纱线周期性不匀反映的是形成V形纹，如图4-6所示，根据V形纹斜向点的位置所在，准确测量该处黑板绕纱的圈的周长，除以周长内的周期数，就可得到周期波性不匀的波长，从而推断其产生的原因。我国YG381A型摇黑板机梯形黑板规格为575mm×250mm×160mm。

3. 仪器检测法

20世纪40年代瑞士Zellweger USTER公司首创了电子管电路的电容式条干均匀度测试仪（以下简称条干仪）GGP-A型，后来配上了积分仪、记录纱疵仪和波谱仪，称GGP-B型。发展至今，USTER® TESTER 6是USTER公司推出的最新型号的条干仪，采用了全新的传感器技术，除了检测条干均匀度、粗节、细节、棉结（CS模块）之外，可选配测试毛羽的OH模块、测试根数毛羽的HL模块、测试直径外形及光电条干均匀度的OM模块、测试尘杂的OI模块。USTER® TESTER 6集成了USTER® QAULITY EXPERT质量管理专家系统，整合纺纱厂各工序的实验室检测数据以及在线检测系统的所有数据，形成USTER全面测试中心™。

USTER® TESTER 6测试单元和控制单元，如图4-7所示。

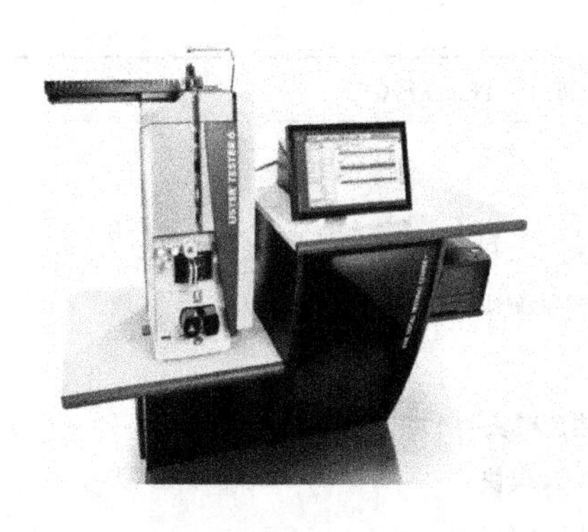 

图 4－7　USTER® TESTER 6 测试单元和控制单元

USTER 条干仪采用电容测试原理。在一对电容极板之间的测试槽中产生一个高频电场，一旦电容极板间的质量发生改变，电信号将发生改变，传感器的输出信号也发生相应改变。结果是电信号与通过测试区域的材料的质量变化成比例。该模拟信号被转换成数字信号，由计算机直接存储并处理。

USTER® TESTER 6 条干仪的主要技术特征和规格参数见表 4－3。

表 4－3　USTER® TESTER 6 条干仪主要技术特征和规格参数

项目	USTER® TESTER 6
测试原理	基本模块 CS—电容
测试范围	适用于棉条、粗纱、细纱：1tex～12ktex； >12ktex 时可选配 MS120 扩展检测槽
测试速度	10～400m/min（最高测速 800m/min） 推荐设置： 细纱：400m/min；粗纱：50m/min；棉条：25m/min
测试长度	推荐设置： 细纱：400m（最短长度），1000m（有足够长纱条时） 粗纱：125m（最短长度），250m（有足够长纱条时） 棉条：62.5m（最短长度），125m（有足够长纱条时）
可选模块	毛羽 OH－光学（ME6，UT6） 毛羽 HL－光学（ME6，UT6） 直径 OM－光学（UT6） 尘杂 OI－光学（UT6） USTER® QUALITY EXPERT（UT6 内置，ME6 数据可传输）
数值结果	*U*（质量不匀率），CV_m（条干变异系数），*DR*（偏移率），相对支数 细节（－30%，－40%，－50%，－60%） 粗节（+35%，+50%，+70%，+100%） 棉结（+140%，+200%，+280%，+400%）

续表

项目	USTER® TESTER 6
数值结果	推荐的常发性纱疵设置： 环锭纱：-50%，+50%，200%；气流纱：-50%，+50%，280% 毛羽值 H 和毛羽标准差 S_H（可选的毛羽测试模块 OH） $S3u$，$S1+2u$（可选的毛羽测试模块 HL） 直径、CVFS%、圆整度等（可选的直径测试模块 OM） 杂质粒数/尺寸、灰尘数量/尺寸（可选的 OI 模块） 全面测试中心™（内置于 UT6，ME6 数据可连接）
测试报告	以数值和图形的形式呈现

第三节　纱条不匀的影响及分析

细纱条干均匀度是成纱质量的一项重要指标，不仅与单纱强力、单强变异系数和细纱断头有关，而且还影响准备、织造断头，以及布面条影与平整等。

一、条干不匀率指标的影响

1. 条干不匀对纱线评等的影响

纱线条干不匀率是纱线质量的重要指标，我国国家标准 GB/T 5324—2009 规定，单纱以单纱断裂强力变异系数、百米重量变异系数、条干不匀率变异系数、黑板棉结粒数、10 万米纱疵等 5 项评等。股线以上述前四项评等，以某项中最低的品等评定，分为优等品、一等品、二等品，达不到二等品者为三等品。在其他有关的纱线质量标准中，条干不匀率指标都被列为一项重要的评等指标。

2. 条干不匀对织物质量的影响

条干不匀是影响织物质量好坏的最主要因素，只有优良的纱线条干才能形成优良的织物外观。条干均匀则布面平整、纹路清晰、手感丰满，织物质量就好，就会受到用户欢迎。

细布、府绸等平纹织物的条影，卡其等斜纹织物的纹路不清晰在很大程度上是细纱条干不匀形成的。某厂对 13×13 和 110×76 涤棉府绸进行调查，条干不匀造成的条影要占条影总数的 75%，其中细节是造成雨状条影的主要因素。另据国外资料介绍，29.2tex 纱在没有机械缺陷形成周期性条干不匀时，分析了 USTER 条干不匀率 U 值与布面质量的关系，具体见表 4-4，存在不正常的机械缺陷的周期波时 U 值与布面条干的关系，见表 4-5。

表4-4 没有机械缺陷时条干U值与布面质量的关系

U值（%）	USTER统计值范围	布面实现和用户评价
12.6	10%~25%	针织和机织物外观良好
14.7	接近50%统计线	布面有轻微的云斑，尚可接受
18	90%~95%	不均匀的云斑显著，织物需作为疵品
20	在95%的统计线上	布面显著不匀，难以接受

表4-5 存在机械缺陷时条干U值与布面质量的关系

U值（%）	波谱图特征	USTER统计值范围	布面实现和用户评价
13.6	存在粗纱机的周期性不匀	50%	不均匀较明显，难以接受
15.5	存在细纱机上罗拉偏心（0.1mm）周期性不匀	75%	不均匀明显，无法接受
16.6	细纱机后牵伸太大，但无明显周期性不匀	75%	布面有短的带状波纹，难以接受
19.8	存在并条机的周期性不匀	90%~95%	布面长条波纹显著，无法接受

由此可见，欲求优良的织物外观，必须具有较低的条干不匀率。由于机械缺陷周期性条干不匀，人们目测容易显现，条干U值虽不高，但危害较大，应尽量避免机械缺陷造成的周期性条干不匀。有时也会出现纱线条干CV值尚好，但用户反映布面实物条干不匀的情况，这是由于CV值的局限性决定的，它仅是反映粗细不匀的总体离散水平，并不能反映布面最粗、最细的变异状况及其分布特性。例如，两批纱线具有相同的条干CV值，可能有的是粗细节十分明显而数量不多；有的是粗细节很多但差异不大。因此，仅用条干CV值来鉴别布面质量是不全面的，必须应用其他指标来补充说明，综合加以分析。但总体上，条干CV值与布面条干是一致和密切相关的。

3. 条干不匀对纱线强力和强力CV的影响

纱线条干不匀是因为存在粗细节，细节形成纱线的弱环，影响着纱线的强力和强力CV，特别是周期性的条干不匀对纱线的强力影响特别大。纱线条干越均匀，强力越高，这是肯定的结论。条干均匀度是提高纱线强力的基础，单纱断裂强力变异系数是棉纱评等的第一指标，要降低单纱断裂强力变异系数，首先要改善条干不匀率。针织物对周期性条干不匀十分敏感，周期性条干不匀不仅使织物外观不良，且细节处强力很低，极易损伤，形成断头，造成疵点。改善条干不匀，重点是要消除周期性的条干不匀。

4. 条干不匀对纺纱后加工断头的影响

众所周知，断头是纺织厂的灾难，也是进一步加工时影响产品质量、劳动生产率和劳动强度的主要因素。纱线条干不匀，必然会因弱环的增加和强力的降低而增加断头的机会。

用USTER细纱断头监测仪（Ring Data）检测，将16tex纱一轮班中段超过6根以上的8只锭子上的管纱与45只没有断头的管纱的条干指标进行对比，数据见表4-6。

表 4-6　断头与条干不匀率的关系

序号	平均一轮班断头数	USTER 条干均匀度指标				USTER 强力指标			
		CV（%）	-50%细节（个/km）	+50%粗节（个/km）	+200%棉结（个/km）	单强（cN）	单强 *CV*（%）	断裂功（cN·cm）	断裂功 *CV*（%）
1	7.8	17.18	75	418	574	223	10	285.5	18.2
2	0	16.3	34	327	482	235.7	7.85	309.4	14.2

由表 4-6 可知，细纱条干均匀度差，特别是千米细节数增多，是导致细纱断头的主要因素。至于成纱后在后道工序产生的断头，后果更为严重，因为每次断头必须停机处理，有时会造成疵品，甚至会轧坏机件。根据国外资料介绍，断头在整经工序的代价是络筒工序的 700 倍，在浆纱工序的代价是络筒工序的 2100 倍，在织造工序的代价是络筒工序的 490 倍。近年来新型高速针织机的大量使用，针织纱的粗节、细节等纱疵不仅使织物质量下降，而且会损坏钢针，使停台增加，生产效率降低。改善条干不匀率，减少粗节、细节纱疵，可以降低断头率，扩大看台（锭）数，提高劳动生产率。

5. 条干不匀对捻度不匀率的影响

纱条上的捻度分布与条干的均匀度有关，捻回有集中向纱条细节转移的趋势，即一般细节段捻度比粗节段要大。因此，条干不均匀会造成短片段捻度分布的不均匀。捻度的不匀不仅影响纱线的强力、耐磨性和弹性等物理特征，而且会影响织物的手感、毛羽，甚至形成紧捻、色差、横档等织疵。起绒织物会因条干不匀形成的捻度不匀而导致起绒不良。

二、不同棉纱产品对条干不匀的要求

棉纱的使用领域很广，有加工成股线使用的，有作针织物使用的，有作机织物使用的，也有用于漂白坯布、印花坯布、染色坯布的；还有的用于加工服装产品、装饰产品、产业用纺织品等。它们的用途不同，对棉纱的条干不匀的要求也不相同，不同织物组织的用纱对条干不匀的要求也不一样。

一般认为，就棉纱条干不匀要求而言，同样的线密度，单纱织物要比股线织物高；针织物用纱要比机织物高，特别是对棉纱的细节要求；平纹织物用纱要比斜纹织物高；稀薄织物用纱要比高密织物高；斜纹织物、贡缎织物应根据布面中经纬纱显露情况而有不同的要求，直贡织物经向条干比纬向要求高，横贡却相反；双面斜纹织物纬向条干要求比经向高；单面斜纹的经向条干比纬向要求高；针织物中汗布织物比棉毛织物要求高。

在印染加工用纱中，一般浅色织物用纱条干比深色要求高；染色织物比印花织物要求高。

对色织产品用纱来说，一般格子织物用纱条干比条子织物要求高；竖条织物比横条织物要求高，特别如蓝白相间的青年布和米通条布，条干不匀极易显现，均有很高的要求。

此外，服装织物用纱要比装饰织物要求高，特别是高端产品的外衣面料；产业用织物用纱除特种要求以外，一般要求比较低；毛巾用纱、起绒织物用纱一般条干要求较低；在机织物织造时除配置具有选纬或混纬的织机外，一般纬纱由同一卷装的管纱或筒纱供纱，如纬纱条干不匀，则集中显露于布面，因此，一般机织物的纬纱条干要求比经纱高。

总之，要把充分满足用户要求放在首位，实现棉纱对口供应，做到物尽其用，明确不同产品对棉纱条干的要求和重点，统一质量和效益的矛盾。

三、条干不匀的检测与分析

下面以 USTER® TESTER 为例介绍质量不匀率曲线图和波谱图。

1. 质量不匀率曲线图

质量不匀率曲线图是以曲线的形式直接显示被测材料的质量变异。常规不匀率曲线（图 4-8）包含了完整的信息，是得出其他测试结果的基础（*CV*、波谱图和常发性疵点），显示被测材料是否存在明显的随机质量偏差或质量增量导致的变异。纵轴显示被测材料质量的正负偏移。中间的零线代表材料的平均值。该平均值是指通过传感器的前几米测试材料的平均值。横轴说明被测材料的长度（米或英尺）。

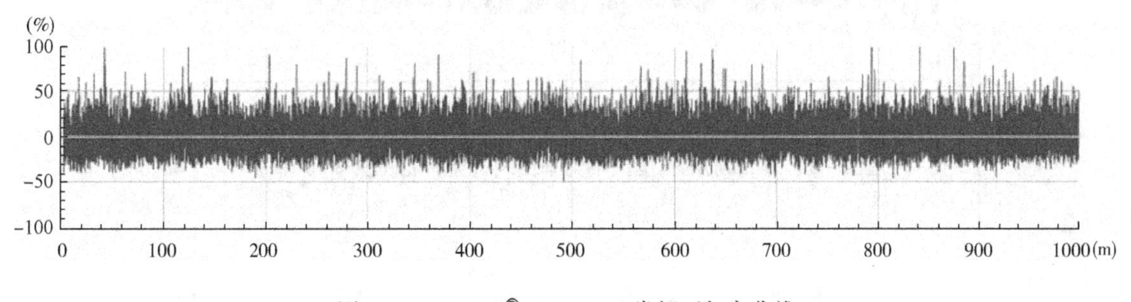

图 4-8　USTER® TESTER 6 常规不匀率曲线

如果改变质量不匀率曲线中的切割长度，不匀率曲线会发生变化。短期变异消失，长期变异变得更加明显。同一种纱线的三种不同切割长度（10m、1m 和 0.01m）的不匀率曲线分别如图 4-9～图 4-11 所示。

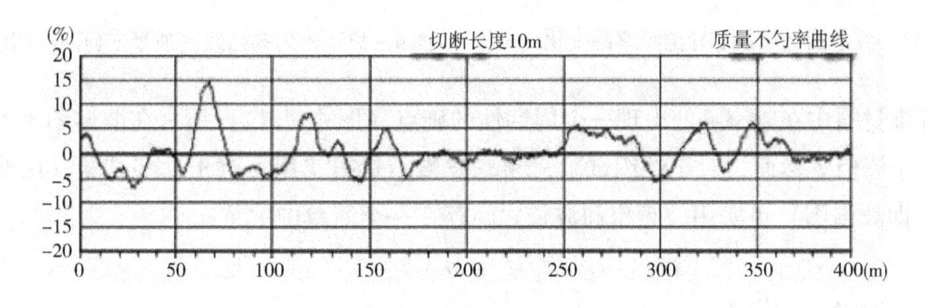

图 4-9　10m 切割长度的不匀率曲线（坐标范围为 ±20%）

2. 波谱图

USTER® TESTER 波谱图在理论上是一个连续的曲线，用来分析纱线上周期性的质量变异。波谱图是质量变异在频率范围内的表征（图 4-12），而不匀率曲线图是在时间范围内的表征（图 4-13）。

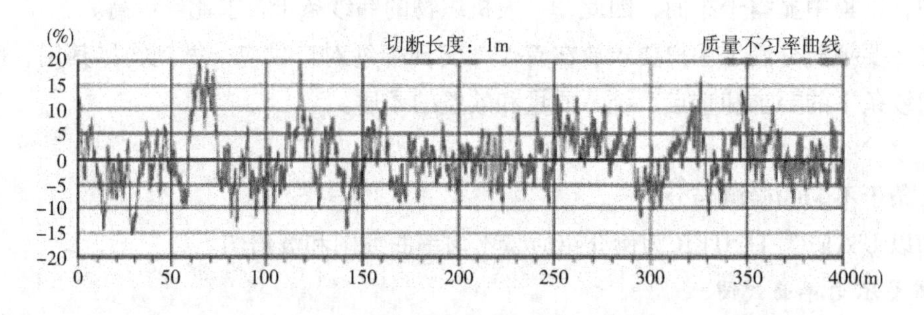

图 4-10 1m 切割长度的不匀率曲线（坐标范围为 ±20%）

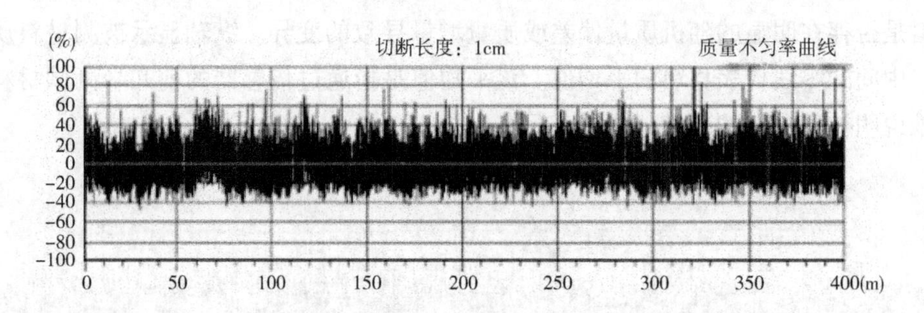

图 4-11 1cm 切割长度的不匀率曲线（坐标范围为 ±100%）

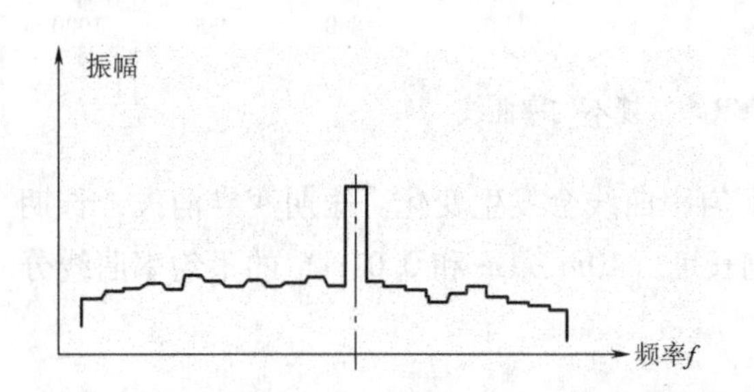

图 4-12 波谱图（质量变异随频率的变化）

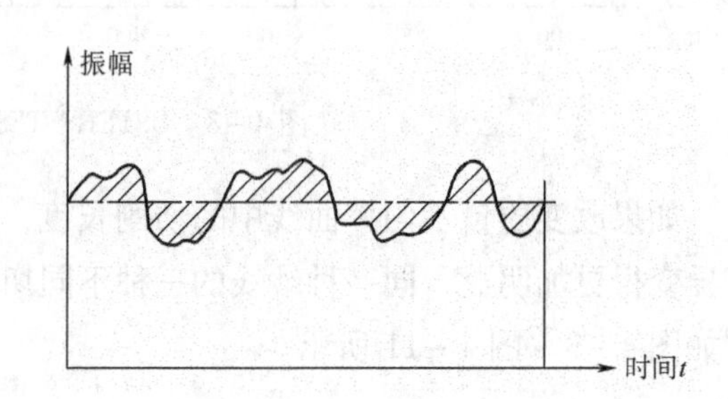

图 4-13 不匀率曲线（质量变异随时间的变化）

若纤维材料中在频率 f_1 处出现一个周期性的疵点（图 4-14），那么在波谱图上 f_1 的位置会产生一个峰值。然而，对于纺织试验，频率波谱不是很实用。对于这些试验，用波长表示的图谱（即波谱图）更实用。频率和波长之间存在一个简单的关系：

$$f = \nu/\lambda \tag{4-8}$$

式中：f——频率，s^{-1}；

λ——波长，m；

ν——材料速度，m/s。

波长可以直接表明周期性疵点重复的间隔是多少（图 4-14）。可见，USTER® TESTER 产生的曲线的确切描述是波长谱图，简称为波谱图（图 4-15）。

相对于不匀率曲线图，波谱图具有如下优点：在不匀率曲线中，不同类型的周期性疵点

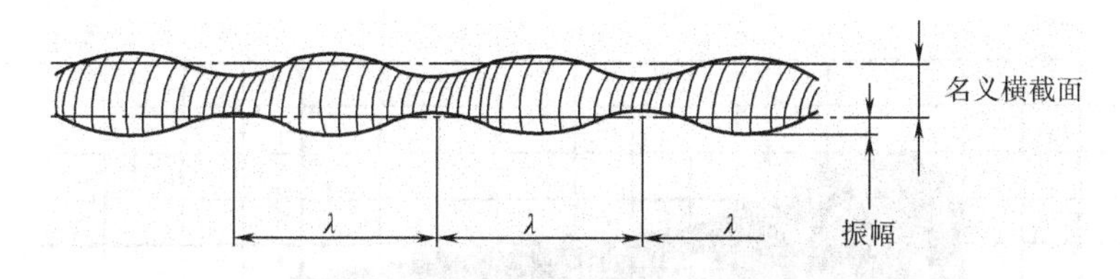

图 4-14　纤维束中的周期性疵点

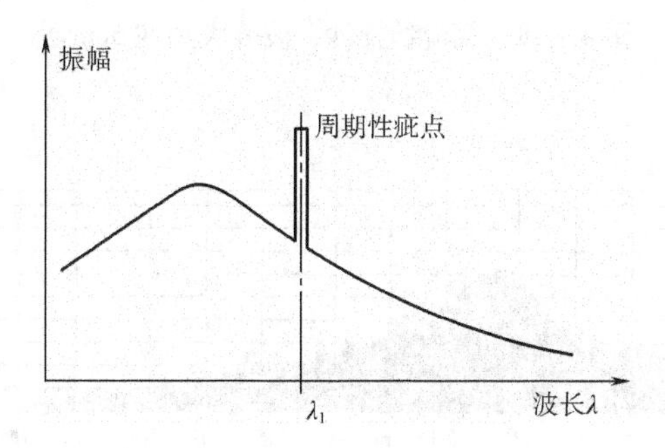

图 4-15　波长谱图

虽然也可以识别，但是没有波谱图很难得到验证；在不匀率曲线图中，大多数情况下，要证实周期性疵点需要降低测试速度，而波谱图可以在较高的测试速度下进行。

理想纤维束的波谱图被作为理想波谱，实际波谱可以理解为能够在技术上实现的纤维束的波谱图。图 4-16 是 20tex（50 公支）的精纺棉纱线的实际波谱图和理想波谱图。

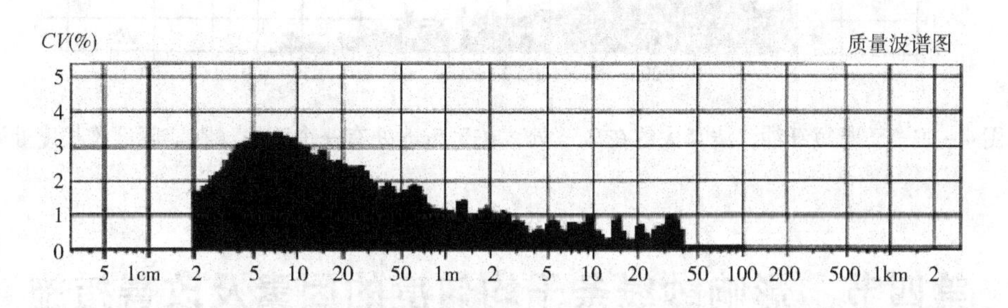

图 4-16　20tex（50 公支）的精纺棉纱线的实际波谱图和理想波谱图

根据纤维长度和长度分布，在测试（对每一种原料）后会产生不同的基本波谱形状（图 4-17～图 4-20）。波谱图的最高峰值是平均纤维长度（mm）的 2.8 倍。

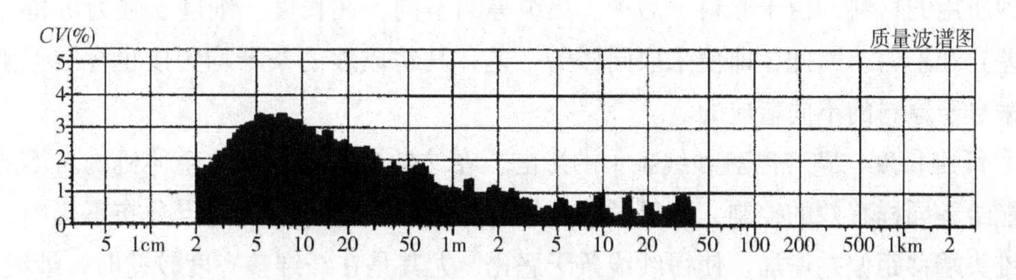

图 4-17　精纺棉纱，波峰大约在 7cm 处

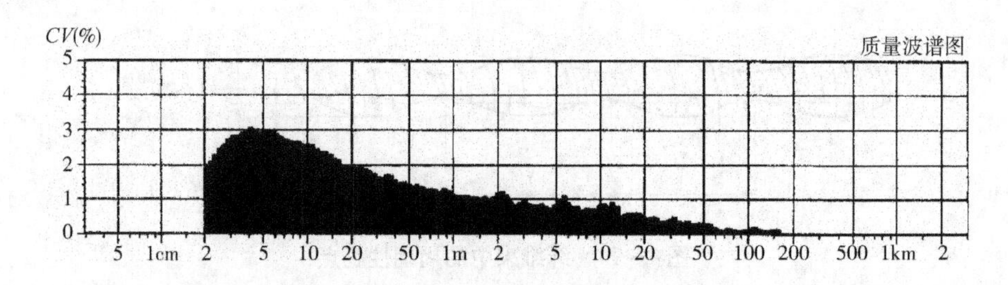

图 4－18　气流纺棉纱，波峰大约在 5cm 处

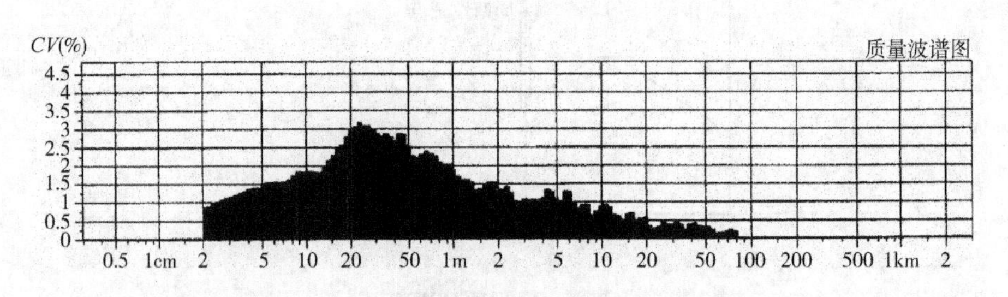

图 4－19　毛纱，波峰大约在 22cm 处

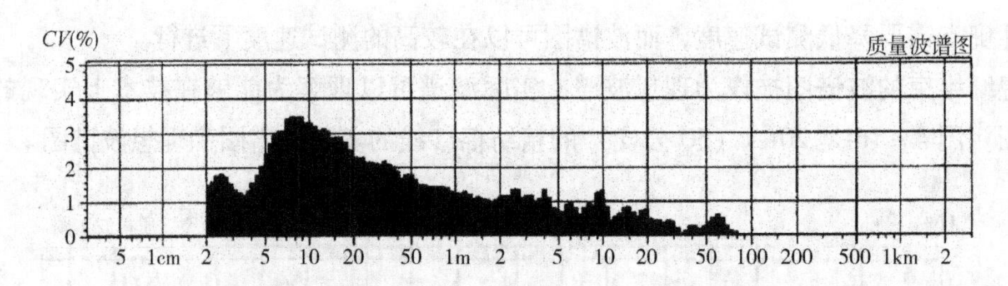

图 4－20　切断短纤纱，波峰大约在 9cm 处，在 3.5cm 处有一个凹陷（在实际纤维长度处）

第四节　影响纱线条干均匀度的因素及改善措施

一、影响纱线条干均匀度的主要因素

1. 纤维材料特性对条干均匀度的影响

纺纱所用的材料，由于原料、品种、品级等的不同，在长度、细度、强力等特性方面都会存在差异和不匀。因此，即使采取同样的工艺，其纺成纱的条干均匀度也会有差别，这种差别是来自于原料的不同造成的。

（1）纤维长度、整齐度对纱线条干的影响。在纺纱过程中，罗拉牵伸机构对不同长度的纤维不能给予同样有效的控制，造成了短纤维的失控和浮游纤维变速点分布不集中，输出纱条中纤维头端移距偏差增加，使得纱线条干恶化，尤其是在纤维整齐度较差时，纱线条干 *CV* 值明显增加。

目前，国际上通用的衡量整齐度的标准有以下两种，一种是ICC（国际标准校准棉），另一种是USTER® HVI（大容量测试仪）系统，两种模式对整齐度的概念要求不统一，具体计算公式分别为：

$$\text{ICC 模式整齐度} = 2.5\%\ \text{纤维跨距长度}/50\%\ \text{纤维跨距长度} \tag{4-9}$$

$$\text{HVI 模式整齐度} = \text{上半部平均纤维长度}/\text{平均纤维长度} \tag{4-10}$$

在USTER97公报上均以ICC模式反映纤维的整齐度，但随着市场变化以及国际贸易需求的观念更新，从1998年开始，人们又转向用HVI模式来反映纤维的整齐度，甚至HVI 900型试验仪也不再采用HVI和ICC两种校正棉，只采用HVI一种校正棉。

研究表明，随着整齐度的改善，纱线条干的CV值不断降低，细节、粗节和棉结都逐渐减少。ICC模式纤维整齐度好的纤维，HVI模式纤维整齐度也好。纤维长度越长，在同一USTER标准下，整齐度数值要求越大。具体对应关系见表4-7。

表4-7　ICC模式和HVI模式纤维整齐度的比较

纤维长度（mm）	ICC模式	HVI模式
25	48.1~49.0	81.0~82.1
27	48.6~49.6	82.0~83.5
29	49.5~50.2	83.0~86.0
31	50.0~51.0	84.5~87.5
33	50.5~51.5	85.8~88.1
35	50.7~51.8	86.5~89.0
37	50.6~51.6	86.0~88.5

（2）纤维细度对纱线条干的影响。纤维细度对纱线条干CV值的影响较大，因为在纺制一定细度的纱条时，纤维细度影响纱条截面中的平均纤维根数，对纤维在纺纱过程中因纤维随机排列而引起的不匀有较为显著的影响，因此就会影响纱线条干CV值。从数理统计的理论可知，如果取纱条截面中的纤维平均根数为n，则纱条各截面点间纤维根数分布不匀造成纱条截面积不匀的变异系数为：

$$C_n = \frac{1}{\sqrt{n}} \times 100\% = \sqrt{\frac{N_m}{N_{m1}}} \times 100\% = \sqrt{\frac{Tt_1}{Tt}} \times 100 \tag{4-11}$$

式中：C_n——纱条截面不匀变异系数；

n——纱条截面中的平均纤维根数；

Tt——纱条线密度，tex；

Tt_1——纤维线密度；

N_m——纱条公制支数；

N_{m1}——纤维公制支数。

由式4-11可知，纱条细度越粗或纤维细度越细，纱条截面中的平均纤维根数越多，纱条截面不匀变异系数越小。

若计入纱条截面中各根纤维间的细度不匀和纱条中某根纤维在长度方向各截面的细度不匀因素，则纱条截面不匀变异系数为：

$$C_a = \frac{100\sqrt{1+0.0001C_c^2}}{\sqrt{n}} \quad (4-12)$$

或

$$C_a = \sqrt{\frac{100^2}{n} + \frac{C_c^2}{n}} \quad (4-13)$$

式中：C_a——纱条截面不匀的变异系数；

C_c——单纤维截面不匀的变异系数；

n——纱条截面中的平均纤维根数。

式4－12表示由于纱条随机排列而形成的不匀率，其值完全取决于纱条各截面间纤维根数差异和单纤维截面积的不匀，其中纤维根数不匀起决定性的影响。因此，要想使纱线条干好，在控制纤维细度的同时，还要对纤维细度差异加以控制。

一般认为，环锭纺的纱条截面内平均纤维根数不宜少于35根，而转杯纺、喷气纺和涡流纺等新型纺纱的截面内平均纤维根数不宜少于80根。因此，纤维的细度对纱条的条干均匀度及可纺的线密度都有直接关系。

（3）短纤及疵点对纱线条干的影响。

①各国对短纤维规定的标准。美国规定以12.7mm（1/2英寸）以下长度的纤维为短纤维；英国和瑞士等国家以平均长度以下为短纤维，平均长度以下短纤维含量在30%～35%为好，在45%～51%为差。我国对长度为30mm以下的棉纤维，规定16mm以下长度的纤维为短纤维；对长度为30mm以上的棉纤维，规定20mm以下长度的纤维为短纤维。兹威格系统（Zweigle System）以10mm以下长度的纤维为短纤维。兹威格系统认为粗纱和细纱的牵伸机构不能控制的是纤维长度在10mm及以下的纤维。

②短纤维对纱线条干的影响。在牵伸过程中，短纤维不易被控制，浮游时间长，从而对纱线条干起到恶化作用。短纤维在牵伸过程中属于浮游纤维，胶圈和罗拉不能积极可靠地控制其运动，短纤维受其包围纤维运动的影响产生不恒定运动，造成条干不匀。因此，在选用原棉时，一般应控制原棉短绒率在12%以下。

③有害疵点对纱线条干的影响。原棉中的有害疵点，特别是带纤维的杂质，在牵伸过程中会引起纤维的不规则运动，从而破坏正常牵伸，使条干恶化。因此，在选配原料时，必须对有害疵点加以控制。在棉纺中，原棉的成熟度是原棉各种性能的综合反映。成熟度低，单纤维强力就越低，加工中易被拉断，造成短绒增加；成熟度低的原棉，有害疵点多，且不易除去；成熟度与纤维间摩擦系数也有密切的关系，因此应该十分重视原棉成熟度的选择。在选择时可根据原料的马克隆值进行选择。

2. 半制品结构对纱线条干的影响

半制品质量直接影响到成品质量的优劣。半制品的质量包括半制品的外在质量和内在质量。外在质量即为条干均匀度和重量不匀率，内在质量则是半制品的结构，包括半制品中纤维分离度、伸直度、短绒率和棉结杂质等。

（1）纤维分离度。分离度是指在一定长度纱条中，单根纤维数与总纤维根数的比值。不过，分离度的测试难度很大，以往研究有华氏法和重量法等。分离度的高低，与清梳质量密切相关，良好的梳理质量是提高纤维分离度的前提。有研究证实，分离度对成纱质量有重要的影响。

（2）纤维平行伸直度。伸直度是纱条中纤维与纱轴向平行伸直的程度。随着纺纱过程的进行，纤维的伸直平行程度逐步提高，纤维的弯钩不断减少，但纤维不能完全伸直，仍存在的一些弯钩纤维与其他纤维缠结，甚至形成棉结，使成纱粗节增加。因此，纤维平行伸直度越差，发生粗节的概率也越大。

事实上，纤维的分离度和平行伸直度测试起来难度较大，近年来这方面的研究并不多。纤维良好的分离状态是提高纤维伸直平行度，减少和清除棉结、杂质、短纤维的基础，对纱线条干有着重要的影响，应该加以重视。

3. 纺纱工艺与纱线条干均匀度的关系

（1）罗拉牵伸区工艺参数对条干均匀度的影响。环锭纺罗拉牵伸区的工艺参数，如牵伸倍数、罗拉隔距、并合根数、喂入品的定量等，都会对成纱的条干均匀度产生影响，因此需要进行优选和控制。

①牵伸倍数和罗拉隔距对牵伸附加不匀的影响。纤维束经过牵伸作用，会产生条干附加不匀。试验表明，在其他条件不变的情况下，牵伸倍数越大，则附加不匀相应增大，呈线性的关系；喂入品线密度越小，附加不匀相对较大。因此，要根据设备条件，适当配置喂入定量与牵伸倍数。

罗拉隔距直接关系到牵伸过程中对纤维的控制，若隔距偏大，会削弱对纤维的有效控制，使附加不匀增大。通常罗拉隔距采取略大于纤维的平均长度。缩短浮游区长度的同时适当加重前钳口压力，有利于改善纱线条干均匀度。

②牵伸形式对条干均匀度的影响。

a. 并条机的牵伸形式。在现代新型并条机上，已经采用自动的工艺化装置（AUTO DRAFT）。该罗拉牵伸装置的中间罗拉采用了单独传动，根据传动电动机消耗功率的大小，即能测出牵伸区相应的牵伸力大小。由于牵伸力随着牵伸倍数的增大而增加，达到峰值后，若牵伸倍数继续增加，牵伸力反而降低。因此，要求设定在最大牵伸力条件下运转，以纺出相对均匀的纱条。实际生产时，可用喂入品先做一定时间（约1min）的试运转，机器即能按设计的输出定量调整到最佳的牵伸分配，机器自动调整并设定在该状态下运转，从而达到自动化优选工艺的目的。

b. 细纱机的牵伸形式。细纱工序是改善条干 *CV* 值的关键工序，采用先进的牵伸形式，能显著降低纱线条干的 *CV* 值。代表当前国际纺机先进水平的棉纺环锭细纱机牵伸装置的型号有：德国的SKF型牵伸、INA－V型牵伸、绪森HP型牵伸和瑞士立达公司的R2P型牵伸。国产的FA500系列细纱机可配以上四种牵伸。四种现代牵伸装置的前区工艺均贯彻“重加压、强工艺”的原则，体现“三小”工艺——小浮游区长度（中心线测量：SKF型16.41mm；INA－V型15.8mm；HP型14.4mm；R2P型15.5mm），小胶圈钳口隔距（主要体现在弹性钳口上）和小罗拉中心距。

根据罗拉牵伸原理，工艺设计中的主要参数，如牵伸倍数及其分配、握持距和喂入品的定量等，对牵伸过程中纤维能否有规则地运动有着极大的影响。而且，它们之间可以互相调节和制约，以达到保证纤维规则运动的最优条件。

③细纱牵伸分配对条干均匀度的影响。由牵伸理论可知，牵伸的附加不匀与牵伸倍数之间存在正比的关系，即牵伸倍数越大，附加不匀就越大。在细纱工序的牵伸分配设计中，由于前区具有较强的控制浮游纤维运动的能力，而且被控纱条截面中纤维数量少，因而，前区的牵伸倍数变化与对纤维控制能力较差的后区相比，对成纱不匀的影响也就小些。因此，牵伸分配着重讨论后区牵伸倍数的大小与纱条不匀的关系。

图 4－21 显示了后区牵伸倍数与条干均匀度的关系。其中Ⅰ代表目前所称的第一类工艺，即保持较小的后区牵伸倍数，主要发挥前区的牵伸能力；Ⅱ代表第二类工艺，即采用增大后区牵伸倍数以达到提高总牵伸能力的目的。

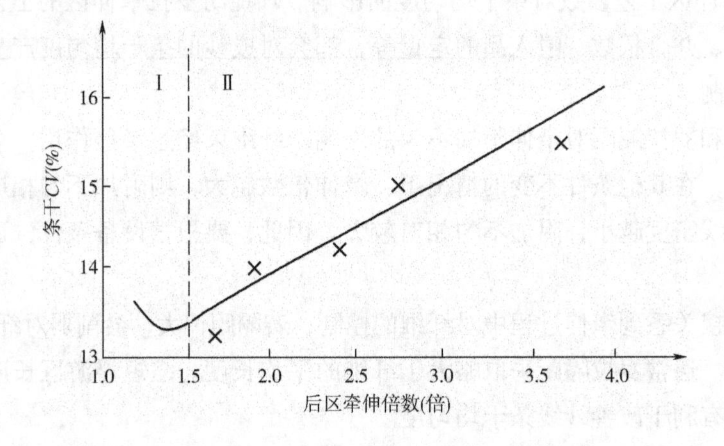

图 4－21　后区牵伸倍数与不匀率的关系

目前生产中大多采用第一类工艺，后区牵伸倍数在纺机织用纱时为 1.25～1.50，在纺针织用纱时为 1.20～1.50。此类工艺不仅条干好，而且因后区隔距可以稍大，故当后区牵伸倍数在较小范围内变动时，隔距可不作调整。其后区罗拉中心距一般在 45～53mm 范围内。图 4－21 第二类工艺一般较少采用，若要采用，后区牵伸倍数应在 2.5 倍以下为宜，同时后区隔距要根据纤维长度的变化及时调整。V 型牵伸不在此列。

（2）粗纱捻回在细纱牵伸区中的应用。粗纱捻度能使纱条紧密度增大。实验表明，在一般实用范围内，粗纱紧密度随着粗纱英制捻系数增大近似线性增大，从而使纱条内纤维之间接触点上压力增大，这就增大了纤维之间的相互摩擦控制力。由于纱条上的捻度是连续分布的，并随着牵伸纱条一起流动，因此就在牵伸纱条上附加了一个连续的动态摩擦力界。由于牵伸纱条上捻度分布规律不同，形成的摩擦力界形态也不同，对牵伸过程影响也就不同。

在细纱后区牵伸第一类工艺条件下，牵伸区中纱条上捻度分布与喂入粗纱上捻度分布情况差别不大，因为后区牵伸倍数小，仅存在局部解捻作用，使输出牵伸区的纱条上捻度有所减少；当后区牵伸增大到第二类工艺时，随着牵伸纱条变细，会不断发生绕轴心旋转，产生捻度向前方细段流动、集中的捻度重新分布现象（当有捻纱条承受张力、牵伸和抖动时，纱条各处的截面形态、应力发生变化。扭矩大的截面有足够的能量把捻度传递给扭矩小的截面，自行调整达到新的平衡状态，这种现象称捻度重新分布），如图4－22所示。

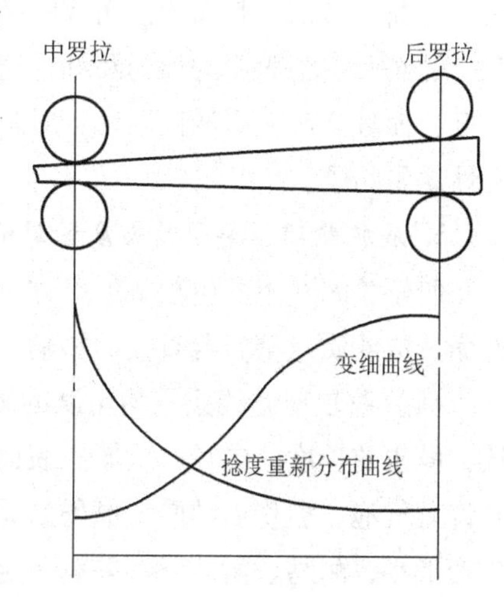

图4－22　细纱后区牵伸中捻度重新分布曲线

显然，图4－22所示牵伸区内纱条上捻度分布规律所形成的附加摩擦力界不利于牵伸过程中对浮游纤维运动的控制。因为它的形态是越向前，摩擦力越强，即增大了引导力，削弱了控制力，使浮游纤维提早变速，从而破坏纱线条干。因此，在普通细纱后区牵伸中，仅利用高捻来控制纤维运动是不可靠的，这就是后区第二类牵伸工艺时，用低捻粗纱和紧隔距的理由。

在后区第一类牵伸机织纱工艺中，粗纱片段上捻度分布不匀在相当大的程度上弥补了粗纱条的粗细不匀与结构不匀，因而在后区牵伸中产生积极的匀伸作用，后区输出纱条粗细均匀度比喂入粗纱有改善，但相邻片段紧密度差异反而增大。原粗纱的粗段变得更松散，相邻细段相对松解少。相邻片段紧密度差异增大是不利于前区进行牵伸的，故在匀伸作用牵伸值范围内，后区牵伸以偏小为宜。

在后区第一类牵伸针织纱工艺中，弹性牵伸匀伸作用弱，不仅可以防止喂入前牵伸区纱条紧密度差异增大，而且有利于捻度分布不匀的改善，对前区牵伸非常有利，这是针织纱工艺后区小牵伸和高捻粗纱配合使用的依据。

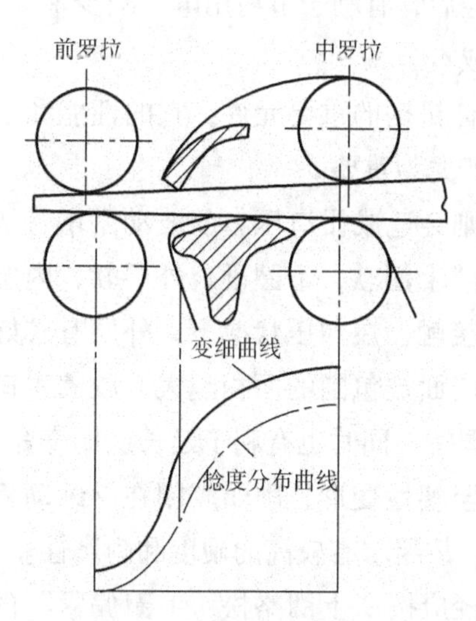

图4－23　细纱前区牵伸中的捻度分布

在细纱前牵伸区中，要使捻度产生的附加摩擦力界有利于牵伸过程中对浮游纤维运动的控制，就必须防止捻度向前钳口流动的重新分布现象。上下胶圈握持纱条能够防止捻度流动，因此可得到图4－23的捻度分布。这种捻度分布所产生的附加内摩擦力界强度分布由后向前逐渐减少，并一直延伸到前钳口。显然这种摩擦力界强度分布形态基本上是合理的，它增强了控制力，可作为控制纤维运动的一种有效方法。因此，经过后区牵伸后，牵伸纱条带着一定数量捻度进入胶圈牵伸区，有利于对纤维运动的控制。另外，前牵伸区牵伸纱条上捻度还能作为胶圈牵伸区中间摩擦力界的补充，并对牵伸纱条宽度有一定的压缩作用，防止纤维扩散。这些对提高条干均匀度都是有利的。

4. 机械上的缺陷对条干均匀度的影响

最常见的机械上缺陷如罗拉或胶辊的偏心，胶辊的中凹、弯曲、损伤，胶圈的损伤或断裂，牵伸加压装置的失效，牵伸传动齿轮的缺损或啮合不良，针布或刺辊表面的损伤及纤维通道的沾污或阻塞等。机械上的缺陷不仅影响纱条条干均匀度，而且会产生周期性不匀，对最终产品的外观产生严重的影响，有时会造成大面积的突发性质量问题。

5. 胶辊胶圈对条干均匀度的影响

胶辊胶圈在不发生损伤的条件下，其质量的好坏及应用技术的优劣对其使用效果、使用寿命及成纱质量都有着直接的影响，因此应该给以足够的重视。

（1）胶辊对纱线条干均匀度的影响。对胶辊的一般要求是硬度均匀，表面光洁，色泽一致；胶辊的长度、内径、壁厚、表面高低差异、外径差异都要在一定的允差范围内；表面不允许有气泡、裂伤、缺胶，磨砺后无明显的粉点异物质；内壁圆整；有一定的抗张强度，永久变形小，耐磨、耐老化，并有一定的伸长率和适当的硬度；耐油，对温度有一定的适应性和抗静电性能；外圆偏心小，胶辊无晃动现象。

为了提高胶辊的纺纱性能，一般在使用前对胶辊进行表面处理。常见的表面处理有两类：一类是无层涂料处理，它是通过某种条件引发胶辊表面物质的再交联，改变其表面橡胶分子的空间网状结构和分子排列结构，如紫外线处理即属此类；另一类为有层涂料处理，它是在胶辊的表面增加一层覆盖物，如生漆炭黑涂料等即属此类。

另外，胶辊的软硬度对条干也有一定影响，一般软胶辊纺纱能明显地改善条干均匀度，提高成纱质量。软胶辊具有弹性好、表面变形大、吸振能力强的特点，使钳口动态握持力保持相对稳定。软胶辊在压力的作用下，与罗拉组成的钳口相对比较宽，使钳口线向两端延伸，造成既前冲又后移。钳口线前冲，缩小弱捻区，有利于降低细纱断头；钳口线后移，相对缩小了浮游区长度，有利于控制浮游纤维的运动，有利于改善条干均匀度。软胶辊横向握持均匀，对须条的边缘纤维控制能力强，这样有利于减少纤维的散失和减少飞花，也有利于提高条干均匀度。使用软胶辊，可适当减轻加压。胶辊加压减轻后，有利于节约用电，减少轴承、罗拉的损坏，减少罗拉的弯曲，延长使用寿命，降低纺纱成本。

（2）胶圈对纱线条干均匀度的影响。胶圈也是纺纱牵伸机构的重要元件，它的性能和质量与纺纱质量密切相关。选用适纺性能好的胶圈对纺纱生产尤为重要。

纺纱工艺要求胶圈具有良好的弹性和适当的硬度，否则会造成钳口压力的波动剧增，从而影响纱线条干均匀度。生产实践证明，胶圈弹性应采用“上圈软，下圈硬，外层软，内层硬”的配置方法。因为胶圈外层在牵伸过程中直接与纱条接触，在加压状况下，外层有较好的弹性和较低的硬度，使胶圈产生一定的弹性变形，须条表面被包围的面积越大，胶圈钳口处的密合性越好，横向摩擦力比较均匀，有利于对纤维的握持，同时也有利于延长胶圈寿命。而内层稍硬，可使胶圈在受压情况下不产生蠕动变形，甚至塑性变形，削弱胶圈在导纱动程内的弹性和握持力；同时胶圈内层与罗拉为滚动摩擦传动，故要求有较高的硬度和耐磨性。

胶圈尺寸对纱线条干均匀度有极大的影响，胶圈的内径应按“上圈略松，下圈偏紧”的原则掌握。胶圈内径过松，造成须条在牵伸过程中呈波浪形前进，起伏较剧烈，使上下胶圈不能贴紧或打滑，削弱对纤维的握持控制，导致条干均匀度恶化。若胶圈内径配合过紧，则胶圈运行处于绷紧状态，回转不灵活，易滑溜并引起抖动、停顿，中罗拉扭曲变形，从而造成竹节或出硬头，成纱粗节粗而短，黑板条干阴影淡而多等弊病，严重影响成纱质量。

胶圈的厚度应按“上圈薄、下圈厚”进行搭配使用。胶圈的宽度一般比胶圈架（或上销架）窄0.75～1.00mm为好。若胶圈宽度太窄，胶圈架两端边缘容易嵌入飞花，影响胶圈的正常回转；若胶圈太宽，则在运转中同胶圈架易碰撞摩擦，造成胶圈回转不灵活、打顿、胶圈架抖动等弊病。因此，胶圈宽度太窄或太宽都易造成成纱质量恶化。此外，胶圈的表面摩擦系数、内外花纹、静电等都会影响条干。

二、改善条干不匀率的措施

结合影响条干不匀的主要因素，得出如下改善纱线条干不匀率的主要措施。

1. 加强对原料的管理及性能分析，合理配棉

为保证成纱质量的一致性，当原料进入仓库之后，必须对每一批原料了解其各项物理指标，按纤维长度、整齐度、细度、强力和短绒率指标归类，严格执行选配规程。在混配棉时注重纤维的整齐度，始终保持原料整齐度的一致性，达到稳定成纱质量的目的。

2. 强化前纺工艺管理，改善半制品的结构

改善半制品的结构，减少半制品中的短绒率，提高半制品中纤维的伸直度、分离度，降低粗纱的重量不匀率和条干不匀率，特别要消灭半制品的机械性周期波和潜在不匀。这方面主要做好梳理和并条工艺的管理，要根据原料变化选择合理的工艺。

3. 合理进行工艺设计，充分发挥各牵伸机构对纤维运动的控制能力

只有工艺设计合理，纤维得以有效控制，才能保证纤维在牵伸过程中有规律地运动，以减小“牵伸波”。

4. 提高纺纱机械设计的合理性及制造精密度

提高纺纱机械设计的合理性及制造精密度，尤其是牵伸部件的精密度，因为这是纱线最直接的接触部分，要保证纱线通路光洁，减少摩擦，同时要加强机械的维修和保养工作，确保设备状态良好，以减少“机械波”。

总之，影响纺纱生产的主要因素有原料、设备、工艺、操作和环境等，这五大要素对纱线条干不匀率有很大的影响，忽视其中任何一个因素都会导致纺纱条干不匀。因此，改善条干均匀度的工作要既抓技术又抓管理。条干均匀度是纺纱厂技术、管理工作的综合反映，必须从原料的选用、混配，纺纱工艺的优选，改善机械设备的状态，加强操作和温湿度管理等诸多因素入手，才能取得理想的效果。

第五节　纱条重量不匀率

纱线的线密度变化可采用重量不匀率或重量变异系数表示。成纱重量不匀率是指细纱100m（公制）或120码（英制）长片段之间的重量不匀率，即U值。细纱重量不匀率是细纱评等的重要物理指标之一。重量不匀率不仅影响成纱强力不匀、品质指标以及细纱断头，而且影响织物质量。严重的重量不匀率，不仅会造成细纱降等，同时还会造成织物降等。

一、成纱重量不匀率降等分类

成纱重量不匀率降等分为野重量降等和普通不匀降等。

1. 野重量降等

野重量降等是指细纱一组试样中，有一两个或数个特轻或特重的纱，去掉这几个纱，重量不匀率则正常。野重量的重量一般超出标准重量的 ±10% 左右，其特征是突发性强、持续时间短、影响因素较明确、处理纠正迅速。这类降等后果严重，往往由上等降为二等，甚至等外。

野重量降等是由极少数特轻或特重的纱造成的，主要发生在末并、粗纱及细纱工序。

2. 普遍不匀降等

普遍不匀降等是指细纱重量试验数据中无野重量，但大多数重量都不同程度地偏离标准，综合影响的结果造成重量不匀率降等。这种降等大量地表现为上等降一等。有时，两类降等也会交叉发生，使重量不匀率迅速恶化，降为二等或等外。这类降等的特征是影响周期长、影响因素较隐蔽、追踪分析复杂，往往需要大量的试验分析才能弄清原因。

普遍不匀降等原因比较复杂，当细纱发现重量不匀率降等时，一般应组织力量逐道工序逆向追踪，力求找到发生问题的工序或机台。但是，纺纱厂是流水线生产，细纱发生降等时，前纺造成的因素有时已经消失，这时只能根据各工序半制品流入细纱所需的时间及各工序半制品质量报表做初步分析判断。

二、降低成纱重量不匀率的措施

要降低成纱重量不匀率，除细纱工序外，更重要的是前纺各工序。

1. 棉卷重量不匀的控制

国内外均有研究表明，棉卷的重量不匀首先影响生条，进而最终影响细纱的重量不匀。棉卷的重量不匀与生条的重量不匀具有很高的相关性，影响程度较大。因此必须加以控制。首先，要控制好棉卷的内不匀和外不匀。内不匀即单个棉卷的均匀度，外不匀指棉卷之间的不匀情况；其次，要充分考虑到棉卷的伸长率因素。经验表明，棉卷伸长率控制在 3.0% 左右时，棉卷内不匀率最低，伸长率过大或过小，棉卷的均匀度都会恶化。控制棉卷不匀率的措施如下。

（1）力求做到喂入的原棉密度一致。

（2）控制好储棉箱内储棉高度和密度。

（3）确保天平装置动作正确灵敏。

此外，梳理前半制品随纺纱系统不同，其形态及名称亦不相同，一般有棉卷、含油水的羊毛、开棉球、堆仓后的精干麻等。它们的不匀率与生条不匀率关系密切，因此，要降低细纱重量不匀，最初应从提高梳理前道半制品的均匀度开始进行控制。

在清梳联工艺中是筵棉喂入梳棉机，其重量不匀与清梳系统的设计，包括静压和动压、气流、风速、除尘及其联动的运行状态，以及棉箱系统纵横密度均匀供给等多种因素相关。需要充分发挥自调匀整系统的作用，合理设定相关压力参数，保证机械状态良好，严格控制梳棉机机台之间的落棉差异等。

2. 降低梳理机生条重量不匀率

产生生条重量不匀的根源除前道半制品影响外，主要是梳理机各机之间落纤差异、机械状态不良及运转操作不当等。为降低梳理机生条重量不匀率，一般应做好以下几方面的工作。

（1）严格操作规程，防止接头时造成接头不良；按时换筒，严防条筒过满或压紧。

（2）控制好车间温湿度，防止粘卷、纤网破边、破洞等。

（3）统一工艺，同一品种做到机型统一，隔距、齿轮及针布型号统一。

（4）定期平揩车，确保机械状态良好，在保证同品种针布状态相接近的原则下，保证梳理工艺上车。

（5）必须定期逐台试验落纤率并及时调整。

（6）抄针前后的梳理机生条重量有很大变化，使出条重量不匀率增加，应注意抄针次数。

（7）合理配置压辊处的张力牵伸。

（8）利用好梳理机的自调匀整系统。

3. 降低并条（针梳）重量不匀率与重量偏差

并条（针梳）的作用，除使纤维伸直平行、均匀混合外，主要依靠并合原理，降低出条的重量偏差和重量不匀率。如果并条（针梳）出条的重量偏差和重量不匀率过高，在粗纱和细纱工序几乎无法得到改善。因此，要降低成纱的重量不匀率和重量偏差，必须严格掌握并条（针梳）出条的重量偏差和重量不匀率。

为了降低并条（针梳）出条的重量不匀率与重量偏差，除要求前工序有较好的半制品供应以及本工序的合理工艺配置和良好的机械状态外，还应切实做好以下两方面的工作。

（1）轻重条搭配。如前所述，目前在实际生产中所测试出的重量不匀率，实际上多属外不匀率。外不匀率同内不匀率有一定的联系，但又不是完全相关的。如在两台并条机上，如果以6根或8根轻条集中在一眼喂入，重条集中在另一眼喂入（或分别集中于纺同线密度纱的两台并条机上），结果两根输出条的内不匀率有所改善，外不匀率却没有任何改善。轻条喂入的输出条仍是轻条，重条喂入的输出条仍是重条。如果两眼同样以轻条、重条及轻重适中的纤维条相互搭配（生产上称轻重条搭配法）喂入，则两台并条机输出条间的重量差异可达到较小的程度，使外不匀率得到显著的改善。

（2）控制熟条重量偏差。条子的定量控制和调整范围有两种，一种是单机台各眼出条定量的控制；另一种是同一品种全部机台出条定量的控制。全机台的定量控制是为了控制细纱的重量偏差，使细纱在少调换或不调换牵伸齿轮的情况下，纺出线密度符合国家标准规定的产品。

4. 控制粗纱重量不匀率

除改变品种外，粗纱的牵伸变换齿轮一般是不调整的。因此，粗纱对于由并条带来的重量偏差和重量不匀率是不易改变的。在粗纱工序要做的工作，就是力求对上道出条的指标不恶化或少恶化。为此，可从下列几个方面加以注意。

（1）减少前排、后排粗纱张力的差异。由于粗纱机前排、后排锭子距前罗拉钳口距离及纺纱角的不同，因而造成前排、后排粗纱的伸长不等。伸长差异过大时，会使粗纱长片段不匀增加，直接影响细纱的重量不匀率。实践证明，锭翼顶孔加装假捻器有较好的效果。前排、后排假捻器上的槽数不等，前排多于后排，使前排的假捻数多于后排。

（2）减少锭间粗纱伸长的差异。由于筒管直径大小差异以及筒管孔径或底部磨灭、锭子凹槽与锭翼销子配合不良、压掌弧形或位置不当以及粗纱卷绕压掌圈数不一、锭子高低不一或因其他原因引起锭子运转不平稳等，都会造成同一排锭子粗纱的伸长率不等。为了降低粗纱重量不匀率，应该加强经常性的维修工作。

（3）减少大纱、中纱、小纱之间的伸长差异。就同一锭子而言，也可能因卷绕条件不当，使大纱、中纱、小纱间的伸长产生很大差异。为了正常纺纱，前罗拉钳口至筒管间的纱条要有适当的张力。按照正常的卷绕条件，应当在一落纱中张力保持恒定。但是，由于种种原因，如齿轮齿数不当，会使粗纱的张力随卷绕直径的增大而增大或减小，从而造成大纱、中纱、小纱间的伸长不一致，使重量不匀率增加。

5. 细纱工序应注意的问题

细纱工序和粗纱工序一样，主要问题是防止重量不匀的恶化。因此，应注意做好以下工作。

（1）同一品种应使用同一机型，尽可能做到所有变换齿轮（包括轻重齿轮）齿数统一。

（2）值车工加强巡回，将不合格的粗纱（过粗或过细、接头不良）及时摘去或换下，并正确使用粗纱机的前排、后排粗纱，即将前排、后排管纱用不同色头，到细纱机纱架上将上下排分色头排列，粗纱机前排的放在细纱机下排（意外牵伸较小），也可收到互补的效果。

（3）加强保全、保养及维修工作，特别是要保证胶辊、胶圈的回转灵活性，罗拉加压的可靠性。

此外，可以通过工艺上合理利用粗纱捻系数，来达到降低细纱重量不匀率的效果。

思考题

1. 纱条不匀的分类。
2. 纱条不匀从结构上如何划分？
3. 纱条不匀指标的含义及存在的局限性。
4. 影响纱线条干不匀的因素及改善措施。
5. 降低成纱重量不匀率的主要措施。

第五章　纱线强力

本章知识点

1. 纱线强力的指标及测试方法。
2. 纱线强力的构成。
3. 影响纱线强力的主要因素及控制措施。

第一节　纱线强力的指标及测试方法

纱线强力是衡量纱线产品质量的重要指标之一。纱线强力较高时，可以使加工和织造过程中的断头率降低，生产效率提高，有利于后加工和织造工艺的顺利进行；用强力较高的纱线加工的制品，其耐穿性和耐用性较好，坚牢度好，使用寿命延长，使用价值较高。因此，如果纱线强力高，不仅产品质量好，而且还可减轻工人劳动强度，提高劳动生产率。目前，强力是纱线主要的内在质量，在纱线产品标准中，有关强力的指标都已列入产品定等的技术要求中。

随着无梭织机速度的不断提高，织机对原纱质量的要求也越来越高，特别是喷气织机，引纬率已达3000m/min，织机转速达到800～1000r/min，有的高达1800r/min以上，这种高速织机由于速度快、开口小、经纬纱张力大、纬纱的喷射张力大，因此对原纱质量提出更高的要求。

一、纱线强力的基本概念和指标

1. 纱线强力的指标

（1）单纱断裂强力。即纱线的绝对强力，它是指一根单纱受外力直接拉伸到断裂时所需要的力，也叫断裂强力，单位是牛顿（N）或厘牛（cN）。拉断单根纱线所需要的力称为单强；拉断一缕纱线所需要的力称为缕强。

（2）单纱断裂强度。即纱线强度，是指单位粗细（截面积）纱线上所能承受的最大负荷，它是绝对强力和纱条线密度之比，单位是N/tex。它可以用于比较不同粗细纱线的强弱。

当纱线的线密度不同时，单纱断裂强力不具有可比性。因此，采用单纱断裂强度对不同粗细的纱线进行强力的比较。其计算公式为：

$$P = \frac{F}{N_t} \tag{5-1}$$

式中：P——单纱断裂强度，cN/tex；

F——单纱断裂强力，cN；

N_t——单纱线密度，tex。

（3）单纱断裂强力变异系数。单纱（线）断裂强力变异系数反映纱线强力大小的不匀情况，该指标越大，强力不匀越大，即使纱线的平均强力大，在生产过程中也容易发生断头，直接影响生产效率和产品质量。该指标不仅是评定纱线品质的重要指标之一，还是生产过程中应该严格控制的质量指标。

单纱断裂强力变异系数反映的是纱线的强力不匀，以均方差系数来表示，即：

$$\text{单纱断裂强力不匀率} = \frac{\sqrt{\frac{1}{n-1}\sum_{i=1}^{n}(f_i-\bar{f})^2}}{\bar{f}} \times 100\% \tag{5-2}$$

式中：f_i——第 i 根纱线的断裂强力，cN；

$\bar{f}$——单纱断裂强力的平均值，cN；

n——测试纱线样本数量。

（4）单纱断裂长度。是指纱线的自身重量等于其强度时纱线所具有的长度，其重量可将自身拉断，该长度即为断裂长度，这个值可以达到几千米到几十千米。

断裂长度(km) = 断裂强力 / 特数

一般测试时，握持单根纱线使其下垂，当下垂总长因纱线自身重力把纱线沿握持点拉断（即重力等于强力）时，此时的长度称为断裂长度。实际生产中，以单纱断裂强力通过折算来计算断裂长度。其计算公式为：

$$L_p = \frac{P}{g \times \text{Tt}} \times 1000 \tag{5-3}$$

式中：L_p——纱线的断裂长度，km；

P——单纱断裂强力，N；

g——重力加速度，9.8m/s^2；

Tt——纱线的线密度，tex。

（5）纱线的断裂伸长。是指纱线从拉伸开始到拉断时所产生的伸长，常用断裂伸长率表示，即断裂伸长占试样原长的百分率。

（6）最小强力。一般指纱线在强力拉伸试验过程中的强力最小值。在后加工过程中，如果要减少纱线的断头，要保证纱线的最小强力大于织造工艺强力，否则在后加工过程中，断头率较多，会直接影响产品的质量和生产效率，所以织机生产效率能否得到一定程度的提高，最小强力起着十分重要的和决定性的作用。目前，虽然国家标准没有该项，但是国内一些大型织造企业和日本企业，已经把最小强力作为一个重要的质量考核指标。这在一定程度上，给纺纱厂提出了更新和更高的要求。

二、纱线强力的测试方法

目前，测试单纱强力的仪器，主要包括摆锤式单纱强力仪或自动单纱强力仪，测试时需在恒温恒湿（温度20℃ ±3℃，相对湿度65% ±3%）条件下进行，试验数据不宜少于50个，以保证试验结果的可比性和正确性。

单纱强力测试原理主要有等速拉伸型、等加负荷型和等速伸长型。

按照国家标准GB/T 3916—2013《纺织品　卷装纱　单根纱线断裂强力和断裂伸长率的测定》进行。单纱（线）断裂强度及断裂强力变异系数的试验与百米重量变异系数、百米重量偏差可采用同一份试样，取样数量和测试次数相同。

1. 采用电子式强力仪

该测试方法属于等速伸长型，每批试样取20只管纱，每管测5次，共测100次。测试前需要先设定夹持长度、预加张力、拉伸速度等基本参数，试验结束后，一般应将样纱称重（不少于50g），测试其回潮率，供计算修正强力用。如调湿后在标准恒温恒湿条件下测试，则断裂强度不需要进行修正。现在的电子强力仪可直接输出断裂强力、断裂强度、伸长率、初始模量、断裂时间、断裂功，还可以打印拉伸曲线，以便对纱线力学特性进行分析。

2. 采用全自动纱线强力试验仪

纱线的取样数均为20个管，每管测5次，总数为100次。试验结束后，一般应将样纱称重（不少于50g），测试其回潮率，供计算修正强力用，如调湿后在标准恒温恒湿条件下测试，则断裂强度不需要进行修正。分别计算单纱（线）断裂强度及单纱（线）断裂强力变异系数。为了便于不同特数（支数）纱线之间进行强度方面的比较，可将绝对强力折算为相对强力：

$$\text{平均断裂强力(cN)} = \frac{\text{断裂强力总和}}{\text{试验次数}} \tag{5-4}$$

$$\text{修正断裂强力(cN)} = \text{平均断裂强力} \times \text{强力修正系数} \tag{5-5}$$

$$\text{平均断裂强度(cN/tex)} = \text{修正断裂强力(cN)} / \text{平均线密度(tex)} \tag{5-6}$$

使用等速伸长型强力试验仪（CRE），采用100%（相对于试样原长度）以恒定速度拉伸试样直至断裂，同时记录断裂强力和断裂伸长。由于棉纱线的断裂强力随回潮率的增加而加大，随温度的增加而减小，如果不在标准大气条件下进行试验，其测试强力应按FZ/T 10013.1—2011的要求进行修正（修正强力等于实测强力乘以修正系数）。

第二节　影响纱线强力的主要因素

一、纱线拉伸过程分析和强力的构成

1. 纱线拉伸过程分析

短纤维经过环锭纺形成细纱后，当单纱受到拉伸时，纤维本身的皱曲逐渐减少，伸直度不断提高，此时，纱线截面开始收缩，增加了单纱中层和外层纤维对内层纤维的挤压力，环锭纱的任一小段都是外层纤维的圆柱螺旋线长，内层纤维圆柱螺旋线短，中心纤维呈直线，因此在纱线受到外力拉伸时，外层纤维伸长多，张力大，且螺旋角大，纱线的轴向有效分力小；内层纤维伸长少，张力小，螺旋角小，纱线轴向有效分力大；中心纤维可能并未伸长，仍被压缩着，处于原状态。这样，各层纤维的受力是不均匀的，外层纤维张力在纱线轴向的有效分力小于内层，故细纱在被拉断时，最外层纤维最易拉断，这是初始阶段的伸长变形情况。之后，整根纱线中承担外力的纤维减少，作用在纱线上的外力在剩余的纤维间重新分配，使由外向内的第二层纤维张力猛增，同时最外层纤维断裂或滑脱后，内层纤维所受内摩擦力迅速减少，造成更多纤维滑脱，而未滑脱纤维因张力更快增加而被拉断。如此过程反复，直到纱线完全解体。

短纤维经过一系列加工后纺成的细纱，其任一截面的纤维长度，沿纱轴向方向都有一个规律分布，在这些纤维集合体中，一部分纤维向两端轴向伸出的纤维长度较长，被纱中两端其他纤维抱合和握持，与周围纤维的总摩擦力大，纤维间的总摩擦力大于纤维断裂强力，当这种摩擦阻力大于纤维的拉伸断裂强力时，在纱线受外力拉伸过程中，纤维在此截面上只能被拉断而不会滑脱；另一部分纤维沿纱线截面，向两端轴向伸出的纤维长度较短，当其伸出长度上与周围纤维总摩擦阻力小于这根纤维的拉伸断裂强力时，则在拉断纱线时，这些纤维将被从纱中抽拔出来而不被拉断，称为滑脱纤维。当纤维间的摩擦力恰好等于纤维的断裂强力时，此时纤维之间的接触长度，称为滑脱长度，用 L_c 表示。各种原料纤维性能不同，其滑脱长度也不一样，一般情况下细绒棉是 8mm，长绒棉是 10mm。

在单纱继续受拉伸的过程中，单纱外层纤维中小于 $2L_c$ 的短纤维被抽拔滑脱，大于 $2L_c$ 的长纤维受到最紧张的拉伸，当这些纤维受力达到拉断强度时，将逐步断裂。外层纤维断裂后，单纱中承受外力的纤维根数减少，细纱上的总拉伸力将由较少的纤维根数分担，纱中由外向内的第二层纤维的张力猛增。又由于外层纤维滑脱和断裂后，解除了对内层纤维的抱合压力，内层纤维间的抱合力和摩擦力迅速减小，造成更多纤维滑脱。未滑脱的纤维随之将更快地增大张力，因而被拉断，如此直至单纱完全解体。这样被拉断的细纱，由于有大量纤维滑脱而抽拔出来，其断口极不整齐，呈松散的毛笔头状。

2. 纱线强力构成

由以上纱线拉伸断裂机理和过程分析可知，纱线的强力主要是由两部分组成的，一部分是断裂纤维的强力，另一部分是滑脱纤维的滑动摩擦力，即：

$$P = Q + F \tag{5-7}$$

式中：P——单纱强力；

Q——全部断裂纤维所构成的部分强力；

F——全部滑脱纤维所构成的部分强力。

正常情况下，断裂纤维的强力大于滑脱纤维的滑动摩擦力。由式 5-4 可知，要提高纱线强力，首先要选用单纤维强力高的纤维原料。对于某一原料的纱线来说，应该设法提高 Q，减小 F，即增加纱线断裂时的断裂纤维根数，减少断裂时的滑脱纤维根数，也就是提高纤维断裂强力的利用系数。要减少滑脱纤维数量，可从两方面着手，一是选用较长的纤维，使纤维长度 $L>2L_c$；二是提高纱线中纤维间的抱合力和摩擦力，这可从增加纱线捻度、提高纱线中的纤维伸直度、选用细度细的纤维以增加纤维间的接触面积来实现。

二、影响纱线强力的主要因素分析

1. 原料的选配对纱线强力的影响

（1）纤维长度。与纤维长度相关的指标主要包括平均长度、长度整齐度、短绒率等，这些指标对成纱强力影响很大。一般情况下，纤维长度越长，纱线断裂时滑脱纤维数量越少，成纱强力越高。当纤维长度较短时，适当增加长度，对成纱强力的提高较明显，当纤维的长度达到一定值时，长度对强力的影响不明显，因此，要根据纱线强力的不同要求、质量、成本综合考虑，选用最适合的纤维长度。纤维长度越长，纤维整齐度越好，成纱强度越高，强力 CV 越小。成纱强力与纤维长度的关系如图 5－1 所示。纤维长度较长，纤维较细时，成纱中纤维间的摩擦阻力较大，不易滑脱，所以成纱强度较高。当纤维长度整齐度较好，纤维细而均匀时，纱线条干均匀，弱环少而不显著，有利于成纱强力的提高。当纤维长度 $L<2L_c$（滑脱长度）时，该纤维在纱线中不能被握持，断裂时都成为滑脱纤维，降低短纤维纱线的强度。同时，在纺纱过程中，不易控制，短纤维数量多会恶化纱线条干均匀度，降低纱线强力。据统计，棉纤维中短绒率平均增加 1%，成纱强度下降 1% ~1.2%。因此，配棉时不仅要选用合理的纤维长度，而且要控制短绒率，细特纱为 9% ~10%，中特纱为 13% ~14%。在纺纱过程中，原料中的短纤维含量，会对单纱强力及强力 CV 产生很大的的影响，所以，在实际生产过程中，降低原料中短纤维的含量十分重要。一般情况下，棉纺厂短纤维长度规定，细绒棉纤维界限为 16mm，长绒棉为 20mm。

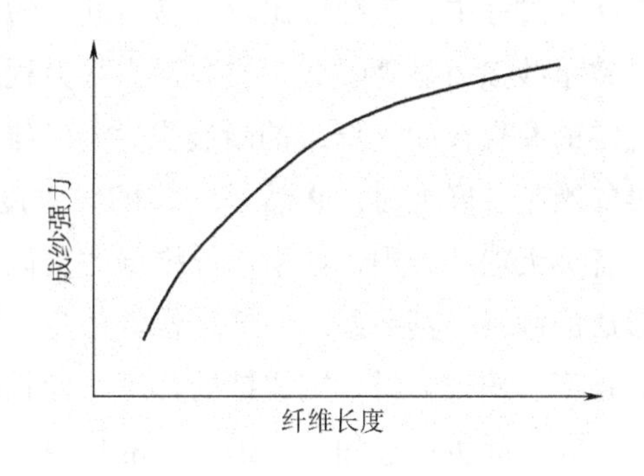

图 5－1　纤维长度与成纱强力的关系

（2）纤维线密度。一般情况下，在成纱线密度相同时，纤维越细，成纱截面中所含有的纤维根数越多，对提高成纱强力和改善条干水平十分有利。当纤维线密度越小时，柔软性越好，在纺纱加捻过程中纤维内外转移的机会增加，各根纤维受力比较均匀，纤维在纱中的摩擦力和抱合力增加，相互之间抱合紧密，这些都增加了纤维间的接触面积，滑脱长度可能缩短，纱线在拉伸断裂时，滑脱纤维数量减少，提高了纤维的强力利用系数，使成纱强力得以提高。

（3）棉纤维成熟度。棉纤维的成熟度与细度之间的关系十分密切，在棉纤维品种相同的情况下，如果成熟度差，则棉纤维的细度较细，强力较低。因此，为了提高成纱强力，必须考虑棉纤维的细度和成熟度对成纱强力的影响。一般采用马克隆值评价纤维的细度，用成熟度比表示棉纤维的成熟度。如果棉纤维成熟度差，虽然线密度小，但单纤维强力较低，纺纱后成纱强力较低，所以生产中要选用成熟度适中的棉纤维，以提高成纱的强力。

如果成纱线密度不同，纤维细度对成纱强力的影响程度不同。在加工细特纱时，纤维线密度的大小对成纱强力的影响较大，而加工粗特纱时，纤维线密度的大小对成纱强力影响则不明显，所以选择细纤维对提高细特纱强力的影响较显著。总之，在配棉时要综合考虑纤维的性能和特点，确保在提高产品整体质量的前提下，降低纺纱成本。

棉纤维成熟度过低时，棉纤维胞壁薄，中腔宽度大，加工的细纱强力低；棉纤维成熟度过高时，棉纤维过粗，天然转曲少，加工的细纱强力也较低；在实际生产过程中，一般要选用成熟度适中的棉纤维，这时纤维线密度较小，天然转曲较多，弹性大，加工的细纱强力大。

（4）纤维强度。一般情况下，单纤维强力越高，成纱强力也越高，但是当纤维的单强增加到一定限度后，再增加纤维的强力，成纱强力就不会显著增加。如果单纤维强度较差时，在纺纱过程中，该纤维比较容易折断，短纤维含量会增加，会恶化成纱的条干均匀度，从而导致单纱强力显著降低。成纱强力很大程度上取决于纤维的线密度，因此，纺纱生产多以棉纤维的断裂长度（纤维的断裂强力与纤维支数的乘积）来比较不同线密度的纤维强力。当纤维的断裂长度大时，必然是纤维的线密度小或单强高，因此成纱强力就越好。通常情况下，在各类天然纤维中，如果单纤维强力较高，该纤维线密度较大，但柔软性下降，经过纺纱后形成的纱线，其截面内的纤维根数较少，纤维之间的摩擦力较小，因此成纱强力较小。纤维的强度、伸长大时，则成纱的强度、伸长也较大；纤维强度、伸长不匀率小，则成纱强度高。

在实际生产过程中，因原料的价格占生产成本的比重较大，所以要兼顾产品质量与成本之间的关系。合理选配原料，既能够保证产品质量稳定提高，又能在很大程度上降低成本。

纤维在纺纱过程中，由于要不断承受外力的作用，一定的强度即抵抗拉伸的能力是纤维具有纺纱性能的必要条件之一。在其他条件一定时，纤维强度高，纺成的纱强度也高。纤维在各种外力作用下所呈现的特性称为力学性质，主要包括断裂强力、相对强度和断裂伸长率、断裂长度等。

（5）纤维的表面摩擦性能。当纤维表面摩擦系数 μ 增加，纤维间滑动阻力大，滑脱长度 L_c 减小，滑脱纤维数的比例减少，产生滑动摩擦阻力迅速增加，所以，纤维的强力损失较小，成纱强度增加。提高纤维的卷曲数能增加纤维间滑动阻力。天然纤维中棉纤维的天然转曲、毛纤维的天然卷曲都使其具有较好的可纺性，化学短纤维可利用其热塑性获得机械卷曲，能使纺纱过程顺利进行，并有利于提高纱线品质。

2. 纱线均匀度对成纱断裂强力的影响

（1）纱线条干均匀度。细纱条干 *CV* 值是衡量纱线质量的一项重要指标，它不仅影响机织、针织等后道工序的生产效率，而且还影响最终产品的外观质量。特别是无梭织机普遍应用的今天，减小细纱条干 *CV* 值已成为织造生产中的一个关键问题。

纱线条干均匀度好，细纱单强 *CV* 就会下降。当纱线的条干均匀度在正常水平，其断裂强度受所用原料的断裂强度影响比较明显，即纤维的断裂强度较高，则纺成的纱断裂强度也较高。但当条干均匀度恶化时，则纱线的断裂强力受条干水平的影响比较明显，即使所用纤维的断裂强力较高，而成纱的断裂强力仍会变差。

纱线条干存在粗节与细节，影响捻度分布的不匀，捻度会向细节处集中，因而产生粗节处为少捻的强力弱环，这是短纤维纱的一般情况。但进一步分析的结果，对于棉型短纤维纱这种现象比较明显；而对毛型短纤维纱，其粗节和细节长度较长，直径变化比较平缓，因而捻度向细节处集中的现象就不明显，加之纤维越长，纱条内纤维之间搭接的长度也长，因此，粗细节之间的捻度差异比较小，但细节处截面内纤维根数较少，所以弱环多产生在细节处。这是所用纤维原料不同，纱线断裂点位置也不一样的原因。

（2）百米重量不匀率 *CV* 值。细纱百米重量不匀率 *CV* 值是造成管纱之间强力不匀的重要因素。一般细纱重量不匀率 *CV* 值必须控制在 2% 以内，才能避免突发性的 *CV* 超过标准。在实际生产过程中，有时成纱断裂强力 *CV* 值较高，但百米重量不匀率 *CV* 值并无明显的表现，这是因为出现了“突发强力”的纱段，往往只有 0.5m 左右，这就要求在降低细纱百米重量不匀率 *CV* 值的同时，也要降低 0.5m 左右的片段不匀。

3. 细纱捻度对成纱断裂强力的影响

在传统环锭纺纱加捻过程中，通过加捻可以使加捻区的纱线具有一定纺纱张力，使纱线中纤维呈圆锥螺旋状，并使纤维平行伸直和内外层转移的机会不断增多，纤维之间的摩擦力和抱合力增大，故对提高成纱强力十分有利。但在一定范围内，随着纱线捻度的增加，断裂强力增大，如果继续增加捻度，则断裂强力在达到一定值后逐渐下降，此临界值称为临界捻度。捻度与强力的关系如图 5－2 所示。

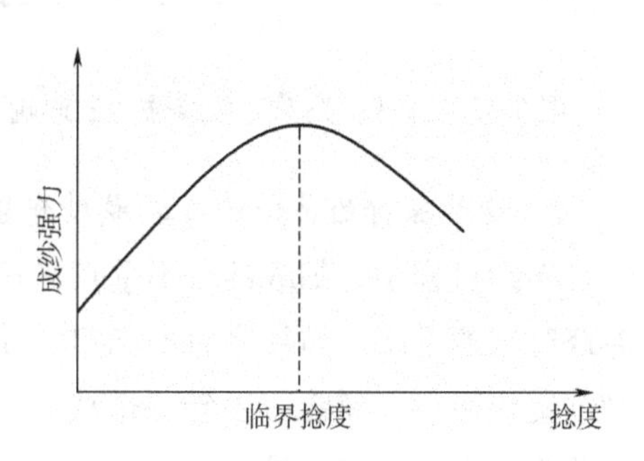

图 5－2　捻度与成纱强力的关系

由图 5－2 可以看出，纱线捻度对强力的影响包括有利和不利两个方面。其一，在临界捻度以下时，随着捻度增加，纤维对纱轴的向心压力加大，纤维间摩擦阻力增加，则细纱在拉伸断裂过程中增加了滑脱纤维的滑脱阻力，增加了断裂纤维的根数，纱线由于纤维间滑脱而断裂的可能性减少，提高了纤维的强力利用率，这时成纱强力增加，加捻可以使纱线在长度方向的强力不均匀性降低。纱线在拉伸外力作用下，断裂总是发生在纱线强力最小处，纱线的强力就是弱环处所能承受的外力。随着捻系数的增加，弱环处分配到的捻回较多，使弱环处强力提高较其他地方大，从而使纱线强力提高。其二，随着捻度的增加，当超过临界捻度后，随着纱线捻度的增加，纤维的捻回角也增加，加捻使纱中纤维倾斜，则细纱中纤维承受的轴向有效分力降低，成纱强力反而呈现下降的趋势，从而使纱线的强力降低。纱线加捻过程中使纤维产生预应力，当纱线受力时，纤维承担外力的能力降低。捻度过大还会增加纱条内外层纤维的应力分布不匀，加剧纤维断裂的不同时性，从而降低了细纱的强力。在临界捻度以前，有利因素占主导地位；临界捻度以后，不利因素转变为主导地位。

加捻对纱线强度的影响，是以上有利因素与不利因素的对立统一。在捻系数较小时，有利因素起主导作用，表现为纱线强度随捻系数的增加而增加。当捻系数达到某一值时，表现为不利因素起主导作用，纱线的强度随捻系数的增加而下降。纱线的强度达到最大值时的捻系数叫临界捻系数，相应的捻度称临界捻度。工艺设计中一般采用小于临界捻系数的捻度，以在保证细纱强度的前提下提高细纱机的生产效率。

一般情况下，在实际生产过程中，选用的捻系数要小于临界捻系数。适当增大纱线的捻系数，可以提高强力，但过大的捻系数，不仅会降低纱线的强力，而且还会降低细纱机的生产效率。因此，在确保细纱强力达到规定的要求下，要选用合适且偏小的捻系数，这样对提

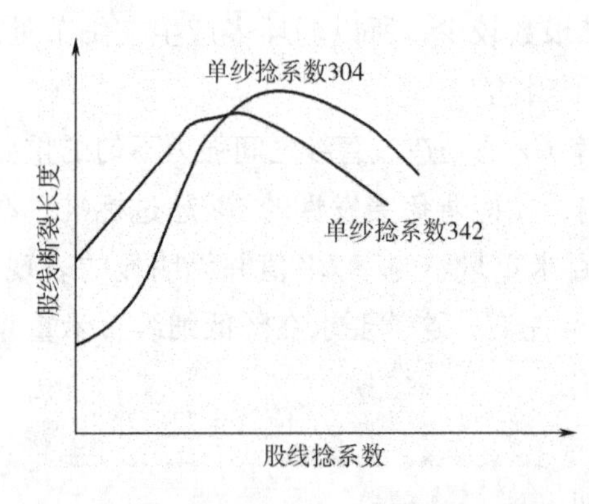

图5－3　股线捻系数对股线强力的影响

高细纱设备生产效率十分有利。

4. 合股对成纱断裂强力的影响

单纱的并合作用使股线条干均匀，且单纱之间有接触，使单纱外层纤维间抱合力增加；股线强力大于各单纱强力之和。一般情况下，双股线中的单纱平均强力是原单纱强力和的1.2～1.5倍（增强系数），三股线的增强系数为1.5～1.7倍，具体取决于捻度大小、捻向、单纱的线密度、加捻方法和捻合股数等。股线捻系数对股线强力的影响如图5－3所示。

5. 纺纱器材的机械状态对成纱断裂强力的影响

纺纱过程中，细纱锭子不垂直和振动，锭子、钢领和导纱钩三者不同心，会导致在加捻卷绕时气圈歪斜，纺纱张力不稳定，使细纱条干*CV*值变大，导致成纱断裂强力*CV*值增大；细纱锭带松弛会使锭速丢转，造成弱捻松纱，导致成纱捻度*CV*值上升。因此，在实际生产中要降低细纱锭速差异和锭速不匀率，合理调整锭带张力盘的位置，减小锭带与滚盘和锭盘之间的滑溜，定期加强锭带轮维修保养，确保回转灵活，选择变形小的锭带，以提高加捻效率，降低捻度不匀率，减小成纱断裂强力*CV*值。

6. 车间温湿度对成纱断裂强力的影响

车间温湿度的变化不稳定，不仅会影响粗纱或细纱回潮率的变化，而且会影响粗纱或细纱的内在质量，从而影响成纱强力，并导致断头。如果回潮率过高，水分太多，纤维或纱线的刚性变小，绝缘性能下降，介电系数上升，纤维的电阻值下降，有利于消除纤维在纺纱过程中因摩擦而引起的静电排斥现象，也能增加纤维间的抱合力和均匀性。由于纤维受湿度影响较大，当相对湿度过小时，粗纱中纤维刚性大，纤维扭转和弯曲难度较大，不利于提高成纱的紧密性；反之，会影响生产正常进行，同时纤维不易发脆，加工时不易断裂，还会因水分太多而缠绕胶辊和罗拉。棉纤维回潮率适当增大时，能消除静电排斥等不良现象，可以增加纤维间的抱合力和摩擦力。适当的回潮率，不仅能提高棉纱的强力，而且还能提高细纱条干均匀度，改善成纱的外观。如果回潮率过低，水分太少，纤维或纱线的刚性变大，易发脆，加工时易断裂。但是，回潮率不宜过小，否则会因水分太少而产生静电，从而造成缠绕胶辊和罗拉的不良现象。

细纱车间相对湿度一般控制在62%～67%时，对条干*CV*值的影响不大；但当相对湿度低于62%时，条干*CV*值上升。适当提高细纱车间的相对湿度和粗纱回潮率，有利于细纱中的纤维伸直平行，提高纤维在牵伸中的运动稳定性；相对湿度适当增加，可以提高棉纤维的强力，降低纤维牵伸后的内应力，使纤维伸直平行度提高，从而改善纱线条干水平，提高成纱强力，降低成纱断裂强力*CV*值。

一般情况下，细纱车间的温湿度条件的要求应处于放湿状态为好。加工棉纱时，细纱回潮率要求在6%以上，车间温度以26～30℃、相对湿度在55%～65%为宜，并确保车间温湿度分布均匀、适宜和稳定。

第三节　影响单纱强力 *CV* 值的因素及其控制措施

单纱强力 *CV* 值是衡量纱线质量的重要指标之一，纱线单强 *CV* 值不仅影响机织等后道工序的生产效率，而且还影响最终产品的外观质量。因此，减少单强 *CV* 值已成为提高转杯纺纱质量的关键因素之一。本节就原棉性能、前纺工艺等因素对成纱单强 *CV* 值的影响进行分析，阐述降低 *CV* 值的技术措施。

一、原棉性能对成纱单强 *CV* 值的影响

1. 原棉长度、细度对单强 *CV* 值的影响

原棉长度长，可增加成纱中纤维之间的搭接长度，纤维间抱合力增加，当纱线受外力作用时，滑脱纤维根数减小，成纱强力差异变小；细度细，纱线截面内纤维根数增加，细度越细，纤维越柔软，纤维在纱体中内外转移的机会就增多，提高纤维间的抱合力和摩擦力，使成纱拉伸时的滑脱纤维根数减少，从而减小了成纱的强力差异。

2. 原棉强力、成熟度对成纱单强 *CV* 值的影响

成熟度差时，单纤维强力低，使成纱强力差异变大；纤维过成熟时，纤维粗，成纱截面中纤维根数少，且纤维刚性大，天然卷曲少，纤维间抱合力差，使成纱强力差异变大。当纤维长度长、单纤维强力又大时，在加工中不易断裂，纤维强力利用系数提高，成纱强力差异减小。

3. 原棉短绒率对成纱单强 *CV* 值的影响

原棉短绒含量越多，纤维不易在须条中伸直平行，在牵伸中纤维运动不易被控制；短绒含量越多，纤维间搭接长度越短，纱线受外力作用时，纤维滑脱根数多，纤维强力利用系数下降。由于短绒易扩散，容易黏附在纺纱通道的部件上，所以使纱线条干恶化；大部分短绒是比较脆弱的未成熟纤维，本身就存在长度短和成熟度低这两个不利因素，受机件打击后，纤维强度明显下降，从而使纱线条干恶化，单强 *CV* 值上升。

二、前纺工艺对成纱单强 *CV* 值的影响

1. 梳棉工艺

梳棉工艺要合理选用主要分梳部件的速度和隔距，尽可能减少对纤维的损伤，降低短绒率，改善生条条干，减少生条棉结，从而可以有效降低成纱单强 *CV* 值。

适当提高梳棉落棉率，可有效排出短绒，避免在纺纱过程中因罗拉对其控制作用较差，引起浮游纤维增多的现象，使纱线条干恶化并使纱线强力不匀升高。

2. 精梳工艺

精梳机能排除大量短绒，提高纤维的伸直平行度；增加精梳落棉率，有利于精梳条中短

绒和结杂数量的降低及长度整齐度的提高，有利于提高纤维间的凝聚力和防止纤维扩散。落棉率越大，精梳纱表面越光洁，条干越均匀，单纱强力差异越小。

适当降低精梳准备工序的牵伸倍数（即预并与条卷牵伸倍数之积），可减少纤维在牵伸过程中的移距偏差，改善纱线条干，提高成纱光洁度，从而减小成纱单强 *CV* 值。

3. 并条工艺

生产实践证明，棉条的棉结对成纱棉结影响显著，棉条的棉结随并条机出条速度增加而增加，适当降低并条机速度，有利于减少成纱棉结，改善条干，降低单强 *CV* 值。

并条工序按"重加压、中隔距、低速度、轻定量、顺牵伸"的工艺原则安排生产，预并条采用小于并合数的总牵伸倍数和较大的后区牵伸倍数，以改善纤维的伸直度。并条工序要加强对牵伸区内纤维运动的控制，采用口径适当小的集束器、集束喇叭和喇叭头，以增加纤维间的抱合力，防止纤维过分扩散，影响条干均匀度。生产试验证明，头并后区牵伸倍数控制在1.7～1.8倍之间，末并后区牵伸倍数控制在1.1～1.2倍之间，有利于提高纱线条干的水平，能明显降低成纱单强 *CV* 值。

4. 粗纱工艺

粗纱定量适当偏轻掌握，可降低成纱单强 *CV* 值。因为粗纱定量轻时，可减小细纱机的总牵伸倍数，当细纱机总牵伸倍数过大时，易造成短纤维在牵伸过程中的移距偏差过大，造成条干严重恶化，单强 *CV* 值大幅度上升。

适当提高粗纱捻系数，有利于降低单强 *CV* 值。这是因为适当大的捻系数除了使粗纱具有一定的强力外，还能使粗纱经过细纱后区牵伸后，留有一定的捻回进入前牵伸区，有利于防止纤维过分扩散，使纤维间抱合力增加，摩擦力界延伸，从而使纱线条干均匀，单强 *CV* 值下降。

由于棉纤维吸湿后力学性能发生变化，因此相对湿度和回潮率对成纱强力影响很大。回潮率太低时，纤维刚性大，化学纤维混纺时静电现象严重，影响纱线条干水平。粗纱回潮率适当提高，可以使粗纱中纤维的抗扭抗弯刚度减弱，有利于粗纱中纤维的伸直平行，提高纤维在牵伸过程中的稳定性；回潮率适当增加，能够提高棉纤维的强力，降低纤维牵伸后的内应力，从而提高成纱强力，降低单强 *CV* 值。一般，粗纱回潮率掌握在7%左右。

总之，降低单强 *CV* 值是一项系统工程，是多种因素影响的综合反映，除了合理优化工艺外，合理控制温湿度、加强设备维修管理、强化操作管理等，对提高成纱质量，降低单强 *CV* 值也十分重要。

思考题

1. 根据纱线用途其强力要求有何不同？
2. 纺纱过程中如何提高纱线强力？
3. 降低十万米纱线的强力弱环有什么意义？
4. 细纱强力弱环形成的原因。

5. 影响细纱强力的因素有哪些？
6. 纤维性能对细纱强力的影响。
7. 提高细纱强力的有效措施和方法。
8. 影响细纱工序成纱强力的因素。
9. 控制和降低单纱强力 *CV* 值的措施。

第六章　纱线的棉结和杂质

本章知识点

1. 棉结杂质的不利影响及危害。
2. 棉结杂质的定义、种类和检验方法。
3. 棉纱的棉结产生的原因和影响因素。
4. 减少纱线棉结杂质的措施。

第一节　棉结杂质概述

一、棉结杂质对纱线和布面质量等的影响

纱线上棉结杂质粒数的多少，不仅影响成纱的外观、条干、毛羽及强力等质量指标，而且还影响布面的外观、布面的力学性能和织造的生产效率，最终会影响印染加工过程中的面料质量、色泽、生产效率和服装的整体质量等。

在纺纱过程中棉结杂质会对半制品的内在结构和纱线条干起到严重的破坏作用，产生十分不良的影响。一方面在梳棉工序之后，由于生条中的棉结杂质大部分是带纤维、附有毛绒的细小结杂等，它会在牵伸过程中发生分裂，并能使纤维在牵伸区中的运动发生变化，影响牵伸区纤维的正常运动，导致纱条的条干恶化。在牵伸过程中，棉结杂质很容易与周围的纤维粘连，会带动周围的纤维成束或成团地发生变速运动，造成对这部分纤维受控失效，使条干恶化，并导致周围的纤维集聚而逐步被包围在纱条之中，使输出纱条产生粗节；另一方面，由于纱条中棉结杂质的存在，使输出纱条截面纤维根数减少或不均匀，这会影响纱条的条干不匀率，导致纱线的捻度不匀率增大，从而造成纱线毛羽数量增加、成纱强力降低、断头率增加等不良现象。

原棉中手拣含杂率与成纱棉结杂质、纱线条干的关系见表6－1。

表6－1　原棉中手拣含杂率与成纱棉结杂质、纱线条干之间的关系

原棉中手拣含杂率（%）	成纱棉结杂质（粒/g）	条干（一级∶二级）
2.45	42	9∶0
2.56	44	9∶0
2.58	47	9∶0
3.65	75	6∶3

续表

原棉中手拣含杂率（%）	成纱棉结杂质（粒/g）	条干（一级:二级）
3.74	76	4:5
3.81	66	5:4
4.36	77	4:5
4.84	80	4:5
5.11	76	4:5
5.13	80	2:7

二、棉结杂质产生的原因

成纱中的棉结包括两部分，一是原料中固有的棉结，即死棉结；二是在生产过程中因纤维揉搓而纠集在一起的纤维团产生的。这其中一部分是短纤维在牵伸过程中不易受控制，而在纱体中纠集成棉结，另一部分是长纤维之间因未伸直形成棉结。所以，生产中主要预防的是这种纤维纠集形成的棉结。成纱杂质主要是开清棉、梳棉工序除杂效率低，或把大杂质分解成很多细小杂质而形成，这部分杂质难以去除。

在生产过程中产生棉结的原因主要有：

（1）开清棉和梳理过程中造成棉结。

（2）由于定向性不好造成棉结。

（3）由杂质造成的棉结。

（4）由松紧飞花造成棉结。

（5）由须条边缘造成的棉结。

在这五项原因中，前四项为普梳纱造成棉结的主要原因，最后一项为精梳纱造成棉结的主要原因。控制成纱棉结的重点应放在梳棉工序以前，因为棉结主要是在梳棉之前产生的。

三、棉结的定义、判别方式及分类

1. 棉结的定义和判别

棉结是由纤维、未成熟棉或僵棉，在轧花或纺纱过程中，由于工艺设计不合理、处理不善集结或纤维纠缠等原因而形成的纤维结。

大的棉结称为丝团，它包括两种情况，一种情况是由正常成熟纤维所形成的；另一种情况是由未成熟纤维所形成的。小的棉结称白星，大多数是未成熟的纤维纠缠所形成的。在人工检验成纱棉结时，一般采用以下确定方法和判别方式：

（1）成纱中棉结不论颜色（如黄色、白色）还是形状（如圆形、扁形）和形状大小，均以检验者的目力所能辨认的即计入。

（2）纤维聚集成团，不论松散与紧密，均以棉结计。

（3）未成熟棉、僵棉形成棉结（成块、成片、成条），均以棉结计。

（4）黄白纤维，虽然未形成棉结，但它已形成棉束，而且有一部分缠于纱线上的，以棉结计。

（5）附着棉结以棉结计。

（6）棉结上附有杂质，以棉结计，不计杂质。

（7）凡棉纱条干粗节，按条干检验，不算棉结。

2. 棉结的分类

棉结主要包括以下三种类型。

（1）机械棉结。在大多数情况下，它仅是由纤维所构成的，是因机械和操作问题等而形成的。

（2）生物棉结。通常指棉结中含有外来材料，在枯叶或棉籽壳一类杂质周围形成的生物或杂质为核心的棉结。

（3）起绒性棉结。一般是指在染色后的织物表面上，呈现出分布明显的棉结。

检测方法不同，会有不同的分类，如在生条中的棉结通过仪器进行检测，检测结果主要分为纤维棉结和带籽屑棉结两类。

四、杂质的定义、判别方式及分类

1. 杂质的定义和判别

杂质是附有或不附有纤维（或毛绒）的籽屑、碎叶、碎枝杆、棉杆软皮、毛发及麻草等杂物。

在手工检验成纱杂质时，一般采用以下确定方法和判别方式。

（1）杂质不论大小，凡检验者目力所能辨认的即计入。

（2）凡杂质附有纤维，一部分缠于纱线上的，以杂质计。

（3）凡1粒杂质破裂为数粒，而聚集一团的，以1粒计。

（4）附着杂质以杂质计。

（5）油污、色污、虫屎及油纱、色纱纺入，均不算杂质。

2. 杂质的分类

杂质主要包括以下七种类型。

（1）僵片。即死纤维，是指不成熟或受病虫害的带僵籽棉，通过轧花工序轧棉而形成。

（2）不孕籽。不孕籽表面附有短绒，色白，呈扁圆形，成熟度差，强力较低，在加工过程中容易搓转成棉结。

（3）软籽表皮。软籽表皮是指棉籽外面的一层表皮与棉纤维粘连在一起而形成的疵点。如果籽棉成熟度差，当含水率高时，籽棉表皮与棉籽附着能力差，在轧花过程中，籽棉表皮会连同纤维一起从棉籽壳上拉下来，形成带纤维的软籽表皮，在纺纱过程中不容易清除。

（4）带纤维与不带纤维的破籽与籽屑。在轧花过程中，将棉籽或籽棉轧破而形成的不带纤维或带纤维的破籽，在纺纱加工过程中容易清除。籽屑是指面积在2mm^{2}以下的破籽，体积较小，带有纤维的籽屑，其黏附力较大，在纺纱过程中不容易清除。

（5）索丝。索丝是指在轧花过程中，由于轧花机的机械状态不良或籽棉过湿，使纤维之间产生较多的摩擦，导致纤维之间扭结缠绕而形成的疵点，在锯齿棉中含量较多，在加工过程中不易清除。

（6）黄根。黄根是指棉籽表皮上的短绒，一般长为3～6mm，呈现黄褐色，在皮辊棉中含量较多，在加工过程中不容易清除。

（7）尘屑杂质等。是指碎叶、棉铃片、泥沙等，它的形状、体积和比重与纤维有很大的不同，在加工过程中容易清除。

综上所述，一般情况下体积大、质量重、不带纤维的杂质和疵点，在纺纱过程中较易清除；反之，体积细小、质量轻、容易碎裂、带纤维的杂质和疵点，在加工过程中不容易清除，直接影响成纱的质量。所以，在纺纱过程中，要根据纺纱各工序中杂质和疵点的变化规律，各生产工序要采取积极而有效的技术措施，及时清除这部分杂质和疵点，为下道工序生产优质的纱线创造有利的条件。

五、棉结杂质的检验方法

棉结杂质的测试有黑板目测和仪器检测两种方法，用USTER均匀度试验仪测定较为正确。

1. 黑板目测法

国家标准GB/T 398—2008规定，纱线棉结杂质的试验方法为：在不低于400lx的照度下，光线从左后射入；检验面的安装角度与水平成45°±5°的角度，检验者的视线与纱条成垂直线，检验距离以检验人员的目力在辨认疵点时不费力为原则。检验时，先将浅蓝色底板插入试样与黑板之间，然后用如图6－1所示的深色压片压在试样上，进行正反面的每格内棉结杂质检验，在检验时应逐格检验并不得翻拨纱线，将棉结、杂质分别记录。将全部样纱检验完毕后，先算出10块黑板的棉结杂质总粒数，再根据式（6－1）计算1g棉纱线内的棉结杂

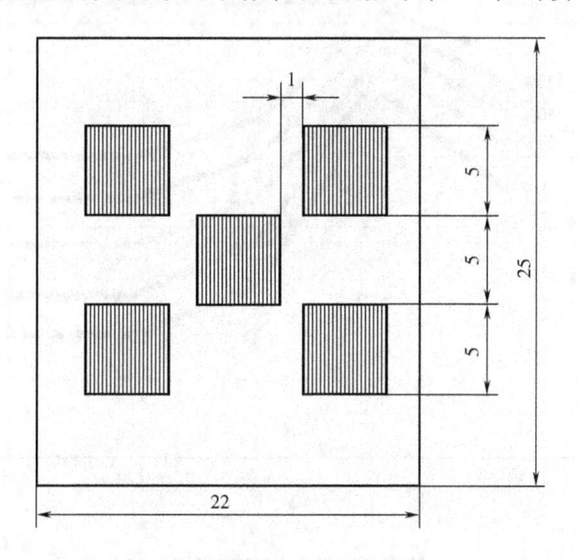

图6－1　深色压片放在试样上

质粒数。

$$1g\ 棉纱线内棉结杂质粒数 = \frac{棉结杂质总粒数}{棉纱线公称特数} \quad (6-1)$$

2. USTER® TESTER 条干仪测定法

USTER 条干均匀度变异系数是利用 USTER 条干均匀度仪，检测出的反映纱条特定片段长度下质量不匀的情况。原理是在测试槽中的一对电容极板之间产生一个高频电场，一旦电容极板间的试样质量发生改变，电信号将发生改变，传感器的输出信号也发生改变，数字信号送到 USTER® TESTER 计算机直接进行储存和运算处理，可以获得纱条的不匀率曲线、波谱图以及粗节、细节、棉结等常发性疵点数等。

六、各工序棉结的演变情况

棉纺厂各工序棉结产生的规律为：清花工序棉结数量增加，梳棉工序棉结数量大幅下降；精梳工序继续下降；并条和粗纱工序缓慢变化，棉结数量由前纺工序到粗纱工序逐渐减少；细纱工序棉结数量明显下降，这是因为加捻的过程可以使部分棉结被包覆在纱体之中。

在纺纱过程中，棉结杂质的排出和产生以及杂质的破碎是不可避免的，除取决于原料的物理性能和轧工质量之外，在很大程度上还是因纺纱过程中的开松、打击、分梳和牵伸等工艺处理不当，造成棉结杂质的数量增多。

由于原棉在清梳工序中，虽然能除去一部分棉结和杂质，但在开松、打击和分梳时，因受到搓揉和摩擦而会产生新的棉结，受到撕扯、打击使杂质破裂，因而杂质数增加。清花工序和梳棉工序采用合理的工艺配置，对控制和减少后道工序的结杂数量起着十分重要的作用。USTER 2013 公报对不同纺纱工艺前纺各工序棉结分布的统计情况，如图6-2~图6-5所示。

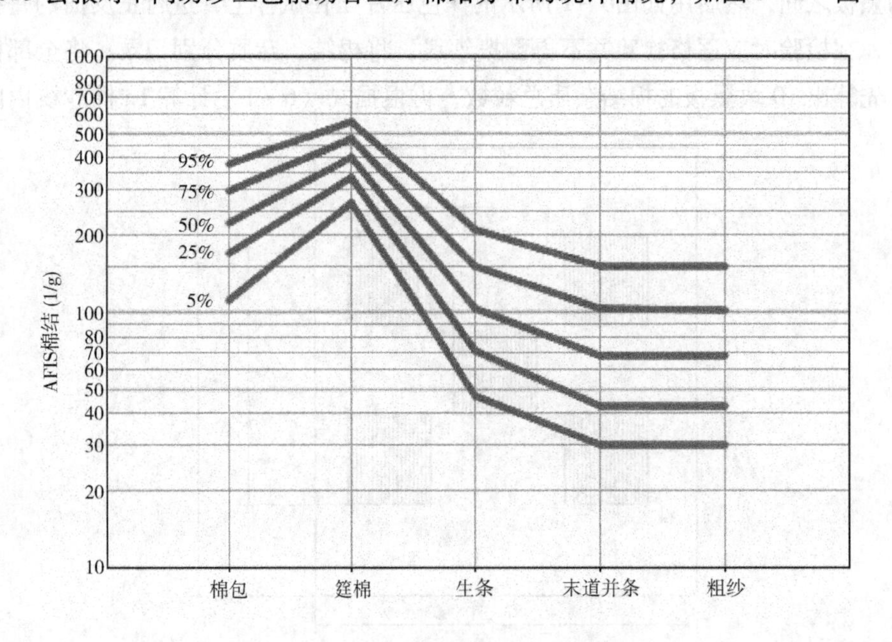

图6-2　纯棉环锭纺普梳各工序棉结变化情况

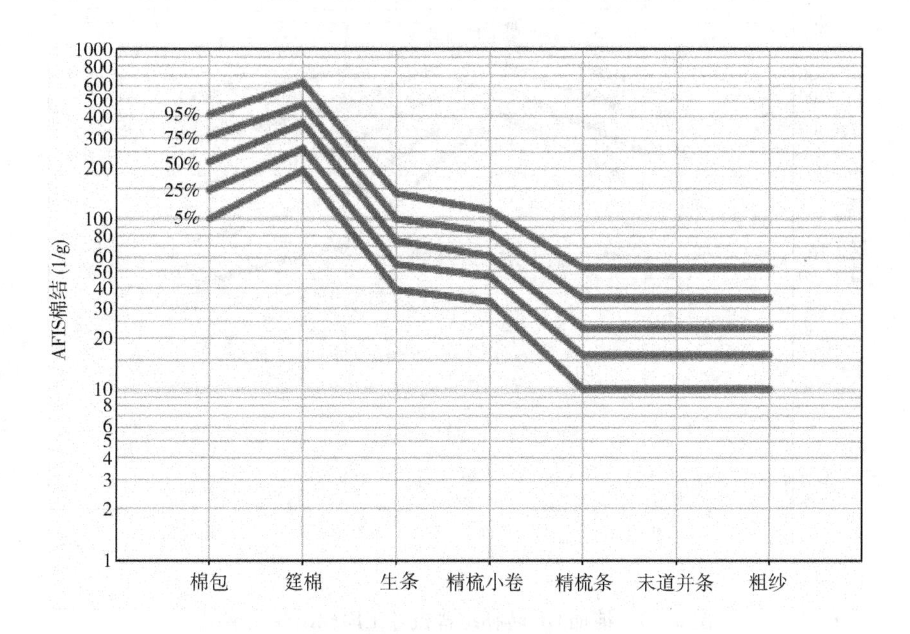

图 6-3　纯棉环锭纺精梳各工序棉结变化情况

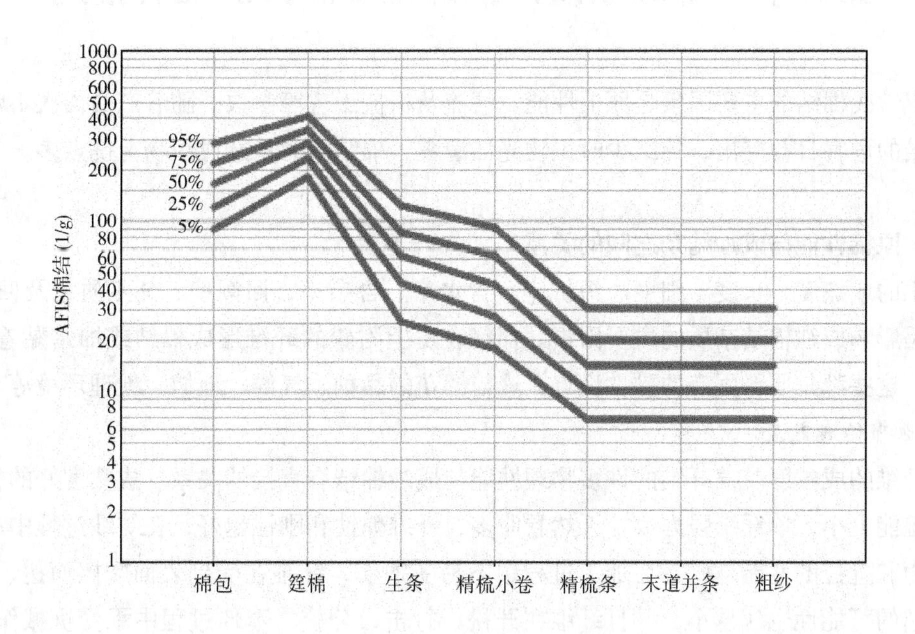

图 6-4　纯棉紧密纺精梳各工序棉结变化情况

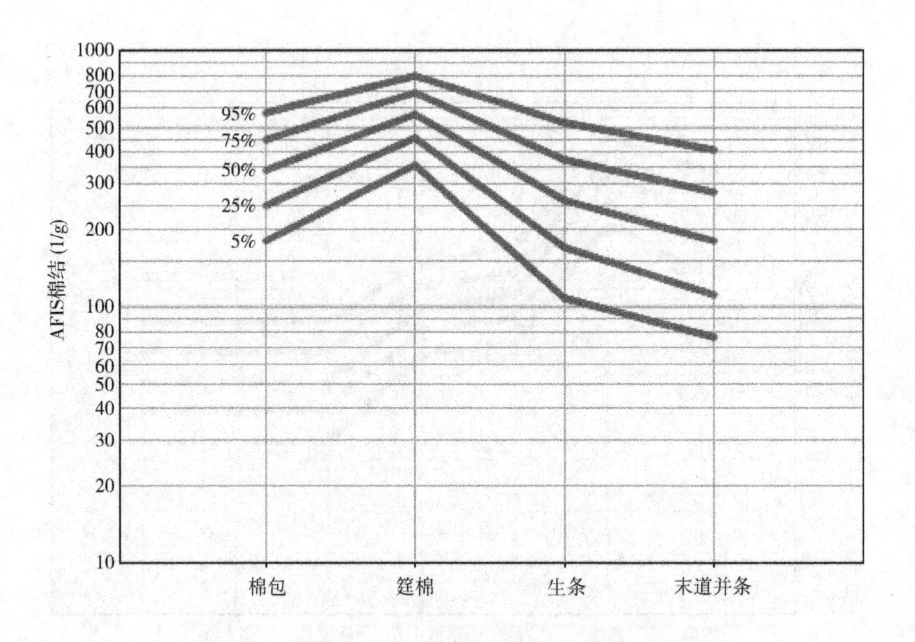

图 6-5 纯棉 OE 转杯纺普梳各工序棉结变化情况

第二节 棉结杂质产生的主要原因及控制措施

造成纱线棉结的主要因素是原棉性能、清梳及精梳工艺等参数。随着产品档次不断提高，纱线棉结的危害日益突出，棉结少时织物光洁滑爽，棉结多时易造成织物上疵点多。

一、原棉性能与成纱结杂之间的关系

原棉的成熟度、长度、细度、短绒率、含水率、含杂率、回潮率、轧工质量及回花和再用棉等是影响成纱棉结杂质的主要因素。棉籽表皮上附着的纤维形成棉结或棉蜡黏着而形成的棉结，这些都是原料固有的黏性疵点，这与棉花的品种、气候、地域、地理环境等有关。

1. 原棉的成熟度

棉纤维的成熟度及棉纤维的许多物理性能与成纱棉结有直接的关系。成熟度好的棉纤维，它的吸湿能力小，单纤维强力大，天然卷曲多，纤维弹性和刚性越好，在纺纱过程中的抗压、抗弯能力和抗拉的性能越好，在加工过程中不易受损伤，纤维在受到表面摩擦而搓、卷、纠缠成棉结的可能性也就越小，并且纤维在开松、打击、分梳、牵伸过程中承受机械作用力而产生损伤、断裂也少，形成短绒的概率也越小，所以成熟度系数越好，成纱棉结粒数越少。成熟度低，纤维僵直，缺乏回挺力，纤维易扭结，且与纤维黏附力大，在纺纱过程中不易去除，易分裂，成纱棉结粒数多。成熟度与含杂疵点有关，成熟好的原棉，其软籽表皮和僵棉等疵点也少。

原棉成熟度与棉纤维细度、原棉中的短纤维及软籽表皮僵棉疵点间的相关系数分别为：-0.9881、-0.9842 和 -0.9562，均为极相关；成熟度、细度、短绒率、软籽表皮僵棉与成纱棉结的相关系数分别为：-0.9002、+0.9508、+0.9607 和 +0.8195，为极相关和高相关。中腔胞壁对比法成熟度系数与棉纤维性能的关系见图 6-6，成熟度是讨论纤维性能与成纱棉结关系的核心。

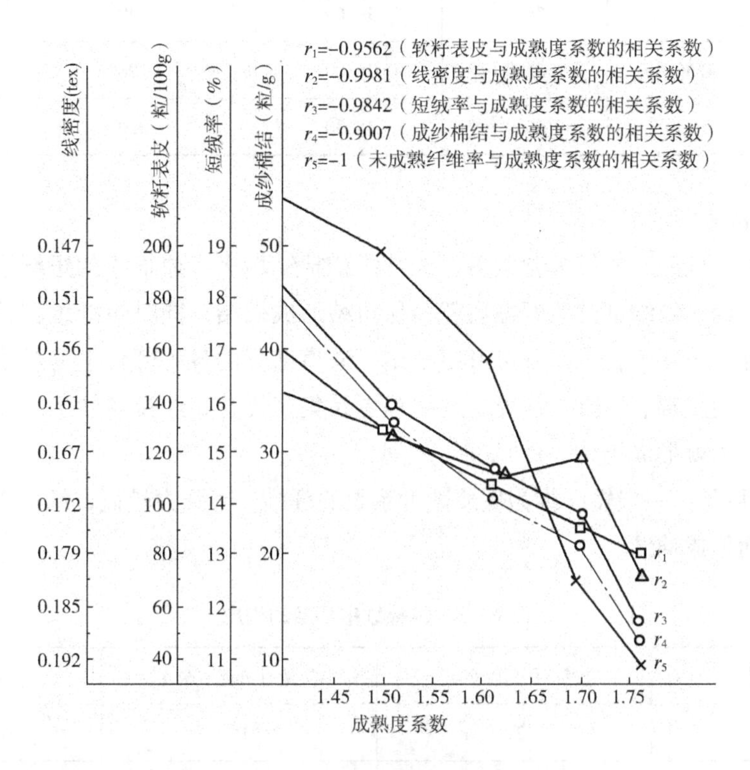

图 6-6　棉纤维性能与成熟度的关系

棉纤维的马克隆值是纤维的成熟度和细度的综合反映，马克隆值与成纱棉结之间的关系见表 6-2。马克隆值低的棉纤维成熟度低，纤维细度细，在生产加工过程中容易扭结而形成棉结。选择马克隆值适中的原棉，有利于降低棉结的数量。表 6-3 为原棉成熟度系数与原棉杂疵、成纱棉结的关系。从表 6-3 中可以看出，成熟度系数下降，纤维细度增加，短绒率增加，僵棉、软籽表皮增多，成纱棉结增加。

表 6-2　马克隆值与成纱棉结之间的关系

马克隆值	细度描述	公支	成纱棉结
<3.5	极细	>7747	棉结数量很多
3.5~3.9	细	6519~7624	棉结较多
4.0~4.4	一般	5778~6356	棉结有所增加
4.5~5.0	粗	4237~5650	棉结产生较少
>5.0	非常粗	—	—

表6-3 原棉成熟度系数与原棉杂疵、成纱棉结之间的关系

成熟度系数	平均成熟度系数	平均公制支数	平均短绒率（%）	僵棉、软籽表皮（粒/g）	成纱棉结（粒/g）
1.81~1.82	1.81	5306	11.57	42	18
1.71~1.78	1.75	5660	13.74	68	30
1.63~1.68	1.66	5840	14.69	159	28
1.51~1.60	1.56	6110	16.00	198	32
1.40~1.49	1.45	6600	18.30	220	40

2. 原棉的长度

纤维长度整齐度差，短纤维含量多，成纱纤维棉结增多。原棉中的短纤维含量越多，较容易形成毛羽，经过纺纱部件的摩擦后就容易扭结形成棉结；同时短纤维在纺纱过程中易扩散、飞扬及粘连，飞花落在须条中可形成棉结；通道部分的各种部件上易黏附短纤维，在须条中容易扩散，使胶辊、罗拉、锭壳、胶圈等更易集聚飞花，经过与纱条的摩擦后很容易扭结，夹杂在纱条内就形成棉结。

由表6-4可见，一般短纤维为低成熟度系数的纤维，其强力较低，纤维很容易在加工过程中断裂，从而形成棉结。

表6-4 纯棉纱中棉结的构成

纤维类别	数量百分比（%）	质量百分比（%）	成熟度系数
<9mm	21	15	0.7
9~16mm	39.2	60	1.0
>16mm	39.8	25	1.18

3. 原棉的细度

纤维越细，成纱棉结杂质数量越多，纤维成熟度与纤维细度有很大的相关性。马克隆值是纤维细度和成熟度的综合反映，成熟度差的纤维，细度细，成纱棉结多。马克隆值减小，会导致棉结增加。原棉细长，刚性差，抗弯能力弱，受打击容易形成萝卜丝，再经过搓揉和摩擦后，容易形成棉结。

4. 原棉中的短绒率

在纺纱过程中，短绒多，纤维在须条中不容易平直，容易扩散黏附，形成毛羽，经过摩擦后就容易扭结而成棉结；短纤维难控制，梳理中易绕梳理部件，形成棉结；短绒是比较脆弱的未成熟纤维，它本身就存在短纤维多和成熟度低这两个不利因素，因此，形成棉结的概率更多。未成熟纤维刚性差，受打击和搓擦时容易扭结，配棉时应该适当控制短绒率。在纺纱过程中，各工序短绒增加的规律见表6-5。

表6-5　各工序半制品短绒增加情况

项目	原棉	棉卷	生条	头并	末并	粗纱	细纱须条
短绒率（%）	12.53	12.96	17.46	18.38	18.66	18.67	19.72
后工序与前工序比较	—	+0.43	+4.5	+0.92	+0.28	+0.01	+1.05
后工序短绒增加比例（%）	—	3.43	34.72	5.27	1.52	0.05	5.62

5. 原棉的含水率

由于原棉的含水率与纤维的强力、摩擦系数和刚性等有关，随着含水率增加，纤维的强力和摩擦系数增大，刚性降低，纤维与杂质之间的黏附力增大。原棉的含水率大，在开清棉加工过程中，纤维容易纠缠，开松难度较大，受打击时容易纠结扭成束丝；杂质容易黏附纺纱部件，不容易排除，纤维受到搓转时容易形成棉结。所以，原棉的含水率过高，成纱棉结和杂质数量增加。一般原棉的含水率控制在8%~9%，棉卷的含水率控制在7%~8%。原棉的含水率与棉纤维的品种、种植、产地、气候、地理条件和收获期等有关。成熟度差的原棉，其含水率较高。同一配棉方案中，各唛头的含水率差异不宜太大，否则会导致混棉成分不均匀，最终影响成纱质量。一般情况下，在同一配棉方案中，原棉的含水率差异控制在1%~2%。原棉的含水率和除杂的关系见表6-6。

表6-6　原棉的含水率和除杂之间的关系

原棉的品级	含水率（%）	豪猪开棉机落棉含杂率（%）
1级	13.2	39.8
	15.9	28.9

6. 原棉的含杂率

原棉的含杂率直接影响成纱棉结杂质，含杂率大，成纱棉结杂质的数量增多。配棉时，要选择含杂率较低的原棉，以降低成纱的结杂数量。国产原棉手摘棉多，锯齿棉的含杂率一般控制在1%~2.5%。美棉机摘棉多，含杂率较大，一般控制在3%~5%。原棉的含杂率过大时，要适当增加预处理工序，为提高成纱质量创造条件。原棉中的杂质包括甲类杂质和乙类杂质两种，甲类杂质为棉籽、破籽、不孕籽和枝叶等，这类杂质具有光、大和圆的特征，它们与纤维之间的黏附力弱，受到打击和撕扯时，容易与纤维分离，通过合理选择工艺参数，容易清除；乙类杂质为索丝、僵棉、棉结、带纤维籽屑、短绒和死纤维等，它们与纤维之间的黏附力强，在开清棉工序加工过程中较难清除。选配原棉时，要严格控制，在纺纱过程中要采取有效的技术措施，以免影响成纱的结杂数量。

7. 原棉的回潮率

原棉的回潮率影响纤维的强力、摩擦系数和刚性等，回潮率增加，纤维的强力和摩擦系数增大，刚性降低，纤维与杂质间的黏附力增大。原棉的回潮率大，在开清棉加工过程中，纤维容易纠缠，开松难度较大，受打击时容易纠结扭成束丝；原棉的回潮率大，杂质容易黏附纺纱部件，不容易排除，纤维受到搓转时容易形成棉结，所以，原棉的回潮率过高，成纱棉结和杂质数量增加。在选配原棉时回潮率必须适当，才能充分发挥开清棉机械的效能。一般原棉回潮率掌握在7.0% ~8.0%，棉卷回潮率要控制在7.0% ~9.0%。在选配原棉时，原棉差异与棉纤维的品种、产地、气候、地理条件和收获期等因素有关，成熟度差的纤维，回潮率大，同一配棉方案中，各唛头原棉回潮率差异不能太大，一般回潮率差异要控制在1.0% ~2.0%。

8. 原棉的轧工质量

原棉的轧工形式对棉结形成的影响是比较明显的，原棉的轧工方法包括皮辊和锯齿两种。不同类型的轧花机所轧出的原棉品质是不同的，对棉结的影响程度也不相同。锯齿棉的束丝含量比皮辊棉多，由于锯齿轧花机锯片的高速回转，锯齿轧棉作用比较剧烈，对籽棉的打击比较剧烈，纤维容易被切断和搓揉形成棉束、棉结等疵点，锯齿棉纤维损伤大，棉结索丝多，这些疵点在纺纱的清花工序和梳棉工序的工艺处理过程中不容易被排除，而且又因为纤维在锯齿轧棉中受打击而疲劳，容易纠缠。由于纤维在锯齿轧棉中经受过分打击而疲劳，容易纠缠，所以锯齿棉在纺纱过程中易产生棉结。皮辊轧花机对籽棉的作用比较缓和，对纤维的损伤较小，棉结、棉束类的疵点少。所以，锯齿棉在纺纱过程中产生的棉结数量比皮辊棉多。皮辊棉和锯齿棉对棉结的影响比较情况，见表6－7。目前广泛使用的锯齿轧棉机结构如图6－7所示。图6－8为皮辊轧棉机结构示意图。

表6－7 皮辊棉和锯齿棉对棉结的影响比较

特点	锯齿棉	皮辊棉
对纤维作用	剧烈，纤维损伤较大，易疲劳、纠缠，揉搓形成棉结、棉束	缓和，纤维损伤小，形成的棉结、棉束少
原始棉结/棉网棉结	5% ~20%	0 ~5%
除杂设备	有 可排除僵瓣、短绒、杂质	无 僵棉、软籽表皮多
含杂率	2.5%	3%
白星	少	多

9. 回花和再用棉

在实际生产过程中，工厂为了节约用棉，而采用部分回花和再用棉，这些回花和再用棉中含有较多的有害疵点和短绒，因而，如果使用过多，纤维经过反复打击、摩擦和撕扯后，会导致纤维疲劳，使成纱和半制品的棉结增加。回花如粗纱头、碎棉卷、废棉条、碎棉条、皮辊花等。其中，粗纱头有捻度，需要经过粗纱机头机处理后再回用；碎棉卷可以直接使用；废棉条经过扯断后再使用。一般回花本支回用，回花使用量要严格控制，一般用量不能超过5%。再用棉包括统破籽、抄针花、斩刀花和精梳落棉等。开清机组车肚统破籽，杂质多，纤维少，内含有大量破籽、棉籽、不孕籽、僵棉和籽屑等；抄针花含杂量较大，含有较多的带纤维籽屑、短绒和籽屑等。这些纤维含杂量较多，这类杂质与纤维黏附力强，对成纱结杂的影响很大。必须要先经过开清机组预处理后，然后再降支使用，否则，成纱会产生较多结杂

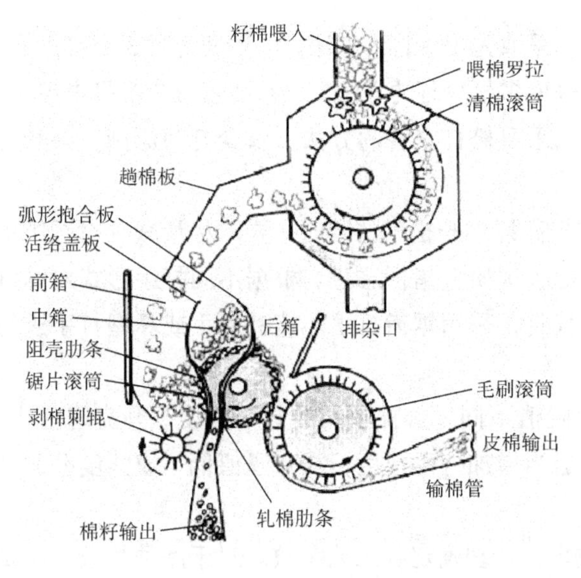

图6-7　锯齿轧花机示意图

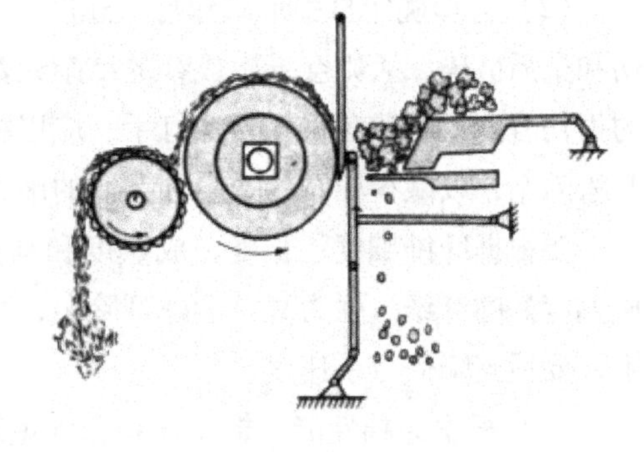

图6-8　皮辊轧花机示意图

数量。

根据原棉对棉结的影响规律，采取稳定和降低棉结的措施，除了在配棉中控制混合棉中回花和再用棉的比例，缩小原棉性能差异，稳定产地、轧工及主体原棉的物理性能外，对成熟度、细度、短绒、软籽表皮和僵棉疵点等应该严加控制。

二、前纺工艺参数对成纱棉结杂质的影响

1. 清花工序

在原棉的使用上使配棉时要做到“一缩小，三稳定”，即缩小原棉性能之间的极差，稳定产地、轧工及原棉主体的物理性能。在控制成纱棉结的配棉指标上，控制原棉成熟系数在1.56～1.75之间，控制低成熟和超细纤维含量；原棉中软籽表皮、僵棉的含量，细特纱不能超过0.5%，中特纱不超过1%，这类疵点形成的棉结易转化为白星，影响染色坯布质量；还应控制原棉中的含杂率、短绒率和带纤维籽屑等指标；合理调配锯齿棉、皮辊棉比例；控制混合棉中回花和再用棉的比例。

原棉在清花工序加工过程中要受到各机械打手的撕扯、打击和梳理，纤维受到损伤产生短绒，经过搓揉形成棉结，各机械打手速度要适当偏低掌握，适当降低抓棉小车的抓取量和缩短打手伸出肋条的长度，一般选择2～4mm。自动抓棉小车下降速度适当降低，有利于充分开松和梳理除杂。缩小A034型六滚筒开棉机剥棉刀和打手的隔距，减少返花和棉束的反复打击搓揉，保证清花设备气流畅通、隔距合理、通道光洁，降低棉结。

在清花工序中，影响棉结产生的主要因素，首先包括打击点数量、打手形式和打击速度等，其次是返花和缠绕等不良现象。因此，清花工序的工艺设计应遵循“精细抓棉，充分开松、合理除杂，适当打击，渐增开松，减少棉束的产生和纤维的损伤”的工作原则。

（1）根据原棉性质，合理确定打击点数量。选择打击点数量时，要考虑原棉的性能和特

点，一般考虑以下几个方面。

①成熟度差、含杂高、细度较细的原棉，采取先松后打的方法，一般要经过3个打击点。

②成熟度差、含杂少、细度细的原棉，采取多松少打的方法，一般要经过2个打击点。

③成熟度好、含杂少、细度一般的原棉，采取松打交替的方法，以少打为原则，一般经2～3个打击点。

（2）合理确定打手形式和打击速度。在提高纤维开松度的同时，要求尽量减少对纤维损伤和杂质破碎，否则会导致成纱的结杂粒数等各项质量指标恶化。根据不同打手形式对纤维的损伤程度，需避免采用刀片打手，应以梳代打，采用锯齿打手、梳针打手或鼻型打手进行开松除杂，以减少棉结的产生和杂质的破碎。

要根据纤维细度、长度、成熟度和马克隆值不同，选择不同的打手速度。马克隆值大、成熟度好的纤维，强力高，考虑到除杂，可适当增加打手速度；马克隆值低、成熟度差的纤维，要适当降低打手速度。

（3）根据原棉性能、棉卷含杂和含短绒率，合理确定各工艺参数。对于品种复杂、质量差异大、棉卷含杂和短绒率高的原棉，在工艺参数配置时，可从以下方面考虑。

①多松早落。利用棉箱的特点，增加落杂区；调整帘子之间的撕扯速比，增加帘子的角钉密度，减小角钉直径。

②薄喂轻打，减少喂棉量。适当降低打手速度。根据杂质大小，结合调整尘棒隔距，使应落的杂质尽量早落。

③在不影响打手除杂的前提下，适当增大各凝棉器的风量，增加排除短绒的数量。

④对于细而长的原棉，可以减小给棉罗拉握持力或采取自由打击，以提高除杂效率。棉纤维细度细、长度长，在开松、打击过程中容易断裂、纠缠成棉结，所以清棉应在减少打击避免纤维损伤的前提下多落杂。

⑤根据原棉含杂内容的不同，应采取不同的补风形式。如果原棉含杂粗大，则采用较大的补风。如果原棉含细小杂质，应减小补风量或者不补风，减少杂质回收，同时适当控制打手前方吸棉风扇速度。风扇速度控制在1450r/min，天平罗拉和综合打手隔距10mm，以提高棉卷均匀度。

⑥低级棉由于成熟度差，轧工不良，强力低，含水率高，疵点多，一般采用少打、轻打、薄喂、早落、少翻滚的工艺，以提高除杂效率，减少纤维损伤，减少束丝和棉结。

⑦正确调整开清棉机各处的隔距，给棉罗拉与打手的隔距要根据加工纤维长度合理调节。如加工纤维长度长，隔距应适当加大；打手与尘棒隔距在不堵车的情况下越小越有利于对原料的开松与除杂。该隔距要根据机台产量、原料的开松程度和加工纤维性能合理调节。如果机台产量高或原料开松度好，隔距应放大；加工化学纤维时要比加工棉时隔距大。尘棒间的隔距增大，除杂作用强，但落棉会增加。该隔距应根据加工原料的含杂情况制订，如原料的含杂多，特别是原料中含有与纤维易分离的杂质多，隔距应偏大掌握。

⑧尽量减少原棉在棉箱内的翻滚，原棉在棉箱内频繁翻滚，纤维受到过多的揉搓，容易形成束丝，而束丝是不易分解的纤维，如发现束丝较多时，应适当降低打手转速，放大打手

与尘棒间的隔距。

（4）保持机械状态良好。经过开清棉后，棉结随开松度增加而增加，且配置的设备越多，棉结增加的机会也越多。开清棉工序中形成的棉结，包括松解纤维时形成的棉结，纤维通道的摩擦阻力和粘、缠、堵、挂形成的棉结等。清棉机的打手对纤维起强烈开松作用，是产生纤维变形和形成棉结的主要部位。

（5）减少棉束的措施。首先，要减少抓棉机抓取棉块的大小，抓棉机宜勤抓少抓，棉块要小而匀，尽可能做到精细抓棉。其次，应该避免纤维在棉箱中过多的翻滚，使纤维或纤维束之间相互搓擦、扭结成棉束或棉结，这就要求各棉箱储棉量不能过多；各棉箱要整顿各种帘子，调整好输棉速比，防止返花现象，适当调节出棉量，以达到均匀输棉，提高运转率。最后，剥棉罗拉速度不宜过高，减少翻滚摩擦；同时，开清棉机械要选择作用缓和的自由开松打击，防止带纤维籽屑的形成。

（6）减少纤维损伤的措施。加工棉纤维宜采用自由打击与握持打击相结合的方式。一般含杂2.5% ~3%的棉纤维宜采用两个自由打击点和三个握持打击点；化学纤维宜采用两个握持打击点。自由打击的打手最好采用针式打手，不要采用豪猪状打手。打手速度与隔距影响打击力。因此，速度与隔距要适当控制，隔距过紧和打手速度过快会造成纤维损伤，容易形成棉结，尤其在加工化学纤维时要特别注意。

开清棉机的均匀喂入及均匀输出对成卷质量影响重大，在现有条件下，清棉机宜采用电气配棉，而不宜采用气流配棉的方法。一条开清棉线宜采用两台清棉机，其产量每小时在400kg左右为宜。当产量高，打手出口凝棉器内风压风力不足时，纤维就会吸不出来，在打手室内反复打击，很容易形成小棉束，经过梳棉时容易形成棉结或增加短纤维含量。

总之，原料要受到各种形式打手的开松及与输棉通道的摩擦，这是棉结产生的主要原因。要减少棉结数量，尽量减少对原料的打击次数及与输棉通道的摩擦次数。

2. 梳棉工序

适当降低刺辊速度、锡林速度和道夫速度，提高盖板速度，可明显减少短绒率和棉结数量。生条定量偏轻掌握，锡林与盖板间隔距偏小控制，有利于加强对纤维的分梳和除杂，有利于减少生条棉结。采用性能优异的针布，可提高梳棉机针布锐度，加强对纤维的分梳，提高纤维伸直平行度和棉网清晰度，能有效减少生条棉结。锡林与道夫间隔距适当偏小，轧辊与道夫间张力牵伸适当降低，可使纤维顺利转移和提高梳理度，可明显减少生条棉结数量。

梳棉工序要以提高棉网清晰度、降低生条短绒率和减少生条棉结为主。影响棉结产生的因素主要包括以下几个方面。

（1）合理分配清梳工序的落棉，并做到合理分工，提高棉卷结构质量。原棉中杂质的清除，在整个纺纱过程中，主要在开清棉和梳棉两个工序中进行，对这两个工序，清除杂质要合理分工。如清棉能多去除，则梳棉负担减少；反之，如清棉少落，则梳棉就要多落。但由于原棉中含有杂质的不同，清除的难易也不同，有的杂质不容易在清棉中排除，如多落这部分杂质，会有很多可纺纤维也随之落下，落棉含杂率降低，对节约用棉不利。对于一般较大而容易分离排除的大杂质，要贯彻早落少碎的原则，应由开清棉工序排除；对黏附力较大的带纤维的细小杂质，如带长纤维杂质，由梳棉工序清除较有利。

（2）提高梳棉机的分梳效能，减少生条结杂。

①确保喂入棉卷结构良好。良好的棉卷结构可减少生条棉结，充分发挥梳棉机的梳理作用，如果棉卷开松不足，并含有束丝等，虽然梳棉机机械状态良好，但分梳负担重，束丝内一些扭结纤维不容易分梳开，仍会形成棉结。棉结内束丝不仅是由棉箱机械的剥棉打手或凝棉器剥棉打手等返花造成，而且也因棉箱内原棉的过多翻滚，打手与尘棒间隔距不合适，通道不光洁，反复搓擦等原因而形成。

②提高分梳效能。梳棉机采用强分梳，可使纤维单纤化程度提高，不仅有利于纤维和杂质的分离、减少纤维的相互纠缠，而且还可以松解棉卷中带来的部分棉结。因此，要采用分梳效果好的锡林、盖板、道夫、刺辊等新型针布，提高分梳效能。

近几年，梳棉机普遍采用增加梳理面积、增加固定盖板根数及固定分梳除杂机构、刺辊下加装分梳板等技术措施来提高对纤维的梳理度，以强化分梳，进一步降低生条结杂含量。

③减少搓转。梳棉机上新棉结的形成，主要是因返花、绕花、纤维搓转等原因造成的。当锡林与盖板、锡林与道夫之间隔距过大，而针齿较钝时，纤维受到过分搓擦，就会形成较多的棉结。

（3）控制生条短绒率。实践证明，短纤维本身在纺纱过程中不易控制而扩散，形成毛羽，经摩擦后易成棉结。短纤维还易黏附在机件上，被带入须条后扭成棉结。短绒率增加会直接影响纱线棉结含量的增加，因此要尽量加以控制。

（4）加强各车间温湿度管理。原棉回潮率超过11%、棉卷回潮率超过8.5%时，将使除杂困难、棉结增加，在原棉等级低、低成熟纤维含量多时更为明显。这是由于低成熟纤维本身细度细、刚性甚差、腔孔大（有更大的毛细管效应和更大的吸湿性能），因此纤维柔软、塑性大、抗弯性差，受到机械部件作用时易变形，而且纤维之间易粘连，致使棉结增加。即使是成熟纤维，在回潮率较大时也有上述情况。另外，回潮率大，使杂质、疵点与棉纤维间的附着力增加而增加除杂难度，带纤维杂质更难清除。

因此，清棉和梳棉工序应有较低的相对湿度，使纤维处于连续放湿状态，以控制清梳工序半制品的回潮率。这样可使纤维间抱合力减小，保持较好的弹性和刚性，有利于开松、除杂、分梳和转移，从而减少粘连和扭结，降低棉结杂质粒数并提高棉卷与生条的结构质量。一般情况，清棉工序相对湿度控制在60%左右，棉卷回潮率在7%左右为宜；梳棉工序相对湿度在55%～60%，生条回潮率在6.5%左右为宜。

此外，近年来，国外比较先进的梳棉机采用在线自动控制和监测，对减少棉结也起到了一定的作用。如TC5－1型梳棉机上的T－CON装置，是依靠对生产环境中变换数据的测量，客观计算并设定梳棉机锡林与盖板间的隔距，还包括各种棉网清洁系统中的固定梳理原件与锡林间的距离等各梳理组间的距离，使梳棉机的工艺达到最优配置，可以相应地减少结杂及短绒，从而使产品质量达到最佳水平。T－CON装置还可以保护针布不受损坏，防止接针，任何微细的接触即会立即停车。T－CON装置是高产梳棉机一项很重要的技术进步。在TC5－1型梳棉机上，通过除尘刀的设定系统，可以优化设定除尘刀与针布的距离及喂棉罗拉的握持点与除尘刀的距离，改善棉网的清洁度。

梳棉机的在线检测装置 NEP CONTROL 是新型高产梳棉机自动监控技术与自动调节盖板隔距、自动磨针技术的发展方向，是向形成闭路自动控制及工作体系发展的方向，即形成专家系统。当道夫下方的棉网结杂监控系统测出任何时间内的棉网结杂含量变化时，会由计算机自动指挥调整盖板隔距及自动磨针，保持锡林与盖板针布间的正常状态，保证生产质量的最优化，并可延长针布使用寿命。在线检测装置 NEP CONTROL 是位于剥棉罗拉下面的数码相机大约每秒 20 次的频率对棉网进行扫描拍照，与此同时照相机在一个全封闭的轨道上沿梳棉机的工作宽度作往复运动，高性能的计算机直接安装在轨道上，应用特别的分析软件评估照片，可以得出棉结、杂质颗粒、籽棉碎片的个数，发现超限可以立即停车。

3. 精梳工序

精梳工序是降低棉结杂质的主要工序，棉纤维中短绒含量高，通过精梳工序可以排除大量短绒，提高纤维伸直平行度，可防止纤维松散，减少棉结的产生概率。由于精梳纱一般为细特纱，棉结容易暴露在纱表面，所以对棉结的要求更加严格。在棉纺各工序中，通过梳理作用能排除棉结的工序，除梳棉工序外，还有精梳工序，精梳工序能排除生条中 20% 左右的棉结。

（1）精梳准备工序对棉结的影响。合理分配预并条的牵伸，提高纤维伸直平行度。根据弯钩理论，预并条子中前弯钩纤维占多数，而牵伸作用对前弯钩纤维的伸直作用较差，所以预并条的总牵伸不宜大于并合数。增加纤维在牵伸过程中的伸直延续时间，有利于弯钩纤维的伸直，从而达到减少棉结的目的。

精梳小卷定量偏轻掌握，小卷定量小，可以减轻精梳梳理负担，提高精梳梳理质量，从而改善精梳条质量，减少棉结。

综上所述，在精梳准备工艺中，适当减少并合数和牵伸倍数，能减少精梳条短绒含量，改善精梳机退卷粘连等不良现象，并确保棉条通道光洁畅通，减少对纤维的摩擦，有利于提高成纱质量，减少成纱棉结。

（2）精梳落棉率对成纱棉结的影响。精梳落棉率大小的确定，不仅要考虑喂入小卷的质量和对成纱质量的要求，而且要根据产品质量的要求、生条和熟条中所含的短绒率、精梳制成率和企业的经济效益等因素，选择合理的落棉率。一般根据纱的特数和成纱质量要求，选择合理的落棉率。其参考范围见表 6－8。

表 6－8　不同纱线特数与精梳落棉率的控制范围

纺纱线密度（tex）	落棉率（%）	纺纱线密度（tex）	落棉率（%）
半精梳纱	13～15	5	21～22
16～19	16～18	4	22～23
8～10	17～19	3（可采用双精梳）	30（第一次落 20%；第二次落 10%）
7	19～20	全精梳纱	18～20
6	20～21	特种精梳纱	22～24

精梳落棉率的增减，可以通过调整落棉隔距来完成。随着精梳机落棉隔距的增大，精梳落棉率增加，精梳条结杂粒数降低，对成纱质量有利。

（3）精梳机毛刷速度对棉结的影响。合理调整毛刷插入锡林的深度，毛刷插入锡林针齿的合理深度一般为2.5mm。当毛刷使用时间长了，因磨损变短，应及时调整毛刷插入锡林的深度。毛刷插入锡林深度太深，反而不利于梳理，易增多小棉结。选择合适的毛刷与锡林线速比，可以减少棉结。锡林速度加大，毛刷线速度要适当增加。当车速增加时，应按照设备状态、生产实际情况等因素，选择合适的毛刷线速度，有效清洁锡林，有助于降低棉结。另外，合理调整毛刷定期清刷锡林的时间也利于排除棉结，此清刷时间应根据产品质量要求确定。同时，要求毛刷细度均匀，弹性好，耐磨性好，不容易断裂，对锡林针面的清刷效果好，对减少结杂十分有利。

4. 并条工序

（1）顺牵伸和倒牵伸工艺对成纱棉结的影响。在纺纱过程中，采用顺牵伸的工艺原则，可以使弯钩纤维合理变速，有利于提高纤维的伸直平行度，有助于减少棉结。采用顺牵伸时，纱的棉结数量小于采用倒牵伸工艺。因为在并条工序喂入头道并条机的纤维以前弯钩为主，喂入二道并条的纤维以后弯钩为主，提高二道并条的牵伸倍数，提高纤维的伸直平行度，改善熟条内部结构质量和细纱条干，从而减少弯钩纤维在牵伸过程中因运动不正常相互缠结而形成的棉结。

（2）总牵伸倍数和并合数对成纱棉结的影响。适当减小头并总牵伸倍数和并合数，使头并总牵伸倍数略小于并合数，使牵伸力减小，对纤维作用柔和，纤维疲劳损伤小，有利于喂入生条中前弯钩纤维的伸直，也有利于减少棉结的增长；二并总牵伸倍数略大于并合数，有利于喂入半熟条中后弯钩纤维的伸直，提高纤维伸直平行度。因此，并条工序采用顺牵伸，且头并后区牵伸采用较大的牵伸倍数，对减少成纱棉结极为重要。

5. 粗纱工序

粗纱工序的设备状态、工艺参数设计、操作水平、日常生产管理等控制不好，会产生一定数量的棉结。粗纱工序以提高纤维的平行伸直度、加强对浮游纤维的控制、减少牵伸过程中的棉结增长为主。

（1）粗纱定量对棉结的影响。在粗纱工序，熟条中还残留有部分生条后弯钩纤维，粗纱机总牵伸倍数不宜过大，有助于减少棉结的生成；适当减轻粗纱定量，可减少细纱机总牵伸倍数，有助于减小纤维在牵伸区的移距偏差，能改善条干和纱条光洁度及减少千米结节的数量。

（2）粗纱回潮率对棉结的影响。粗纱经适当放置可提高粗纱回潮率，对稳定纱线捻回有一定作用，使粗纱中纤维刚度适当降低，静电积聚下降，减少纤维在纺纱过程中相互排斥，有利于减少千米结节数量；但当回潮率过大时，则纤维容易纠缠和粘连，反而导致棉结增加。

此外，并粗工序以提高纤维的平行伸直度、加强对浮游纤维的控制、减少牵伸过程中的棉结增长为主。粗纱采用胶圈牵伸和较大后牵伸，选用与定量相适应的集合器，保持纱条通道光滑、清洁，可减少毛羽和棉结的形成。

6. 细纱工序

细纱工序的牵伸过程中也会形成棉结，要防止纤维的松散和杂乱，如发毛粗纱，破粗纱，罗拉、胶辊发毛，喇叭口、集合器的挂花等均会破坏纤维的伸直平行状况，造成纤维扭结，因此，需要加强细纱工序的管理工作，各工序共同守关，才能降低成纱棉结杂质。

（1）细纱后区牵伸工艺对棉结的影响。细纱棉结是影响织物外观的一项重要测试项目。细纱工序由于加捻使部分棉结被包覆在纱芯，使表观棉结减少，因此细纱工序棉结数量略微下降。实验证明，为控制成纱棉结数量增加，细纱工序采用适当提高粗纱捻度、放大细纱后区隔距、减少细纱机后区牵伸倍数的“两大一小”的工艺路线，三者适当搭配，不仅能加强对后牵伸区纤维的约束，提高须条紧密度，而且又能使须条经后区牵伸后仍留有一定捻回进入主牵伸区，有利于提高前区须条的紧密度，进一步减少纤维扩散，加强对纤维运动的有效控制，从而减少成纱棉结数量。

（2）采用集棉器、喇叭口等，防止纱条扩散。因短纤维在牵伸过程中，移距偏差大，边缘纤维运动不正常，会使纱条中的纤维扩散，这些纤维与机件碰撞摩擦后，容易产生棉结。所以，为了防止纱条扩散，要采用口径适当、密集程度较好、与定量相适应的集棉器和喇叭口，它能限制并压缩须条的宽度，增加须条紧密度，防止边纤维的扩散，增加纤维之间的摩擦力和抱合力，可减少棉结的生成概率。加强日常管理，做好机台的保全保养和清洁工作，防止纺纱机件缠绕和粘连等不良现象，并确保纱条各通道和机件光滑、清洁和畅通，避免因通道和机件不光滑，引起挂花后附在条子表面，再经过摩擦后扭结成棉结。

（3）降低细纱工序棉结的新技术。在细纱工序采用陶瓷钢领钢丝圈、Orbit 钢领钢丝圈、镀氟钢丝圈、新亚光钢领、新型合金钢领、BC 钢领钢丝圈、抗静电钢领、锥面钢领和滚动钢丝圈等，不仅能使细纱毛羽数量明显地减少，同时对降低细纱棉结数量也十分有利。采用新型合金抗静电隔纱板、新型表面不处理胶辊、新型内外花纹胶圈、新型带筋集合器、抗静电集合器、陶瓷集合器、陶瓷集合器、口径可以调整变化集合器、压力棒隔距块、压力棒上销等纺纱器材，对降低细纱棉结数量有一定的积极作用。

7. 络筒工序

络筒是纺织工序中非常重要的一道工艺过程。络筒工序的任务在于将从细纱机或捻线机上落下的管纱（或绞纱），根据后面的工序要求，卷绕成结构、形状和大小各不相同的筒子，并检查纱线的直径，清除纱线上的疵点和杂质。但是，络筒过程棉结数量还是有所增加。这是因为纱线与络纱部件碰撞摩擦，使卷入纱体的一部分纤维露出纱体，或将原有的短毛羽搓揉为棉结，使截面变大，从而使粗细节和棉结数量增加。

（1）工艺参数的影响。络筒工序增加棉结是由于纱线摩擦碰撞和车间飞花而引起的，因此保持络筒和各纱线通道光洁畅通，并适当降低络纱张力和络纱速度，有利于保持原纱的外观和力学性能；采用合理的电清装置、导纱距离、气圈破裂环、气圈控制器、气圈限位器高度、络纱张力刻度及新型涡流装置等措施，能明显减少络纱棉结的再生概率。

在实际生产过程中，优化工艺参数，选择合理的工艺设计是减少棉结的有效措施。操作管理是减少棉结的保障，保证合理的车间温湿度是减少棉结的前提。

（2）设备状态等对棉结的影响。络筒机设备状态好坏和设备管理水平是减少络纱棉结的基础。槽筒状态对棉结有直接影响，经验证明，金属槽筒、合金槽筒等比胶木槽筒好。适当控制清纱板隔距，使棉结大幅度降低，在生产实践中尽量采用电子清纱器，既保持了良好的清纱作用，又不与纱线直接接触，从而减少对纱线的破坏。

挡车工要严格执行操作法，加强清洁，在操作中要严防半制品挂花而影响后工序的加工，增加棉结数量。纱线各通道要光洁，以免挂花，使纱条发毛；各种纺纱器材和容器也要光洁不挂花。

（3）降低络纱工序棉结的新技术。络筒工序控制棉结的新技术，采用新型络纱专件，可以降低络纱的棉结数量；采用气圈控制器和栅式张力控制装置，可以随管纱上纱退绕的部位而升降，有效控制张力变化，并自动调节络纱张力，使整个络纱张力稳定；采用涡流喷嘴装置、加捻辊、卷捻辊等方法，可以减少络纱棉结的增加；采用新技术，卷绕速度随筒纱直径变化进行无级调节，使卷绕的速度恒定；并采用气圈限位器，但气圈限位器高度过低或过高时，均易引起纱线与纱路上各络纱部件的碰撞和摩擦加剧，导致络纱棉结增加。

德国赐来福 Autoconer－338 型自动络筒机，采用纱线张力控制装置，包括气圈破裂器、张力装置等，构成一个纱线张力闭环控制系统，同时也能通过加压来补偿加速期间的较低张力。气圈破裂器能控制退绕气圈，降低和均匀退绕张力，减少因张力过大而使纱与通道零部件的摩擦增加，从而减少络纱棉结。另外，也采用变频调速技术，可以使退绕张力及络纱气圈张力基本一致，减少因张力过大而增加纱线与通道部件的摩擦，以减少络纱棉结的增加。

综上所述，棉结产生的主要原因有原棉的成熟度，成熟度差，清梳分梳工艺不合理，纤维梳理效果差，梳理棉网中含有大量未能分梳开的棉结，造成最后成纱棉结数量较多。原棉含杂较大，清梳工序未能合理除去杂质，造成梳棉生条中存在大量的有害杂质，使细纱产生棉结。合理调整牵伸分配工艺参数，提高纤维分离度和平行伸直度，减少棉结的产生。提高纺纱设备状态水平，保证工艺上车，钢领钢丝圈不磨损，纱线通道光洁，则可以减少棉结。细纱工序的成纱毛羽数量的明显降低，对进一步减少络纱棉结的增加十分有利。保持络筒和各纱线通道光洁畅通，并适当降低络纱张力和络纱速度以及采用电清装置、气圈破裂环和气圈控制器，能明显减少棉结的再生概率。

思考题

1. 棉纱棉结杂质形成的原因。
2. 纤维性能对纱线棉结杂质的影响。
3. 各工序棉结杂质的演变情况。
4. 细纱棉结杂质的影响因素及控制措施。
5. 络筒工序影响纱线棉结杂质的因素及控制措施。

第七章　纱线的毛羽

本章知识点

1. 纱线毛羽对细纱工序和后工序的影响。
2. 纱线毛羽的形态分类及其分布规律。
3. 纱线毛羽的指标、测试方法及产生原因。
4. 减少纱线毛羽的技术措施。
5. 络筒纱毛羽的形成原因。

毛羽是衡量纱线质量的重要指标之一，它不仅影响纱线本身的表面光洁度和弹力，而且还影响后工序的顺利进行。过多的纱线毛羽，会影响上浆后正常分绞，且在浆纱过程中产生浆结。在织造过程中纱线毛羽常互相纠缠而使织机开口不清，产生假吊经和“三跳”等疵点。因此，纱线毛羽不仅影响后工序的生产效率，而且对最终产品的外观也产生重要的影响。由于造成毛羽的因素很复杂，包括原料、工艺、设备、操作管理、环境等因素，所以，减少毛羽是一项系统工程，要从原料选配、设备及器材的使用、工艺设计、操作管理等方面层层把关，采用最有效的措施，最大限度地控制原纱毛羽。

第一节　毛羽的分类及形成机理

一、毛羽对纱线质量和织造工艺的影响

纱线毛羽是指纤维伸出纱线基体表面的纤维端或圈，即在须条加捻的过程中，部分纤维的头端或尾端，没有全部捻入纱线的主干部分，这些外露的部分即成为毛羽。

毛羽造成纱线外观呈现毛绒状，降低了纱线光泽，杂乱的毛羽会对织物外观产生不良影响，因而受到普遍重视。毛羽数量多少、长短及其分布，不仅影响产品的性能、外观和质量，而且还是影响织造顺利进行和织物质量的关键因素之一。毛羽过多会给织造带来许多问题，严重影响织机的生产效率，影响布面的平整度和光泽效应，使织物显不出滑爽、光泽和清晰的风格。如果纱线的毛羽过多和过长，在织造过程中，易造成织造开口不清，就会造成星跳、假吊经等疵点。过多的毛羽会引起经纱断头和纬纱阻断，影响织造效率。由于毛羽产生的原因不同，也具有不同的形态，基于这种情况，不可能用某一种简单的方法就可以使毛羽降低到所要求的范围以内。控制毛羽已成为织造生产中的一个关键问题，特别是对于织造速度较

高的无梭织机而言，减少毛羽具有十分重要的现实意义。

二、纱线毛羽产生的机理和原因

毛羽产生的原因很多，生产实践证明，纱线毛羽与原料的性质、清花工序、梳棉工序、并条工序、粗纱工序、细纱工序和络筒工序等都有关系。

（1）当纤维从前罗拉输出时，由于牵伸作用使纤维间抱合力减弱，须条扩散，促使部分纤维头端或尾端与须条脱离联系，因而在须条加捻成纱时，在须条外围和边缘的纤维未能全部捻入纱干之中，伸出纱条主体部分就形成毛羽。

（2）如果一根纤维的尾端位于纱条加捻点之外，被握持加捻的控制作用就会减弱，这是纤维依靠本身的弹性促使这根纤维伸出纱干之外，形成毛羽。

（3）在加捻卷绕中，由于部件不光洁，纱条受摩擦起毛，或在后加工中，由于纱条经过反复纵横向摩擦、拉伸和松弛而形成新的毛羽，或与导纱器摩擦等也形成毛羽。

（4）在加捻卷绕过程中，外来的飞花和短绒附着于纱体而部分捻入纱中，形成不定向的浮游毛羽。

（5）在加捻三角区，由于纤维尾端不被控制，也会造成毛羽。

（6）在纺纱中，特别在加捻卷绕区域，由于离心力影响，促使已捻入纱中的纤维端被甩出形成毛羽，这种概率随离心力增大而增大。

（7）由于清洁不及时，外来纤维附着于纱条也会形成浮游毛羽。

三、毛羽的形态分类及其分布规律

毛羽是指在成纱中，纤维由于受力情况和几何条件不同，使纤维伸出纱线。其形态是错综复杂的，但表面的毛羽状态一般都是呈复杂的空间分布。将纱线置于毛羽仪进行观察，从纱的横截面看，其形态大致可分为三种：即端毛羽、圈向毛羽和浮游毛羽，如图 7－1 所示。端毛羽具有方向性，主要有头向毛羽、尾向毛羽和双向毛羽；圈向毛羽呈现为圈或环状；浮游毛羽呈现为松散纤维或野纤维状。从纱线轴向分析，可分为顺向毛羽、反向毛羽、双向毛羽、圈向毛羽、乱向毛羽五种，各自形态如图 7－2 所示。在通常情况下，端毛羽占短纤维纱线毛羽的绝大部分，约占 96.6%，其中头向毛羽约占 48.6%，尾向毛羽约占 29.6%，双向毛羽约占 18.4%；圈毛羽约占 2.2%；浮游毛羽约占 1.2%。根据大量统计数据分析，从毛羽长度上划分，0.5～1mm 长度的毛羽约占 71.2%；2mm 毛羽约占 19.4%；3mm 毛羽约占 6.6%；4mm 毛羽约占 1.8%；5mm 以上的毛羽约占 1.0%。品种不同，毛羽长度的分布也不同。

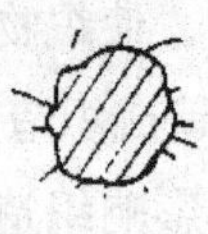

(a) 端毛羽

(b) 圈向毛羽

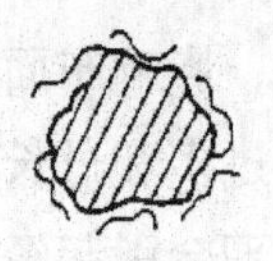

(c) 浮游毛羽

图 7－1　纱线横截面毛羽形态

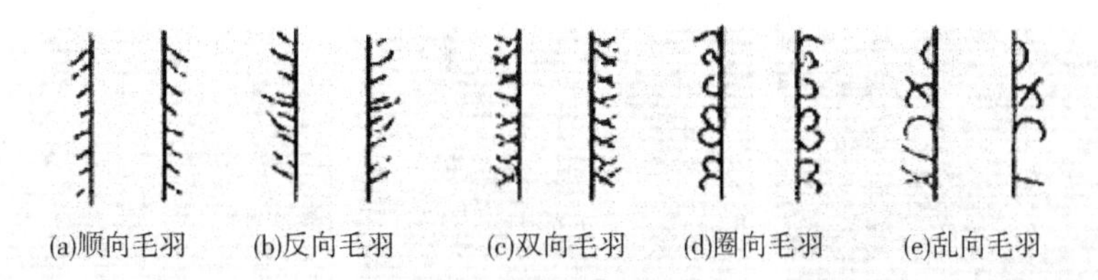

图7－2　纱线轴向毛羽形态

四、纱线毛羽的评价

纱线毛羽可用纱线毛羽的数量、毛羽指数、平均长度、毛羽总长度及分布情况来评价。纱线的细度与毛羽总根数成负相关，与毛羽平均长度成正相关。在毛羽长度分布中，毛羽越长，数量越少，但毛羽越长，越容易发生缠结，对纱线可织性造成的危害越大。纱线毛羽也是评价纱布外观质量指标之一，过多的毛羽特别是较长的毛羽，对整经、正常上浆、织造的生产效率有显著的影响，在织造中造成开口不清而产生三跳、吊经、纬挡等织疵，影响织造效率。

纱线毛羽可用纱线单位长度内纱体单侧面的毛羽累积总根数 A（根/m）、毛羽平均长度 B（mm）和毛羽总长度 $L=A\times B$（mm）来评价。毛羽指数是指纱线单位长度内单侧面上毛羽长度超过某一定值时的毛羽总根数。棉纱的毛羽平均长度是1.07～1.6mm，毛纱的是1.35～1.7mm。

USTER® STATISTICS 2013 统计公报的毛羽指标是毛羽系数 H，指1cm长度纱线上毛羽总长度。毛羽系数与纱线线密度、捻度相关，纱线越细，其横截面中纤维根数越少，伸出纱外的毛羽数亦少。单色染色织物相邻两个用作纬纱的筒子纱毛羽系数相差1及1以上时，织物染色后会出现色差横档，虽然在原色布上这种毛羽分布的差别不明显，但染色后会有明显差别。毛羽系数 H 与纱线实际外观关系如图7－3所示。

纱线的细度与毛羽总根数成负相关，与毛羽平均长度成正相关。一般认为长度超过2mm的棉纱毛羽才会发生相互缠结，危害纱线的可织性。各类纤维性能差异较大，其纱线的有害毛羽长度也不相同。

五、织造前纱线毛羽的变化

纱线毛羽不仅影响后工序的生产效率，而且对最终产品的外观也产生重要的影响。纱线经过络筒工序加工后，络纱毛羽数量是原纱毛羽的3.5～5.0倍。这是由于络筒工序参数选择不当，络筒过程中纱线退绕时的摩擦剥离作用等造成的。因此，减少络纱毛羽已成纺织企业关注的焦点之一。

经过整经工序，络筒纱线毛羽要增长10%～20%。主要原因是整经过程中，纱线与机件、纱线与筒子表面摩擦造成的。

整经后的经纱经过上浆后，毛羽得以伏贴，毛羽数量有一定程度的下降，下降70%～

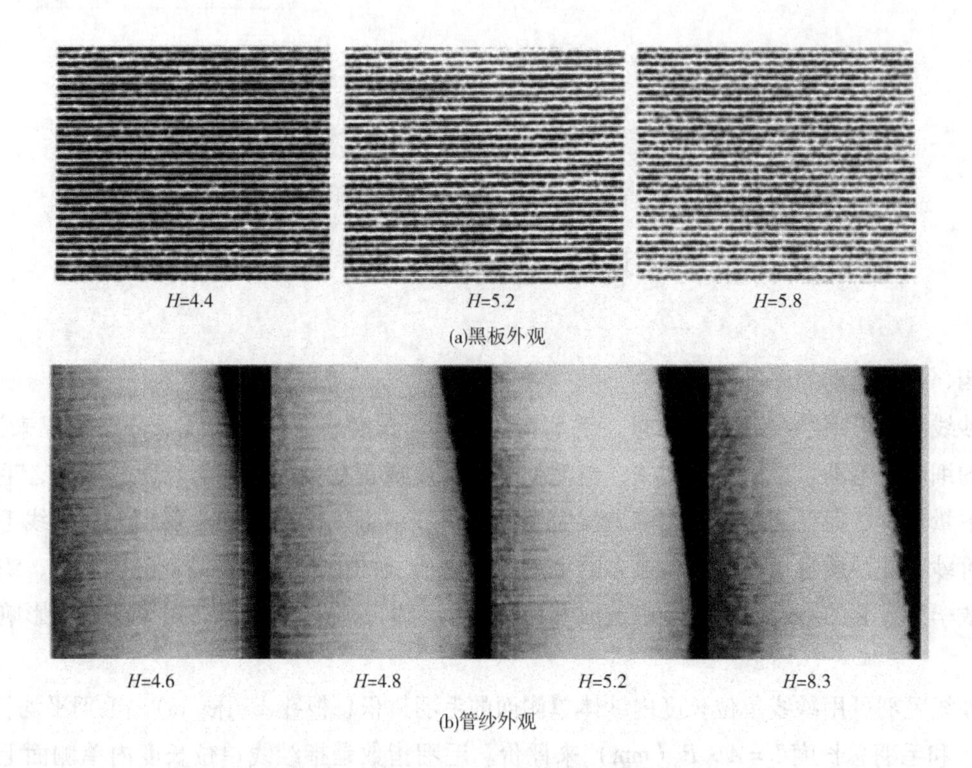

图 7－3　毛羽值与纱线实际外观

85%，但还存在一定数量和一定长度的毛羽。这一部分未被贴伏的毛羽因浆液的渗透和被覆作用，使毛羽的性能发生了变化，部分不能贴伏的毛羽则变成短毛羽，毛羽强力和刚性增大，不易贴伏，并且静电严重，严重影响织造的开口清晰程度和织造效率。因此，减少浆纱毛羽也具有十分重要的意义。

用 BT－2 型智能在线毛羽检测仪对细纱、络筒、浆纱工序进行毛羽的在线检测，从 20 种纱线的毛羽测试结果分析得表 7－1。

表 7－1　管纱、筒纱、浆纱的毛羽分布（%）

类别	<2mm 毛羽	2～4mm 毛羽	>4mm 毛羽
管纱	80～90	10～20	<3
筒纱	70～75	25～30	3～5
浆纱	80～85	10～25	<1

从表 7－1 中可以看出，络筒后大于 2mm 的毛羽增加，小于 2mm 的毛羽下降，这是由于络筒过程中纱线退绕时的摩擦剥离作用使部分短毛羽变成了长毛羽。浆纱后毛羽得以伏贴，大于 2mm 的毛羽减少，部分不能伏贴的毛羽则变成短毛羽，浆纱后大于 4mm 的长毛羽所占比例极低，降低了纱线毛羽对可织性的危害。

第二节　毛羽指标、检测方法及仪器

一、纱线毛羽测试的目的

纱线毛羽是评定纱线质量的一项重要指标，测试纱线毛羽的方法很多，前些年在试验室借助显微镜投影仪，将纱线放大5～10倍，用人工目测的方法来检验纱线毛羽；近几年随着科学技术的不断发展和纺织品竞争日趋激烈，对纱线毛羽质量的要求也不断提高。测试纱线毛羽的方法不断改进和发展。纱线毛羽作为纱线的外观质量，对后道工序加工，如机织、针织、印染的影响较大。通过对纱线毛羽的测定和分析，可以发现和消除产生纱线毛羽的不利原因，根据后道工序要求和预测后道加工可能出现的问题，将产生纱线毛羽的不利原因提前考虑和事前预防，并将纱线毛羽降低到最低限度。这就是平常要定期做好纱线毛羽测试工作的目的，具体地说有以下几点。

（1）利用测试所得到的纱线毛羽数量和分布情况，通过与纱线毛羽预测方程的预测数据进行对比和分析，获得最佳纱线毛羽数量，然后采取措施，以确保后道工序的顺利加工。

（2）改进和调整生产工艺，采用新型纺纱器材和专件，使纱线毛羽数量控制在适当的范围之内。

（3）通过检测细纱、络筒、倍捻、整经和浆纱前后纱线毛羽数量的变化情况，作为改进生产工艺、调整车间温湿度的依据。

（4）通过检测细纱和络筒工序纱线毛羽数量的变化情况，分析原因，通过采取技术措施，把细纱和络筒工序纱线毛羽的数量控制在最低的范围之内。

（5）根据纱线毛羽的数量，有助于预测织物的外观质量和手感。

二、纱线毛羽的指标

纱线毛羽的指标包括毛羽值、毛羽伸出长度、毛羽指数和毛羽根数。

1. 毛羽值

毛羽值指的是1m纱线的检测长度内，所有突出纱线主体外的纤维总长度。例如，毛羽值为40，表示在1m纱线上，突出纱线主体外纤维的总长度为40m。

2. 毛羽伸出长度

毛羽伸出长度指的是纤维端或圈凸出纱线基本表面的长度。

3. 毛羽指数

毛羽指数是指伸出纱线表面外所有纤维的累计长度与纱线长度的比值，无单位。

4. 毛羽根数

毛羽根数是指10m长的纱线表面上的毛羽数量，它表示单位长度纱线上毛羽的总量，与全部露出纱体的纤维所散射的光量成正比。

三、毛羽的检测方法

测定毛羽的方法和仪器已有较长的发展历史，国内外有多种毛羽测试仪产品，但由于纱线毛羽本身的不稳定性，影响毛羽测试结果的因素又较多，不同用途的纱线对毛羽的要求各异，毛羽标准的建立也比较困难。

纤维伸出纱线基本表面的部分称为纱线毛羽，它与织物外观质量密切相关。目前，纱线毛羽测试的指标通常可采用毛羽频数（单位长度内根数）和毛羽长度（目前采用投影长度为标准），两者可以用“纱线毛羽指数”综合表示，它表示在被测量的一定长度纱线中，离开纱线基本表面超过一定投影距离的纤维根数。目前比较成熟的方法有目测法、光学法、重量法、光电法、导电法、静电法、投影计数法、全毛羽光电测试法、数字图像处理法等。

1. 目测法

它包括两种方法，第一种目测法是指直接对管纱进行目测对比或将纱线直接绕在黑板上，拍成照片进行对比，用目光进行判别评定，这种方法适用于不同纺纱条件的纱线对比；第二种目测法是将毛羽进行定量分级，做好各级毛羽的标准黑板，再将试样黑板对比定级。目测法的特点是方法简便，较直观，综合性比较强，但取样少，效率低，只能判断，没有具体的数据，难免因目光不一而介入主观性，易产生人为的误差。

2. 光学法

它是把纱线置于显微镜下放大投影或摄影进行观察，其特点是比较直观，能在景深和视野范围内观察到毛羽的长度、根数和形状等，但它费时间，取样数量少，代表性差。

3. 重量法

重量法是指取一定长度的纱线，在规定条件下，测试其经高温烧毛前后的质量损失，用前后质量损失率大小来表征毛羽数量。该方法测量起来比较简单，但结果受纤维种类和烧毛条件的影响，不能较准确地反映纱线毛羽数量的多少。

4. 光电法

该方法是把光线从纱线的侧面射入，根据摄像浓淡程度改变光电信号强弱的分析方法。其特点是比较直观，但线密度及线密度不匀率对该测试方法的测定值影响大，测定意义不明确。

5. 导电法

让纱线通过两个强电场的电极之间产生静电，当纱线及毛羽通过两极之间时，电流随毛羽数而变，可以测出其毛羽量。这种方法因受纤维种类、油剂和回潮率等影响，其测定值只有相对意义，有时会把潜在的毛羽作为测定目标。

6. 静电法

当纱线匀速通过高压电场时，在电场的作用下，利用高压电场使毛羽带电极化竖起，然后用电极将电荷引出，利用光电法计数，电荷量的大小就表示毛羽数量。这种方法虽效率高，但电场破坏了毛羽的形态。

7. 投影计数法

它是将纱线沿轴向按设定速度通过检测区，纱线上的毛羽就会相应地遮挡投影光束，此时，光电器件将成像转换成电信号，产生计数脉冲，用一定长度纱线上所测得的脉冲代表被测试纱线毛羽量的多少。投影计数法是将纱线投影成平面，测量离纱线表面 L 处单位长度上的毛羽数，如图 7－4 所示。检测点是 1 个光敏三极管，当纱线以速度 v 通过检测点时，从纱体上伸出的长度大于设定长度 L 的毛羽（a、b、c、d），就会遮挡光线使光敏三极管产生电脉冲，经放大整形后，用计数器计出单位长度内脉冲的个数，即毛羽指数。检测点至纱线距离 L 或设定伸出长度是可以调节的。由于纱线表观直径存在不匀，L 的基线是直径的平均值，又因直径边界有一定的模糊性，所以毛羽的设定长度不小于 0.5mm。

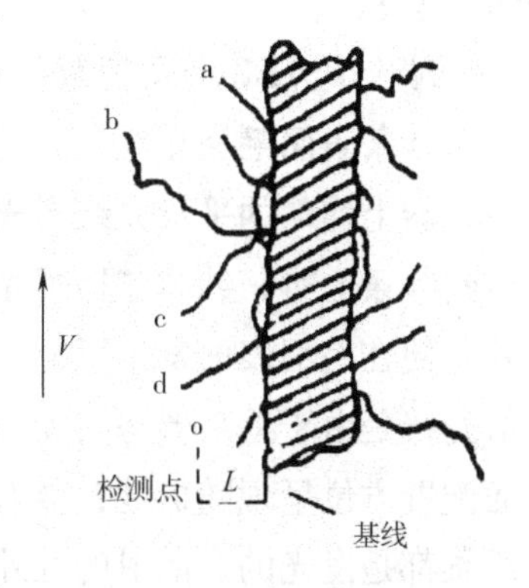

图 7－4　投影计数法测试原理

投影计数法常见的测试仪器，主要包括德国 Zweigle 公司的 G566 毛羽仪、英国锡莱公司的 SDL－Y96 型电子纱线毛羽度测试仪、国产的 YG172 型纱线毛羽测试仪、BT－2 型在线毛羽测试仪等。

8. 漫反射法（全毛羽光电测试法）

纱线按设定速度通过测量区，测量区内由发光器发出的激光光束经透镜作用形成一束平行光，伸出纱条主体外的纤维毛羽受光的照射。由于光的折射、衍射和反射作用而产生散射光，纱的主体部分是不透明的，只有伸出主体外的毛羽能产生散射光，如图 7－5 所示。因此，毛羽的多少就可以转换成散射光的强弱，经光学系统的聚焦和接收器的转换，即将毛羽量的变化转变成与之相对应的连续模拟信号，再处理成数字信号。

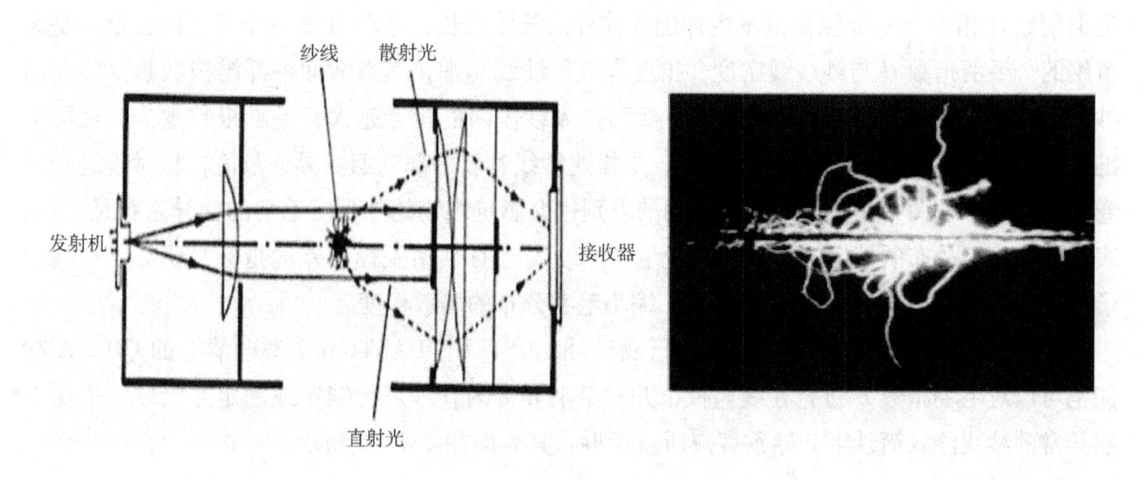

图 7－5　全毛羽光电检测示意图

散射光量测定法也采用“毛羽指数”这个指标，其物理概念是 1cm 纱条上毛羽的总长度（cm），即表示了一定长度的试样上测出毛羽的长度与纱线长度之比。试验报告中的 H 值是表示整个试验长度上毛羽指数的平均值。H 值没有单位，它也不计毛羽长短与方向，而是总体上反映了纱条上毛羽量的多少。这种方法效率高，准确、代表性强。一般常见的测量仪器有 USTER 条干测试仪器 USTER® TESTER 3、4、5、6，USTER® TESTER ME100，ME6 中的毛羽

OH 模块。

瑞士 USTER 公司把散射光测量模块加装到 UT3、UT4 等型号的条干均匀度仪上，其方法是由纱条表面毛羽在红外光照射下遮光量，间接测量出单位长度纱条表面毛羽累计长度。这种仪器上均匀的平行光线形成测试场，如果将纱线放到测试场内，当一束平行的红外光束照射到纱条上时，纱体遮挡了光束，在接收装置表面形成阴影，如果纱条表面存在毛羽，则红外光便在毛羽表面发生反射并透过毛羽产生折射。只有散射光线才能到达检测器上，这种散射光线是由于毛羽形态的无规则性，凸于纱线主体表面的纤维所引起的，并且毛羽在纱体表面配置方位呈现随机性，散射光来自光线的折射、衍射和反射，好像每根单独纤维，即凸出纤维都是发光的，散射的红外光在纱体周围形成一个辉亮区域，辉亮的程度与毛羽长度之和有关，将这些散射的光强转换成电信号，即散射光就是毛羽的测定指标，并且以电量的形式测定。经过标定，便能间接测量出单位长度纱条表面的毛羽累计长度。另外，直射光被位于检测器一边的一条小缝所吸收，如果测试场中没有纱线，就没有光线射在光电探测器上，因此就不会产生电信号。

在 USTER® TESTER 3、4、5、6，USTER® TESTER ME100、ME6 条干均匀度仪上，可以测试出纱线毛羽指数。其特征：

（1）测试速度。25 ~ 800m/min，和条干均匀度实验速度相同，测试结果不受速度的影响。

（2）温度（21 ± 1）℃，相对湿度（65 ± 2）%。

（3）长度。测试 10 个试样，一般为 400 ~ 1000m，才能较真实地反映实际情况。

（4）USTER 公报对纱线毛羽的参考值。包括毛羽指数 H、毛羽标准差 sH、变异系数等。毛羽指数 H 相当于 1cm 测量范围内伸出纱体外的纤维总长，毛羽 H 是两个长度的比值，是无量纲的。毛羽指数 H 与纱线线密度、捻度有关，纱线越细，其横截面中纤维根数越少，伸出纱外的毛羽根数越少；纱线捻度越大，毛羽捻入纱体内的机会越大，毛羽根数越少。毛羽标准差 sH 是考核毛羽分布的第二个指标，是描述纱线卷装内部毛羽变异的数值，相对于筒子纱卷装而言，相邻两个筒子的纬纱间毛羽的差别也会影响织物的外观。毛羽的变异系数是 CV_H，表示整体毛羽分布的情况，是考核批量生产的纱线毛羽 H 值及标准差的指标，要努力消除锭子之间、筒子之间毛羽指数 H 的差别，缩小毛羽分布的离散程度。

除了 USTER 条干仪可以对毛羽进行测试外，USTER QUANTUM 3 型电清上的 QDATA 功能也可以对毛羽指数 H 进行在线监控，并对毛羽异常的管纱进行锁定或锁定并吸纱，避免毛羽异常的纱线流入筒纱上，导致客户质量投诉。其界面如图 7 - 6 所示。

9. 数字图像处理法

纱线以一定速度运动，利用 CCD（Charge Coupled Device）摄像机捕捉运动着的纱线图像，然后通过 A/D 转换，将图像信号数字化，再将数据传入软件系统，运用高性能计算机快速处理大量数据的能力分析纱线图像，最后根据要求输出各种指标。

EIB - S 电子检测板是基于此原理开发的用于测量短纤纱外观的测试仪器。EIB - S 系统本身是一个纱线供送系统。纱线以 100m/min 的正常测试速度经过一个数码镜头，这个数码系统由 CCD 镜头组成，有着非常高的分辨率（达 3.5×10^{-3}mm），每 0.5mm 的纱线直径会被

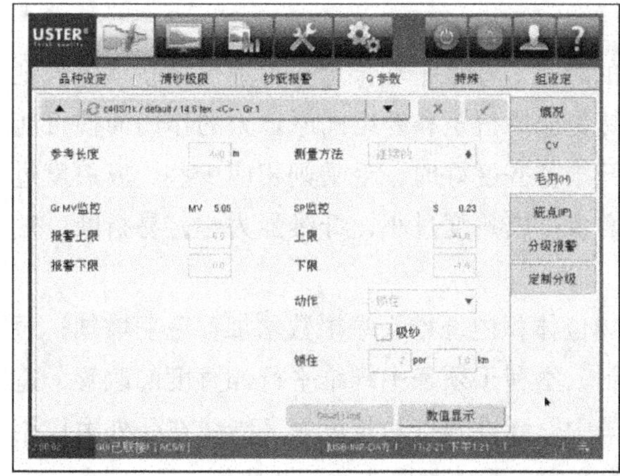

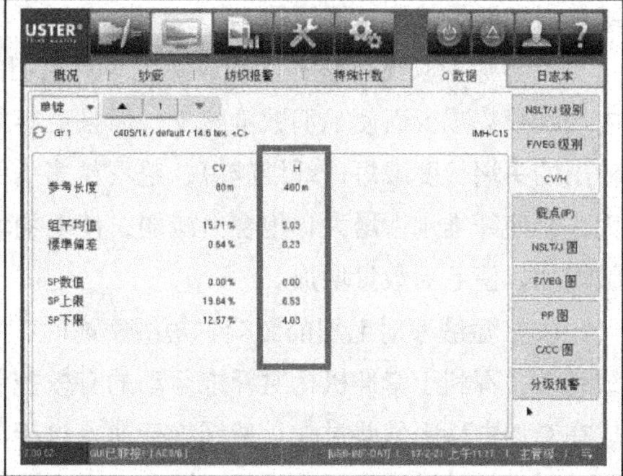

图 7-6　USTER QUANTUM 3 毛羽 H 值在线监控界面

精确测量，对高速运动着的纱线不会产生图像的模糊。纱线直径数据经计算机处理，产生纱线外观的数据，其测试原理如图 7-7 所示。

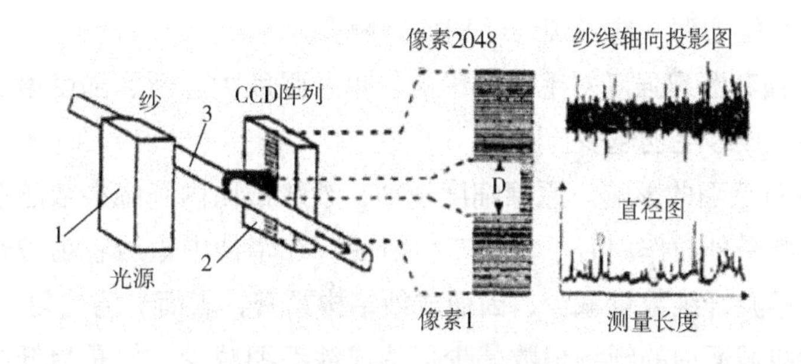

图 7-7　EIB-S 系统测试原理

光源 1 的光线射向光电元件 2，运动着的纱线 3 在光电元件 2 中形成一个阴影，光电元件接收的光量以及电路中的电流量随着纱线细度而变化。这种电流的波动经过放大器放大后被自动记录下来。EIB-S 视像技术测试方法和传统的纱线测试方法相比，能够找出长度为 0.5mm 和直径 3.5×10^{-3}mm 的疵点。这是目前所有测试方法中的最高水平。测试结果不受相对湿度、颜色和混纺的影响。它的重要功能是测试纱线毛羽长度和一定长度范围内毛羽个数，从而模拟出纱线的黑板条干进行客观评定以及模拟出一定组织结构的织物。

此外，还有诸如激光法、光学衍射法和气压差法等。

第三节　影响毛羽产生的主要因素

一、原料性能对纱线毛羽的影响

1. 原棉性能

原棉性能对毛羽影响较大的是长度、整齐度、成熟度、短绒率、抗扭和抗弯刚度、棉纤维单强和断裂强度、细度等。

（1）原棉长度、整齐度和成熟度等对毛羽的影响。纤维平均长度长，不仅细纱单位长度内纤维根数减少而使毛羽数量减少，而且更容易受加捻扭矩和纤维间摩擦力的作用而使可能伸出的头端长度减短，纤维越短，毛羽越多。纤维整齐度好时，毛羽则相应少些。成熟度过大，会使纤维刚性增大，抱合力减弱，使毛羽增多；成熟度过小，纤维强力小，易折断，短绒增加，使毛羽数量增加。

（2）短绒率对毛羽的影响。短绒率高时，单位体积内纤维头端根数增加，毛羽增加；短绒越多，不利于牵伸机构对纤维运动的有效控制，不利于须条中纤维平行伸直度的改善，造成在牵伸中移距偏差过大，使纤维变速点过于集中，纤维间接触长度短，纱线在受外力作用时，纤维间易滑脱而形成毛羽。因此，在实际生产中，配棉时要注意回花比例。

（3）纤维的抗扭强度和抗弯刚度对毛羽的影响。纤维刚度越大，纤维端伸出纱体的概率就越大，形成毛羽的数量就多。在实际生产中，刚度大的纤维配比不能超过25%，同时纤维成熟度应控制在1.55～1.65的范围内。纤维的抗扭强度和抗弯刚度越大，将纤维扭转和弯曲的难度越大，不仅使纤维难以完全捻合到纱体之中，而且还会造成使已捻入纱体的纤维端重新伸出纱体，形成新的毛羽，造成细纱毛羽数量增多。

（4）棉纤维单强和断裂强度对毛羽的影响。单纤强度大，断裂强度增加时，棉纤维在加工过程中不易断裂，成纱毛羽越少。

（5）原棉细度对毛羽的影响。原棉细度越细，纱线截面内纤维根数越多，纤维间抱合力和摩擦力越大，纤维受外力作用时不容易产生滑脱，在牵伸中短绒容易被牵伸机构控制，使纤维变速点集中，浮游纤维数量减少，因而成纱结构紧密，表面光洁均匀，成纱毛羽数量少。粗纤维纺纱时，纱线截面内的纤维根数减少可使成纱毛羽减少，但是粗纤维一般较短，所以在成纱加捻时，纤维因所受张力和向心力较小，与周围纤维接触较少，易被长纤维挤向纱体表面而成为毛羽。

一般来讲，纤维越长，成熟度越好，短绒率越小，毛羽则越少；反之越多。配棉时的回花比例，生产过程中造成的短绒量、纤维伸直平行度、纤维细度及纤维的抗扭抗弯刚度等对毛羽产生都有影响。因不同特数和用途的纱线配棉标准不同，另外，从成本考虑，不同品种和特数的纱线配棉也会不同，故短绒率一般控制在14%以下。纤维细度一般控制在0.17tex（6000公支）左右。主体长度控制在28.5mm以上，成熟度控制在1.55～1.65范围内。同时在混纺时，不同比例混纺纱的毛羽随两种纤维的混纺比及分布排列位置的不同而变化。

2. 合成纤维性能

（1）合成纤维细度对毛羽的影响。纤维细度对成纱毛羽的影响较复杂。成纱特数不变时，纤维越细，纱线中纤维根数越多，纤维头尾端伸出纱体的概率越大，成纱毛羽根数越多；用粗纤维纺纱时，在相同特数的条件下，纤维粗，纤维端数量少，纱线截面内纤维根数少，有可能使成纱毛羽数量减少，但粗纤维抗扭和抗弯刚度大，有可能对成纱毛羽起相反的作用，又将使细纱毛羽增加。涤纶的细度大小对毛羽产生一定程度的影响，由于加捻使纤维在纱线内外转移过程中，粗特纤维因所受的张力和向心力较小，与周围纤维的摩擦接触较小，容易被较细的纤维挤向纱线表面成为毛羽。

（2）合成纤维油剂比电阻对毛羽的影响。纺涤纶时，油剂含量过少，纺纱过程中易产生静电，引起须条发毛；油剂含量过多，油剂剥落使通道部分黏附纤维的现象严重，也会使细纱毛羽增加。

（3）合成纤维中的疵点等性能对毛羽的影响。合成纤维中的疵点，如并丝、超长丝等对纱线毛羽影响很大。因为有的可能在清梳工序中被除去，但还有一部分直径较小的就会留在纱条中或裸露在纱身表面而形成毛羽；合成纤维弹性好，刚度大，纤维间抱合力差，在成纱过程中头端外露形成毛羽；合成纤维的比电阻大小也影响纱线毛羽，比电阻大，在纺纱工艺中易产生静电，直接影响纤维在工艺过程中的顺利牵伸，在表面形成毛羽。因此，在生产中要合理选配化学纤维，并适当增加车间温湿度，克服和消除静电现象，减少工艺过程中的摩擦系数，同时维修好设备，使其处于良好状态，确保纱条通道光洁，且无毛刺和损伤，从而为减少纯化学纤维纱毛羽创造条件。

二、前纺各工序对细纱毛羽的影响

1. 开清棉工序

清花工序应减少纤维损伤，在生产中采取“多包取用，精细抓取，均匀混和，渐进开松，以梳代打，少伤纤维，早落少碎，少打多松，通道光洁，轻定量，中速度，薄喂入”的工艺原则。清花机各打手状态和主要机件车速要适当控制，以减少纤维损伤，降低短绒率，使纤维在后道工序中抱合紧密，减少絮乱纤维和头端纤维根数，从而减少毛羽。缩短工艺流程，提高纤维伸直平行度。因此，要依据原料的特性，及时调整打手速度，选择不同的打手形式，并注意各机台要有较高的运转效率，加强开松和分梳，减少干扰纤维运动的棉结杂质，以减少毛羽产生的概率。

2. 梳棉工序

要合理设计梳棉工艺，尽量多排短绒，少损伤纤维，在保证除杂效率的情况下，适当降低刺辊和锡林速度，提高盖板速度，以减小纤维损伤和多排短绒，适当提高道夫转移率。适当降低梳棉机整体梳理速度，提高锡林与道夫的速比，适当放大盖板与锡林间的隔距，保证纤维分梳缓和，提高棉网清晰度，转移顺利，防止纤维充塞锡林与梳理区，提高棉网质量。保证通道光洁，无毛刺，适当提高张力牵伸，减少弯钩纤维和棉结数量。梳棉机落棉率适当提高，排出的短绒增加，纤维间抱合力和摩擦力增加，纤维间接触长度长，受外力作用时，有利于提高纱条中纤维的伸直平行度，改善条干，降低细纱毛羽数量。

适当放大锡林前上罩板上口隔距使盖板花量正常，避免因收小隔距而出现缠绕锡林现象。适当减小棉网张力，适当加大给棉罗拉压力，能明显改善棉网质量。道夫速度适当降低，可减轻梳理负荷，锡林与道夫间的隔距适当偏小掌握，有利于纤维顺利转移，道夫与剥棉罗拉隔距适当偏小，可解决棉网因纤维间抱合力小而产生断裂。因化学纤维蓬松性大，定量不宜过重，否则易堵喇叭口，小漏底弦长加长到200mm，有利于纤维的回收，适当抬高给棉板，以增加给棉工作长度，减少纤维损伤，提高成纱质量。

3. 并条工序

从大量实验和布面分析可知，二道并条毛羽少，三道并条毛羽多，生条倒向后再经并条可减少细纱毛羽；并条的喇叭口应偏小，缩小圈条器喇叭口径，使条子圈放紧密，表面光滑，改善通道堵塞现象，提高熟条质量，通过增加纤维间的抱合力和摩擦力，减少成纱毛羽。

并条工序通过优化牵伸工艺，提高纤维的伸直平行度，为细纱工序减少成纱毛羽创造条件。并条工序要保证足够的并合数，加强对牵伸区内纤维运动的有效控制，采用口径偏小的集束器和喇叭口，同时压力偏大掌握，以增加纤维间的抱合力，防止纤维过分扩散，影响条干均匀度。生产试验证明，并条机道数对改善成纱毛羽有直接影响，普梳系统采用两道并条，牵伸选取以顺牵伸配置为宜，头道6～8根并合，总牵伸倍数略小于并合数，头并后区牵伸倍数控制在1.7～1.85倍。末道8根并合，总牵伸倍数等于并合数，后牵伸偏小掌握，末并后区牵伸倍数控制在1.1～1.3倍，有利于改善条干，能明显降低成纱毛羽。这是因为经二道并条的成纱毛羽比经一道并条的成纱毛羽少。经二道并条的棉须条中纤维的伸直平行度改善，有利于减少毛羽。采用头并大、二并小的并条后区牵伸，也有利于纤维伸直。二道并条采用集中前区牵伸工艺则有利于减少纤维弯钩。

4. 精梳工序

增加精梳落棉率，对减少成纱毛羽有利。由于精梳条较熟，易碰毛，所以精梳各通道和棉条筒必须光洁，挡车工操作时要注意不碰松棉条，提高半制品光洁度，降低须条表面上的乱浮游纤维，以降低成纱毛羽。

5. 粗纱工序

在细纱不出硬头的前提下，粗纱捻系数以偏大掌握为好，较大的捻系数能提高细纱机后牵伸区的控制能力，经后区牵伸后留有部分捻回，有利于前区提高须条紧密度；适当增加粗纱机前胶辊前冲量，以加强对粗纱加捻三角区纤维的控制，使粗纱纱身光洁，提高纱线条干均匀度，减少毛羽；适当增加粗纱车间的相对湿度和粗纱回潮率，采用双胶圈牵伸机构，在主牵伸区采用合适的集合器，以及良好的纤维条通道状态和钳口压力。

粗纱张力偏小掌握，以保证纱条不下垂和不产生意外伸长为宜，并适当减小卷绕直径，减少因纤维表面光滑造成粗纱冒纱和脱圈，减少粗纱退绕时的拖动，能为降低纯化学纤维纱毛羽发挥积极的作用。

三、细纱工序对纱线毛羽的影响

纱线毛羽产生于细纱工序，细纱工序本身的因素有很多，主要有三个区域产生毛羽：牵伸区形成的毛羽，加捻三角区形成的毛羽，摩擦区产生的毛羽。这些原因将导致纱线毛羽的产生，所以只有靠合理的工艺参数设计和良好的纺纱条件才能解决这一问题。

1. 细纱捻度对毛羽的影响

适当提高捻度，能使纺纱中伸出的纤维尾端以及突出的纤维头端减短，以增加纤维的约束力，使纤维头端不易从纱线中滑出，能使纺纱中伸出的纤维尾端以及突出的纤维头端减短，使捻度的传递更靠近前罗拉钳口，而改善对输出纤维的控制，可以减少纤维伸出纱体的数量和长度，从而减少毛羽数。

2. 锭子速度对毛羽的影响

在纺纱特数和纤维细度一定的条件下，锭速超过一定范围后，毛羽数随锭速增加而增加。这是因为锭速越高，加捻卷绕过程中，会使气圈回转速度加快，纱线受到的离心力越大，促使已捻入纱中的纤维或正在加捻的纤维被甩出纱体形成毛羽。

3. 隔纱板材料性能对毛羽的影响

纺纱过程中，气圈与隔纱板碰撞、摩擦，也促使毛羽产生，当锭速增加，隔纱板的材料性能和表面光滑程度对毛羽影响也较明显。隔纱板不光洁时，成纱毛羽数是正常状态的 1.22 倍。筒管上纱线气圈增大时，使纱线与隔纱板相接触。气圈碰隔纱板时，成纱毛羽是正常状态的 1.06～1.25 倍。

生产实践表明，薄铝隔纱板产生的毛羽较少，塑料隔纱板产生毛羽较多，其原因是锭速增加，隔纱板产生大量静电，使毛羽增加。

4. 钢领、钢丝圈对毛羽的影响

钢领、钢丝圈在使用过程中存在磨合期、走熟期和衰退期，使用寿命长、硬度大、通道宽畅、散热面大、重心较低、稳定期长的钢丝圈对减少纱线毛羽是十分有利的。选用不同号数的钢丝圈，其毛羽数不同。钢丝圈重量过重或过轻，毛羽数均增加，而且断头率也增加。因为钢丝圈过轻，运动不平稳，纱线张力小，钢丝圈控制不住气圈形状，使气圈凸形变大，纱线与隔纱板碰撞摩擦概率大，毛羽增加；反之，纺纱张力增加，断头增加，同时钢丝圈离心力增加，易使钢丝圈和钢领磨损，使纱线通道不畅，引起纱条发毛。

GS 型钢丝圈重心低，轨道宽畅，运转平稳，毛羽减少；而 G 型钢丝圈虽圈形大，纱线通道宽畅，但重心高，运转不稳定，毛羽有所增加；O 型钢丝圈重心低，但通道小，易楔住纱线，造成毛羽数增多，断头率升高。钢领和钢丝圈的选配对毛羽影响较大，如图 7－8 所示。这是因为不同截面形状钢丝圈的动摩擦系数不同，对纱线的摩擦情况也不一。使用回转钢领，可使成纱毛羽降低 25%～30%，但是使用回转钢领也会使成纱断裂强度降低 10%～15%。同类钢领，直径小则纱线毛羽少。钢领的新旧程度对毛羽也有影响，新钢领及进入衰退期的钢领使纱线容易起毛，钢领在走熟期毛羽数比较稳定。

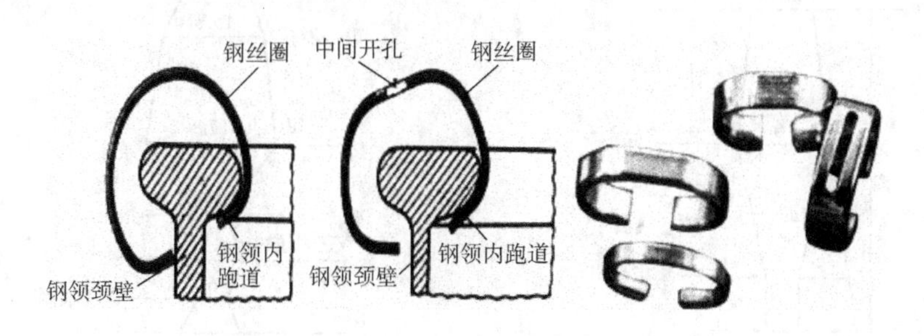

图 7－8　钢领与钢丝圈

5. 胶辊和胶圈对成纱毛羽的影响

实验表明，随胶辊外层硬度下降，其毛羽数下降。这是因为在保证胶辊耐磨的情况下，降低胶辊硬度，增加胶辊弹性，可使胶辊对纤维的握持力加强，横向摩擦力界扩大，对边缘纤维的握持加强，阻止纤维提前变速，使纤维变速点前移且集中，相应缩短浮游区和加捻三角区，对降低成纱毛羽和改善条干十分有利。

软胶辊受压变形后其表面覆盖的面积较大，横向握持力较均匀，对须条的边纤维控制好，软胶辊变形使钳口线向两端延伸，造成既前冲又后移的效果，前冲使加捻三角区缩小，而后移又缩小了浮游区长度，有利于纱条条干均匀。

使用内外花纹胶圈时，毛羽比平光胶圈少。其原因是内外花纹胶圈内层有细小花纹，能加强与罗拉的啮合，减少滑溜，使胶圈运转灵活；外花纹可使上下胶圈更有效地控制纤维运动，特别是对边纤维的控制更为有效，因而有利于减少细纱毛羽。

6. 前胶辊位置对成纱毛羽的影响

在细纱机上，将牵伸区前上胶辊向前罗拉适当前移，一方面有利于加捻，另一方面也减少纤维在前罗拉上的包围弧和加捻三角区，因而减少毛羽。如图 7－9 所示，在 α 和 β 已定的情况下，通常采用皮辊前冲来减小包围弧长度，即从 ab' 减小为 ab。但皮辊前冲也会增大浮游区长度，当前移量在0～3mm 范围内，毛羽数量显著减少。当前移量在 3～4.5mm 范围内，前移量增加时，细纱毛羽数减少幅度变小。

图 7－9　胶辊前冲与罗拉包围弧

7. 选用适当开口的集束器

为了使纤维在牵伸区内有规律地移动，必须使摩擦力界与纤维层的厚度和宽度、输入和输出纱条的线密度、纤维长度和隔距以及握持罗拉和牵伸罗拉的加压等因素相适应。在实际生产中，为防止飞花、减少毛羽和提高纱线质量，纺纱各工序都装有集束器或须条宽度限制器，以保证纱条有适当的宽度和线密度（图 7－10）。但集束器开口应与纺纱特数相适应，过小将不利于边纤维的密集，反之会使毛羽增加。

在细纱机上采用陶瓷集束器能有利于捻度传递，减少静电的干扰，减少毛羽；减少静电

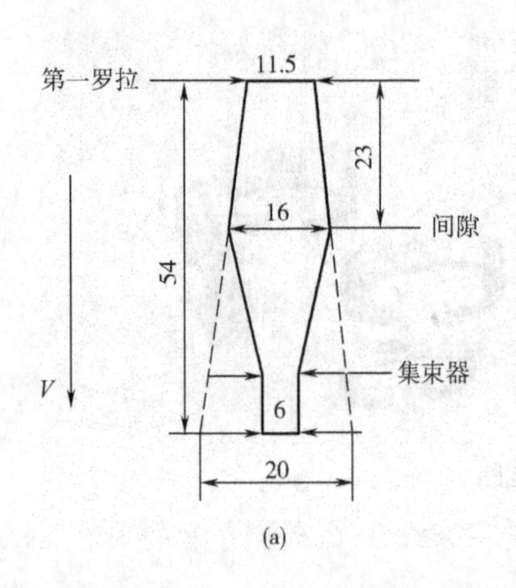

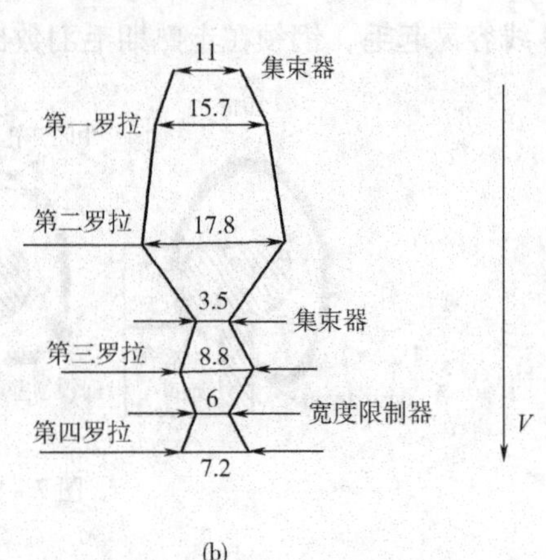

图 7－10　牵伸区中集束器的作用

对牵伸后须条的不良影响，收缩须条实际长度，增加须条的紧密度，使纤维在牵伸区受到控制，防止纤维过分扩散，减少纤维头端露出纱体的机会，使纱条在较紧密状态下加捻，尽可能使纤维都捻入到纱线内部，从而减少纱线毛羽的产生。

8. 影响毛羽的其他因素

（1）导纱角。导纱角大小影响纺纱段动态捻度大小和纺纱段的长度。导纱角越大，使前罗拉包围弧增大，成纱三角区增大，成纱点处产生的毛羽长且多；导纱角越大，使纱线在导纱钩上的包围弧减小，导纱钩处毛羽增加率减小，见图7－11。

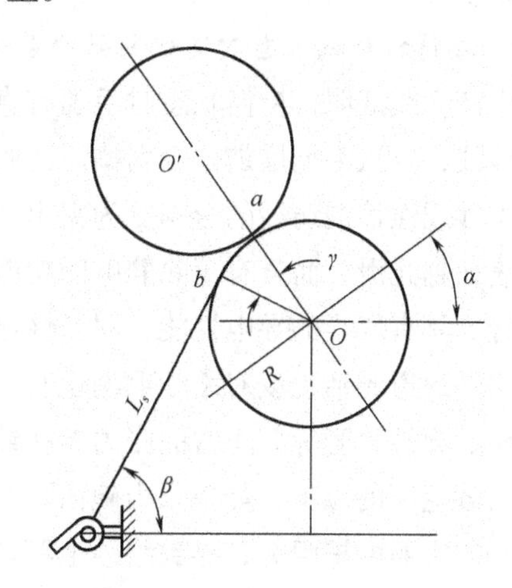

图7－11　导纱角与前罗拉包围弧

R—前罗拉直径

A—前罗拉中心与导纱钩中心的水平距离

B—前罗拉中心与导纱钩中心的垂直距离

L—前罗拉表面与导纱钩中心的切向距离

（2）导纱钩。纱线与导纱钩的摩擦程度随着导纱钩和钢领板的上下短动程升降和级升运动，以及纱线回转时所处在导纱钩的位置不同，纱线在导纱钩上的包围角呈周期性变化。当包围角处于较大的瞬间时（气圈大时，或纱线处于导纱钩内侧），摩擦程度加剧，毛羽增加更甚。此时，导纱钩引起的捻陷导致纺纱段捻度的减少程度也大，这也是成纱毛羽增加的因素。

导纱钩使用过久，其表面磨损起槽，光洁度降低，会刮毛纱条而使毛羽增加。测定表明，导纱钩起槽时成纱毛羽数是正常状态时的1.5倍。因此，在生产中应及时更换磨损起槽的导纱钩。实践证明，使用陶瓷或搪瓷导纱钩，可以减轻与纱线之间的摩擦，对减少纱线毛羽有一定作用。

导纱钩偏心造成纱线的不正常运动和摩擦增加而使毛羽增加。据测试，导纱钩偏心3mm，毛羽约增加15%。因此，平车时必须保证导纱钩和锭子、钢领的同心度。

（3）气圈碰筒管头。纺小纱时，钢领板下降到底，纱线与筒管的头端相接触。测试表明，气圈碰筒管头时，成纱毛羽是正常状态的1.15倍。

（4）气圈控制环。气圈控制环的使用，原则上对减少毛羽是有利的，因为它可以约束气圈不致过大，其作用的大小与其直径有关。忽略其他纱线特征的影响，通常使用螺旋形气圈控制环，纺Z捻纱时螺旋线顺时针上升，节距掌握在22mm左右对减少成纱毛羽的效果较好。

此外锭子的偏心原因导致气圈偏斜而增加毛羽，偏心越大，毛羽增加率越大。锭子和筒管的振动会加剧钢丝圈运转的不稳定性，使毛羽增加。因此，应加强卷绕机件的保养和检修，减少锭子偏心、弯曲，保证筒管与锭子的配合间隙，保证加捻、卷绕机件相互位置正确，以减少毛羽的增加率。同时，做好车间温湿度并加强清洁工作也能对减少毛羽起到一定作用。

四、络筒工序对纱线毛羽的影响

络筒工序是毛羽增长最严重的工序，从目前的资料来看，一般认为络筒速度、张力盘和预清纱器及导纱距离是造成纱线毛羽增加的主要原因。这主要是由于纱线受到各摩擦部件摩擦力的作用，导致埋入纱线不深的纤维被抽拔出来。纱线经过络筒工序加工后，络纱毛羽数量是原纱毛羽的3.5～5.0倍，因此，减少络纱毛羽已成纺织企业关注的焦点之一。

1. 络筒机机械状态对络纱毛羽的影响

生产实践证明，槽筒状态对毛羽有直接影响，胶木槽筒耐磨性差，使用中表面易起沟槽，摩擦纱线，导致毛羽增加。金属槽筒比胶木槽筒好，在同工艺下毛羽降低10%左右。对纯化学纤维纱或涤棉混纺纱的影响更为突出。而普通金属槽筒表面经过特殊处理，耐磨性好，越使用表面越光滑，而且有消除静电的功能，有利于减少络筒毛羽。超塑合金金属槽筒强度高，重量轻，具有优异的导电性能，耐磨性比普通金属槽筒更好。

络纱通道光洁程度对络纱毛羽也有一定程度的影响，它包括张力架S板、瓷柱、清纱器检测头、导纱管套等。正常的张力碗在纱线运动中能够平稳转动，可减少对纱线的阻力，有利于络纱毛羽的减少；如果张力碗内孔磨大或磨偏，则会导致纱线在运动中静止不动，使纱线受到较大的摩擦阻力，导致络纱毛羽增多。

络筒和自停箱内的油量控制着络纱的下降速度，当油量充足时，可以使筒纱在下落的过程中平稳，保持一定的缓冲，这样筒纱与槽筒接触时，摩擦力减少，使络纱毛羽也减少；当自停箱缺油时，会使筒纱在下降过程中速度加大，使纱线受到严重的损伤，造成络纱毛羽增加。

络筒机在校装筒锭角度时，要求宝塔管和槽筒密切接触，保证筒子运转平稳。如果角度产生偏差，就会产生筒子跳动，加大纱线与槽筒的摩擦力，使络纱毛羽明显增多；当锭管压簧失灵时或宝塔管内孔增大时，两者配合较松，会使筒纱和槽筒之间产生纵向滑移，使纱线所受摩擦力增大，络纱毛羽急剧增加；当两者配合较紧时，会使筒子运转不灵活，摩擦力加大，同样导致络纱毛羽增多。因此，保证锭管和宝塔管之间适当的配合，对减少络纱毛羽是十分必要的。

2. 络筒机工艺参数等对络纱毛羽的影响

关于络筒机工艺参数对络纱毛羽的影响，许多资料都有这方面的详细叙述，这里不再赘述。一般采用低速度，轻张力，减摩保伸，保持络纱通道光洁无毛刺，加装不易磨损的气圈破裂环和槽筒，合理选择络纱速度、导纱距离和络纱张力等，均是减少络纱毛羽的有效措施。

(1) 络筒速度。络筒速度与毛羽增长成正相关关系，随着络筒速度增长，毛羽数增加。原因是速度越高，气圈回旋速度越大，其离心力越大，与络纱各部件碰撞、摩擦加剧；络筒速度越高，纱线与张力器、清纱器及槽筒的碰撞和摩擦加剧，所以毛羽数量增加。因此，在实际生产中，为减少络纱毛羽，尽量选择偏低的络纱速度，减少络筒时对纱线带来的不利影响，保持筒纱的原有条干水平和强力。在不影响产量平衡的条件下，车速不宜过高。

(2) 气圈控制器和气圈破裂器。一般情况下，采用气圈控制器的络纱毛羽比采用气圈破裂器的络纱毛羽要少。这是因为，采用气圈控制器可使细纱管从开始退绕到退绕完毕，保持同样的稳定张力；退绕时退绕出来的纱和纱管锥形表面纱纹之间的接触摩擦消除了，因此减少了络纱毛羽和络纱断头的产生数量和产生概率，有利于保持筒纱原有的条干。

（3）络纱张力。络纱张力与络纱毛羽增长呈正相关关系。其原因是络纱张力增大，纱线与络筒机有关机件碰撞摩擦增大，使卷入纱体中的一部分纤维露出纱体，或将原有的短毛羽刮擦为长毛羽，所以毛羽增多。在不影响筒子成形的条件，采用较小的络纱张力对减少络纱毛羽和保持原纱的弹性及条干十分有利。

（4）车间温湿度和操作水平。因纤维吸湿后机械性能发生变化，当回潮率过小时，纤维刚度大，静电现象严重，纱线内纤维相互排斥，使络纱毛羽增加；当回潮率过大时，纤维容易纠缠或缠绕在机件上，影响生产正常进行。

挡车工要严格执行操作法，要采取措施防止飞花附入纱线之中，做机台清洁时要严禁扑打，否则会使飞花附入纱体之上并捻入纱条中，造成飞花纤维外露，增加络纱毛羽。

3. 络筒机减少络纱毛羽的途径和措施

络筒工序是毛羽增加最多的工序，主要是由各络纱部件对纱线摩擦所造成的。设备状态及设备管理是基础，解决这一问题一般有以下技术措施。

（1）使用金属槽筒能减少络纱毛羽。使用金属槽筒时，要优先使用两端带有凸端的金属槽筒，它可以使空筒开始绕纱时，筒管和槽筒表面不直接接触，这样可以减少因空管卷绕启动时打滑摩擦纱线，从而减少络纱毛羽；或者在无凸端的金属槽筒两端粘贴厚 3～5mm、宽 5mm 的尼龙胶带，同样也可以减少络纱毛羽。

（2）普通络筒机握臂的下降速度与络纱毛羽多少也有一定的关系。当自停箱缺油或其他原因，使握臂下降过快，筒纱与槽筒接触时，摩擦力极大，使纱线受损，毛羽增多。因此，要保证握臂缓慢下降，减少纱线所受到的摩擦力，降低络纱毛羽。

（3）在普通络筒机上，采用筒锭压铁来完成握臂加压，保证筒子的下落速度和卷绕密度。但是生产试验和实践证明，在取消握臂加压的情况下，筒子的下落速度和存在加压时相差不大；并且刚换宝塔管时的硬碰硬和大中纱时筒子的自重下落不需要加压，相反，正是由于加压，使筒子和槽筒运转中产生的摩擦加剧，使纱线严重受损，导致毛羽增多。因此，为保证纱线质量，可考虑取消握臂加压。

（4）合理确定筒纱的卷装直径，卷装量过大时，会导致筒纱与槽筒摩擦力增加，使纱线严重损伤，造成筒纱毛羽数量上升。因此，要尽量减少筒纱的卷装量，降低络纱毛羽数量。

（5）调整纱管座、导纱管、电清装置与张力器为一直线，调整保护罩上下和左右位置，减少纱线刮毛概率；在生产中要提高筒子纱的合格率，减少坏筒数，减少筒子回倒次数，进而降低络纱毛羽。

（6）普通络筒机中的自停箱内探针的耐磨程度高低也对络纱毛羽产生一定的影响。如果探针表面易起沟槽，会导致跑白线（纱线不摆动），使纱线在运行中产生的摩擦力加剧，导致络纱毛羽数量增多，而采用耐磨性好，光洁度高的氧化铅探针，则可以降低其摩擦力，减少络纱毛羽。

（7）络纱通道位置对络纱毛羽的产生也起一定程度的作用。纱线经过处的角度越大越好，要尽量减少与络纱部件的摩擦，对减少络纱毛羽十分有利。鉴于以上原因，将引纱杆上套装上氧化铅管；将传统络筒机上的导纱板改装成导纱轮，使滑动摩擦变为滚动摩擦，能减少纱线摩擦碰撞作用，降低运行中的阻力和静电等的不利影响，从而减少络纱毛羽数量。

（8）清纱板隔距对毛羽影响明显。在络筒机上采用清纱板式清纱器时，清纱板隔距过小，易擦毛纱线，使部分纱线表面擦伤起毛，导致毛羽增多，清纱板隔距过大又达不到清纱目的。要适当控制清纱板隔距，否则将产生严重的刮纱现象，使毛羽大幅度增加。在生产实践中，尽量采用电子清纱器，既保持了良好的清纱作用，又不与纱线直接接触，从而减少对纱线的破坏。

（9）张力盘磨损易造成过多的毛羽，张力片重量也对络筒毛羽有直接影响，一般呈一定增长关系。

（10）导纱距离对纱线毛羽也有一定影响。导纱距离大时，纱线退绕时与纱管的摩擦加大，毛羽有所增加。

综上所述，影响络纱毛羽的因素很多，在生产实践中要结合具体情况采取有效措施控制成纱毛羽。例如，在保证产量平衡的条件下，适当降低络纱速度和络纱张力；保持络纱通道畅通和纱线接触部件的光洁，可采用上蜡工艺；采用气圈控制器，合理选择气圈破裂器高度，可稳定络纱张力；合理选择清纱器的隔距等。

思考题

1. 纱线毛羽是如何产生的？毛羽对纱线质量、织物布面质量及织造工序加工有什么危害？
2. 纱线毛羽的定义及其形态。
3. 纱线毛羽的评价指标及测试方法。
4. 不同工序影响纱线毛羽的主要因素及控制措施。

第八章　纱疵的分析与控制

本章知识点

1. 纱疵的基本概念及分类。
2. 常发性纱疵的分类及控制方法。
3. 偶发性纱疵的分类及控制方法。
4. 异性纤维的概念及清除方法。
5. 纱疵的检测仪器。

第一节　纱疵概述

纱疵是指在纺纱过程中，由于原料、设备、工艺、操作、温湿度等原因产生的在纱条上有一定长度的粗细节或污染。广义的纱疵包括纺纱各工序产生的疵点以及纺纱过程中未发现而在后加工中所出现的疵点，如染色后出现的白条、异性纤维、云斑、横档等。狭义的纱疵是指纱线的疵点。

一、纱疵的分类

1. 根据纱疵出现的概率划分

（1）常发性纱疵。一般为棉结、短粗节和短细节（即用条干均匀度仪测试出来的千米细节、千米粗节、千米棉结），其数量的多少在一定程度上反映了纱线的条干均匀度。该类纱疵短而小，小而多。常发性纱疵的产生贯穿于纺纱生产全过程，诸如纺纱原料、工艺设计、机械设备、温湿度、操作以及运转管理等，一般对后工序的加工和织物影响不大，是可以通过工艺和管理手段来控制和减少的，通常不易彻底清除，但对高档织物，也必须控制常发性纱疵的数量。

（2）偶发性纱疵。一般都表现为粗大、长细（即用纱疵分级仪测试出的细节和粗节），其数量和形态一般能反映出用该纱织造的布匹的布面质量。该类纱疵大而少，通常是由于生产管理不善、操作不良、工艺设计不合理所致，但对后工序和织物质量影响显著，所以必须清除。

2. 根据纱疵的性质和对织物的危害性划分

一般原料纱疵短而小，其中相当部分与常发性纱疵类同；而牵伸纱疵和操作管理纱疵粗而长或细而长，与偶发性纱疵近似，由于对布面的危害性较大，通常又被称为有害纱疵。在23级纱疵中，原料纱疵、牵伸纱疵、操作管理纱疵在十万米纱疵中的分布状况见表8-1。

表8-1 原料、牵伸、操作管理纱疵所对应的纱疵分级

纱疵类别	原料纱疵	牵伸纱疵	操作管理纱疵
纱疵级别	A1、A2、A3、B1、B2、C1、C2、D1、H1	A3、B2、B3、C2、C3、D2、D3、E、F、G、H2	A4、B3、B4、C3、C4、D2、D3、D4、E、F、G、H2、I1、I2

（1）原料纱疵。通常是由于原料的长度整齐度差，细度差异大，短绒率高，成熟度低，棉结、叶屑、棉籽壳、带纤维籽屑含量高等原因造成的。

（2）牵伸纱疵。是由于工艺参数设计不合理，如罗拉隔距过大或过小，后区牵伸倍数配置不合理，胶圈钳口过大或过小；胶辊胶圈过硬或过软，磨砺周期不合理；梳理部件打顿，使得纤维弯钩伸直度差或纤维在牵伸过程中搭接不良而被拉断产生的。该类纱疵在棉纱中表现为1~4cm的粗节和较长的细节。

（3）操作管理纱疵。主要是指长度大于4cm的长细节和长粗节。涉及设备、工艺、运转操作管理、温湿度等诸多方面。如挡车工接头不良产生的粗细节；保全工、挡车工对机器清洁不彻底产生的飞花、绒板花。另外，由于保全保养不善或挡车工操作不善，造成钢领发毛产生大面积的毛羽纱；损坏的胶辊胶圈或棉纱通道部位挂花产生竹节、粗节、细节等。

3. 根据纱疵形成的原因分类

（1）纱线单位长度重量变异形成的纱疵。

①长片段重量变异形成的纱疵，如粗经、错纬、横档等。

②短片段重量变异形成的纱疵，包括条干不匀、竹节等。

（2）纱线直径、形状变异形成的纱疵。如粗节、细节、棉结。USTER公司资料显示：纱线直径差异10%就会导致色差，12%的染色不匀是由于纱线形状和密度变异产生的。

（3）纱线捻度变异形成的纱疵。包括紧捻、弱捻、纬缩等。粗节常与低捻在一起形成弱环。

（4）纱线色泽变异形成的纱疵。如油经、油纬、锈经、锈纬、油花纱、布开花、色经、色纬、花纬等。

（5）纱线中异性纤维混入形成的纱疵。其中，异性纤维混入因染色性能不同，危害最大，如纯棉纱中混入丙纶、涤纶等，并且往往到印染加工后才能发现。

（6）细纱表面毛羽变异形成的纱疵。据USTER公司资料显示，15%织物的外观都与毛羽变异有关，可见其影响之大。

4. 根据纱疵形成的工序分类

（1）开清棉形成的纱疵。如布开花、异性纤维混淆等。

（2）条粗工序形成的纱疵。如粗经、粗纬等长片段纱疵。

（3）细纱工序形成的纱疵。如条干不匀、竹节纱、弱捻纱、强捻纱、脱纬、稀纬、毛羽等。

（4）后加工工序形成的纱疵。主要有多股纱、紧捻纱、松紧纱等。

（5）其他方面形成的纱疵。如由于配棉不良造成染色后产生的“白星”纱疵，黄白档纱疵，化学纤维裙子被；因空调车间大量使用被烟尘污染的空气造成的煤灰纱等。

二、纱疵的控制方法

控制纱疵的方法有两种，一是对纱线成品的质量控制，即通过对成品的质量检验，对次品的剔除，以保证纱线出厂质量，这种控制属于事后检验，对质量问题已经于事无补；二是对每道生产工序的质量控制，即对生产工序的半制品进行质量监测，使生产过程处于受控状态，包括采用先进的工艺技术装备、自动化控制手段和监测系统，使人的操作因素逐步降低到次要地位，以稳定和提高纱线质量水平。

一般企业采用 USTER CLASSIMAT 纱疵分级仪控制纱疵范围：严重疵点 A4、B4、C4、D4、C3、D3、D2；一般疵点 A3、B3、C2、C1、D1；较小疵点 A2、B2、A1、B1。新型的 USTER 纱疵分级系统 USTER® CLASSIMAT 5 除了传统的分级数据以外，还提供了新的有害纱疵定义，即异常值，通过控制棉结、粗节、细节、异性纤维（包括白色丙纶的异常值），有效控制有害的偶发性纱疵。

第二节　常发性纱疵的分析与控制

一、常发性纱疵的分类

常发性纱疵分为细节、粗节、棉结三类。

细节和粗节可以根据低于纱线横截面平均尺寸30%或超过35%来区分。棉结是指超过纱线横截面平均尺寸的100%的纱疵，这三种类型可以根据图8－1来划分。

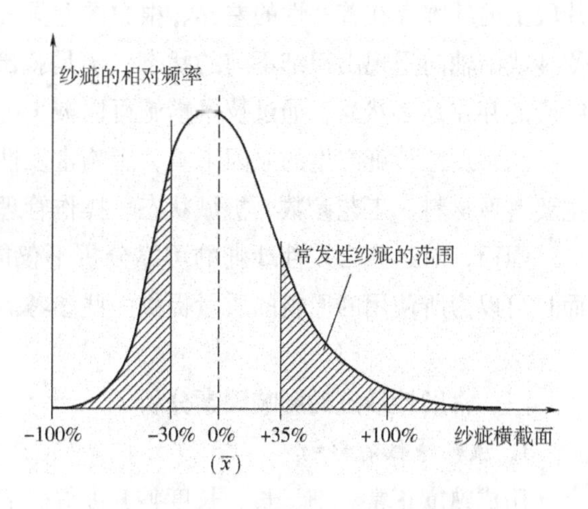

图8－1　常发性纱疵分类示意图

1. 细节

试样长度内纱线上截面相对平均截面而言，低于预先设定的灵敏度水平界限的疵点。一般折合成1000m纱线上的个数。

2. 粗节

试样长度内纱线上截面相对平均截面而言，超出预先设定的灵敏度水平界限粗度的疵点。一般折合成1000m纱线上的个数。

3. 棉结

试样长度内纱线上长度在4mm以下，且截面积分体积相对1mm的积分，体积超出预先设定的灵敏度水平界限粗度的疵点。一般折合成1000m纱线上的个数。

用条干仪测试常发性纱疵时，细节、粗节、棉结各有四档灵敏度供选择，分别是：

细节：-60%、-50%、-40%、-30%，用灵敏度为-60%测试出来的细节，纱线截面等于或小于平均截面的40%。

粗节：+100%、+70%、+50%、+35%，用灵敏度为100%测试出来的粗节，纱线截面等于或大于平均截面的200%。

棉结：+400%、+280%、+200%、+140%，用灵敏度为+400%测试出来的棉结，纱线截面等于或大于平均截面的500%。

企业控制环锭纺纱线常发性纱疵使用的灵敏度一般为-50%细节/千米、+50%粗节/千米、+200%棉结/千米。但近年来，随着控制常发性纱疵水平和市场要求不断提高，不少企业开始采用-40%细节/千米、+35%粗节/千米、+140%棉结/千米来控制常发性纱疵，通过不断提高产品质量来增强企业的竞争力，自USTER 2001公报起将-40%细节/千米、+35%粗节/千米、+140%棉结/千米列入了统计范围。在生产条件稳定的情况下，不同灵敏度水平的疵点值之间一般存在着近乎稳定的正相关关系。

常发性纱疵实质上是反映了纱线截面内纤维根数分布的均匀度及纱线短片段内纤维分布及其结构的均匀度。

二、常发性纱疵形成的机理

如果纱线内任意一根纤维的粗细、长短都完全一致，任意截面内纤维的根数也完全相同且伸直平行、首尾紧密连接，那么，纱线就不存在常发性纱疵。但实际生产过程中，原料不可能保证纤维粗细、长短完全一致，目前的工艺、设备不可能做到使纱线的任意截面内纤维的根数完全相同且伸直平行、首尾紧密连接。纤维是随机分布在纱线内的，因而纱线的不同片段上的纤维存在着特性的差异、根数的差异和伸直平行状态的差异。这些差异的存在，就使纱线沿轴向呈现出粗细不匀的状态，于是就出现了常发性纱疵。从这个意义上说，常发性纱疵的存在是必然的，通过技术措施可以减少，但不能完全避免和杜绝。

从常发性纱疵产生的原因来看，影响常发性纱疵的因素较多，涉及纺纱工程的各个方面，主要有原材料、工艺参数、机械状态、操作管理、温湿度等几个方面。

因而，对这些常发性纱疵的可靠分析不仅能够得出不同的纺纱过程中优化的工艺条件，而且可以为所使用的原料的质量提供一些参考。

三、常发性纱疵的影响因素分析

1. 原料特性的影响

用成熟度正常、细、长、长度整齐度好、表面摩擦系数适中的原料纺纱，在牵伸过程中易于控制纤维的运动和变速，有利于纤维在纱线截面内均匀分布，常发性纱疵数量相对较少。

（1）原料结杂含量的影响。用加工质量差、含棉结多、含杂率高，特别是含不易清除的细小杂质较多的原料纺纱，如果不能在清梳工序及时排除结杂，在牵伸过程中，由于形成棉结的纤维纠结在一起，纤维正常的运动和变速受到制约，牵伸力随棉结的运行过程产生不规律的波动，从而增大了产生纱疵的概率；而纱条中杂质的存在，会造成纱线短片段内纤维分布及其结构的不均匀，也会增加纱疵数量。

（2）原料短绒率的影响。在牵伸过程中，短绒不易被牵伸机构有效控制，就形成了浮游纤维。短绒率在很大程度上决定了成纱质量的优劣。用含短绒率较高的原料纺纱，虽然通过调整清花、梳棉、精梳等工序的工艺，加大落棉率，可以排除掉原棉中的部分短绒，但受制成率的限制，落棉量不可能无限加大，原料中短绒的排出量毕竟有限，必然会有一定比例的短绒存留在半制品中，造成半制品中短绒含量较高。存留的短绒在梳理、牵伸的过程中，由于不能被针布和牵伸机件有效控制，其运行过程具有很大的随意性，在针布摩擦和搓揉作用以及胶辊和罗拉的牵引作用下，容易与其他纤维纠结，破坏了其他纤维的正常运行规律，使本身不是短绒的纤维被拉断，变成了短绒或被搓揉成大量的棉结，形成短绒和棉结的恶性循环。因而，当原料短绒率较高时，必然会导致半制品中短绒率和棉结的升高，而短绒和棉结在纱线内的分布位置随机性较大，极大地影响了纤维在纱线截面内分布的均匀性，造成成纱常发性纱疵的大幅增加。

（3）原料长度及其整齐度的影响。在浮游区长度一定的情况下，长纤维在纺纱的牵伸过程中慢速运行时间相对于较短的纤维时间长，纤维变速点相对集中而靠前，因而，常发性纱疵较少。用长度整齐度较差的原料纺纱，长度不同的纤维在牵伸区内受牵伸机构控制的时间不同，因而不同长度的纤维在牵伸力的作用下变速点的位置会产生差异，从而造成常发性纱疵升高。

（4）原料细度及其均匀性的影响。在成熟度正常的情况下，用较细的原料纺纱，纱线截面内分布的纤维根数较多，单根纤维对纱线整体条干的影响程度也相对较小，有利于纤维的均匀分布，因此，产生的纱疵较少。用细度均匀性较差的原料纺纱，影响纱线截面内纤维分布的均匀性，同时由于纤维的刚性也不同，影响牵伸区牵伸力的稳定性，因而，常发性纱疵较多。

（5）原料成熟度和表面性能的影响。成熟度适中的纤维，表面性能较好，强力高，耐击打，被撕扯性能强，在开松、梳理和牵伸过程中，纤维疲劳度低、损伤少，因而成纱纱疵数量会较少。此外，成熟度适中的纤维卷曲多，纤维间的抱合力也好，有利于牵伸机构对纤维的有效控制，牵伸区内的牵伸力波动相对较小，也有利于减少成纱纱疵。

（6）原料回潮率的影响。原料回潮率过高，杂质、棉结不易清除；回潮率过低，纤维发脆，抱合力差，都对正常牵伸不利，会产生较多的常发性纱疵。

2. 工艺效果的影响

（1）清梳工艺。要控制成纱的常发性纱疵，就要合理设计开松、梳理等工艺，保证纤维具有较高的分离度、伸直平行度，降低生条中棉结杂质粒数，控制对纤维的损伤，减少纱条中的短绒含量。

①纤维分离度的影响。纤维分离度差，有较多的纤维束，相当于增大了纤维粗细均匀性和长度均匀性的离散度，因为未分离的纤维在牵伸过程中一般会像一根纤维一样成束地运行和变速；一方面破坏了牵伸区纤维的正常运动规律；另一方面也破坏了纱线截面内纤维的根

数分布的均匀性和纱线短片段内纤维结构分布的均匀性。因而会造成常发性纱疵增高。

②纤维伸直平行度的影响。纤维伸直平行差，纤维在纱条轴向投影的长度减短，实质上相当于纤维长度缩短，长度整齐度变差，纤维在牵伸过程中在沿纱条轴向运动的同时，还沿纱条径向做不规则的运动，一方面破坏了牵伸区纤维的正常运动规律；另一方面容易与其他纤维纠缠形成棉结，进一步破坏了纱线截面内纤维的根数分布的均匀性和纱线短片段内纤维结构分布的均匀性，造成常发性纱疵增高。

③生条棉结、杂质和短绒的影响。生条中的棉结、杂质、短绒的存在同样会造成纱疵增多，因为结杂短绒在后续工序中已经没有被清除的机会（普梳纱），必然会增加成纱产生纱疵的概率。因此，清梳必须贯彻“早落、多落、少碎、多排”的工艺原则，尽可能减少生条中的结杂。

（2）原料混和工艺效果的影响。纺织生产中，一般采用原料多唛混和、多类别混和纺纱，不同纤维性能间有较大差异，这种差异在纤维的梳理、牵伸过程中会有不同的特性反映。如果纤维混和不匀，在后续的牵伸过程中牵伸力会产生较大的波动，纤维的运行不稳定，纱条中纤维的分布不均匀，结构不一致，在仪器检测中会表现出常发性纱疵增多，在织布、染色中也会出现色泽不一致等问题。这种情况在不同品种的原料混纺中表现更为突出，这也是纯纺一般用两并，条混一般要采用三道混和的重要原因。因此，在清花、梳棉、并条的工艺设计上，要充分考虑原料的混和效果，确保纱条中各种纤维成分的分布均匀。

（3）牵伸工艺效果的影响。牵伸工艺主要应考虑如何选择适宜的牵伸隔距，合理地分配并、粗、细各工序的牵伸倍数，正确配置各工序前后区牵伸的分配，确定合适的钳口隔距等。

①牵伸隔距的影响。当罗拉隔距过大时，纤维浮游区较大，纤维在牵伸区内的浮游动程较长，纤维变速点较为分散，会造成常发性纱疵增多。当罗拉隔距过小时，纤维完成顺利牵伸所需的引导力急剧增大，容易造成握持力与牵伸力的失衡而出硬头，也会使常发性纱疵增多。因而，罗拉握持距的确定要根据牵伸形式和原料性能合理选择，在保证正常牵伸的前提下，偏小掌握有利于减少纱疵的产生。

②工序间牵伸分配的影响。工序间牵伸分配应充分考虑设备的性能差异，既不能过多浪费设备的潜能，又不能使某个工序在接近临界工艺能力或超工艺能力下工作，否则，成纱的常发性纱疵会大幅度升高。

③工序内牵伸分配的影响。一般来说，各工序的前牵伸区都增加了附加摩擦力界，如并条的压力棒，粗细纱的上下销、胶圈等，因而前牵伸区对纤维的控制能力较强，应多分担牵伸任务；而后牵伸区一般是简单的罗拉牵伸（细纱的依纳V型牵伸、后区压力棒牵伸除外），对纤维的控制能力相对较弱，因而只能承担较小的牵伸任务。目前后区牵伸工艺的设计有两种方案。一种是采用较小的罗拉隔距，较大的牵伸倍数。这种工艺路线有利于减轻前牵伸区的牵伸负荷，对前牵伸区控制纤维运动能力较弱的设备较为适合，但如果使用不当，会因为后牵伸区纤维在缺少有力控制的情况下产生较大的相对位移而产生较多的纱疵。另一种工艺路线是采用较大的罗拉隔距，较小的牵伸倍数。这种工艺路线纤维在后牵伸区产生的相对位移较小，有利于控制纱疵在后区的产生，但其对前牵伸区的要求较高，如果前牵伸区没有足

够的控制纤维的能力，可能会造成出疙瘩条、出硬头的现象，也会造成纱疵增多。

至于张力牵伸，其主要任务是保持须条的伸直状态，对纤维的控制能力很弱，一般只要能保持正常生产，应尽可能偏小掌握，以免破坏须条结构，增加纱疵。

④胶圈钳口隔距的影响。此隔距过大，胶圈钳口对纤维的控制力度减弱，纤维可能会提前变速，不利于纤维变速点的前移和集中；此隔距过小，胶圈钳口对纤维的控制力度增大，纤维变速需要的引导力剧增，易使牵伸力和控制力失去平衡，出现出硬头的现象，纱疵也会大幅升高。在保证不出硬头、不恶化条干的前提下，钳口隔距偏小掌握有利于减少纱疵的产生。

3. 牵伸器材的影响

（1）胶辊的影响。

①胶辊硬度。胶辊的硬度越小，其弹性变形越大，牵伸钳口摩擦力界分布的宽度越宽，对纤维的控制力越大，纤维的浮游区越小，因而对有效控制纤维的运动越有利，能够有效减少常发性纱疵的发生。但胶辊的硬度与其耐磨性往往成正比，硬度小的胶辊使用寿命相对较低，因而要统筹考虑。一般情况下，并粗胶辊硬度选用较大，细纱较小；混纺、化学纤维品种胶辊硬度选用较大，纯棉较小。

②胶辊直径。直径越小的胶辊产生常发性纱疵的机会也就越多。同时，胶辊直径的配档直接影响胶辊的压力分配，要特别给以关注，如细纱一般要求前档胶辊要比后档胶辊直径大1.5mm左右。并条胶辊的大小直径要严格控制差异量，不同档次的胶辊严禁互换，同档次胶辊互换时要注意直径的差异不能太大，以保持各胶辊钳口的适当压力。

③胶辊表面性能。根据所纺原料和生产条件的不同，胶辊表面要保持适宜的摩擦系数和抗静电能力，要保证不黏缠纤维。用涂料对胶辊进行表面处理，目的就是要改善胶辊表面的性能，以适应不同的纺纱要求。胶辊黏缠纤维时，纱疵会大幅度升高。一般情况下，胶辊弹性好时，表面摩擦系数可小一些，抗静电性能要好一些。另外，季节不同、原料性能不同时，对胶辊表面性能的要求也就不同，在对胶辊进行表面处理时要有侧重，采用不同的处理手段。

（2）胶圈的影响。粗细纱使用胶圈的目的在于加强牵伸区的摩擦力界，拓宽摩擦力界的分布宽度，减小纤维的浮游区长度，使纤维变速点更加前移而集中，从而改善纱条条干，减少纱疵的产生。胶圈内外表面都要有适宜的摩擦系数，既要能保证其有足够的摩擦力来传动上罗拉轴承，保持上下胶圈的运行同步，又要保证其在上下销曲率半径处不出现打顿、颤动现象，也不能造成纱条在胶圈的控制下出现分层现象，否则，纱疵会大幅增多。胶圈黏缠纤维、伸长过大、表面龟裂、厚薄不匀、内径不一致、运行打顿、中部起弓等都会造成纱疵增加。

（3）其他牵伸器材的影响。

①上下销、胶圈张力架。上下销、胶圈张力架的作用是保持胶圈适当的张力，形成弹性胶圈钳口。发生变形、锈蚀、弹性失效或过大过小、胶圈内嵌花等都会影响胶圈的正常运行，使成纱纱疵升高。

②罗拉、上下罗拉轴承。罗拉弯曲、跳动、齿形不良、齿内嵌杂、表面锈蚀、上下罗拉

轴承缺油、运转打顿、滚针滚珠磨损等都会使罗拉和罗拉轴承表面转速出现不一致现象，从而使成纱纱疵升高。

③喇叭口、集束器、压力棒。喇叭口、集束器开口尺寸不合适、塞花、挂花、位置不正等都会影响纱条的顺利通过，不能起到良好的收束纤维的作用；压力棒弯曲、高低不适宜、压力失效、积花积尘积棉蜡、挂花等会影响纤维的正常运行，使成纱纱疵升高。

④绒套、绒辊、绒板、下刮皮：上述机件运转不灵活、缺损、带花等会使成纱纱疵升高。

⑤牵伸齿轮：牵伸齿轮啮合过松过紧、缺齿断齿、齿顶磨损、键槽松动、径向跳动等会造成纱疵增加。

（4）温湿度的影响。当车间温湿度过高时，纤维表面的棉蜡熔化，纤维发黏，不易清除棉结杂质，容易产生粘、缠、堵、挂现象，纱疵会大幅增多。当车间温湿度过低时，纤维脆硬，在生产过程中易损伤断裂，短绒率升高，而且易产生静电，纤维间的抱合力变差，飞花增多，也容易造成纱疵大幅增多。

（5）运转操作的影响。清洁不及时、碰毛条子或粗纱、条子倒向喂入、不及时掏清漏底等，都会造成纱疵增多。

（6）细纱卷捻系统、络筒工序的影响。

①细纱卷捻系统。细纱卷捻系统不良，如导纱钩起槽、钢领老化、钢丝圈挂花、钢丝圈纱线通道磨损、钢丝圈过轻过重等会造成纱线通道不通畅、纱线碰隔纱板、碰管头等问题，使纱线运行不平稳，纱线被刮毛，纱体上附着的长毛羽、短绒等可能会被刮成棉结、小粗节等，从而使成纱纱疵增多。

②络筒工序。从USTER公报可以发现，对同品种同水平的中细特纱线而言，筒纱的常发性纱疵数量要比管纱高，说明络筒工序对管纱质量有一定的负面影响。插纱座位置不正、张力盘过重、张力盘中心轴起槽、导纱杆或探纱杆起槽跑白线、槽筒导纱槽起沟挂纱、槽筒表面有毛刺、筒锭角度不正、自停箱缺油或油料过于稀薄、络纱速度过快、卷绕张力过大等，都会使纱线的常发性纱疵增多。

四、常发性纱疵的控制

（1）重视原料合理混配和回花的合理限用。配棉与常发性纱疵关系是错综复杂的，较难找出确切的函数关系，但合理、准确把握不同原棉性能，确保混合棉性能稳定是控制常发性纱疵的前提。

（2）贯彻清花“梳打结合”、梳棉“精细梳理”工艺思路。清花工序贯彻“以梳代打、梳打结合”的工艺思路，减小棉束抓取量，提高开松度，为梳棉工序“精细梳理”创造良好条件。

梳棉工序强调“有效排杂、精细梳理”。重视锡林与刺辊较大速比、后车肚工艺合理排杂、道夫和锡林间的凝集转移速比及生条定量和道夫速度合理配置等，以提高纤维分离度，控制生条棉结，减少生条短绒，以有效控制千米棉结和粗节。

（3）选用新型梳棉针布和附加分梳件，提高纤维分离度。目前，国产老梳棉机上推广使用新型针布，采用附加分梳件，增加梳理面积。提高老梳棉机分梳效能，对有效减少千米棉结及粗节，有所收效。

(4) 合理并条牵伸分配，提高纤维伸直平行度。有了分梳良好的生条，若并条工序牵伸分配不合理，纤维伸直平行度不良，千米粗节、细节将同样得不到改善。并条工序牵伸分配原则：应按照纤维弯钩规则，着重改善半制品内在结构，提高纤维伸直度和平行度，适时采用集中牵伸，提高成纱质量。

(5) 采用中硬度高弹性胶辊，推进细纱工艺改进。根据胶辊硬度划分，72°以下称为低硬度软胶辊，73°~82°称中硬度胶辊，82°以上称高硬度胶辊。目前，国内对纯棉中细线密度普、精梳品种采用低硬度高弹性胶辊，提高纱线质量、降低纱疵方面，已初步形成共识。

(6) 改进络筒通道光洁，减少常发性纱疵增长。络筒工序是纺纱生产最后工序，国内多年常以管纱为最终采集对象，因而往往对络筒工序给管纱质量造成下降等重视和研究不够，而外贸标准检验常以筒纱为最终考核对象。络筒工序减少常发性纱疵增长，主要措施是改善络筒机各纱路通道、高速元件的光洁，对络纱速度加以控制。

第三节　偶发性纱疵的分析与控制

一、偶发性纱疵的分类

偶发性纱疵按纱疵截面相对正常纱线截面尺寸变化的百分率及纱疵的长度分成3个类别，即短粗节、长粗节和长细节。USTER® CLASSIMAT QUANTUM将纱疵分为27个级别，增加了截面为+70%~+100%的四个短粗节纱疵，主要针对股线和紧密纺纱的纱疵分级。新一代纱疵分级仪USTER® CLASSIMAT 5在27级的基础上，短粗节增加了3级，长粗节增加了4级，长细节增加了11级，纱疵分级矩阵达到45个级别。

1. 短粗节

短粗节是指纱疵截面积比正常纱线+70%以上，长度在1~8cm的纱疵，包括B0~B4、C0~C4、D0~D4。

2. 长粗节

长粗节是指纱疵截面积比正常纱线+45%以上，长度大于8cm的纱疵，包括E、F、G三级。E类纱疵为长度大于8cm，截面粗细大于+100%的纱疵，一般又称双纱纱疵，由双根粗纱喂入或并条接头不良所造成。F、G类长粗节，分别代表粗细在+45%~+100%之间，长度为8~32cm之间和32cm以上的纱疵。

3. 长细节

长细节是指纱线截面积比正常纱线-30%~-75%，长度在8cm以上的纱疵，包括H1、H2、I1、I2四种，一般情况下，较多的是I1和H1。

二、偶发性纱疵形成的机理

偶发性纱疵产生于整个生产流程中，在不同工序有不同的形态。梳理前的各工序存在棉层、棉束纵向和横向分布状态不匀，含杂、短绒等较多；成条后存在不同的定量差异、截面内纤维的差异；单纤维的物理性能和力学性能等使纤维的排列状态不同；粗纱以后有捻度，纤维排列状态较为紧密，杂质和飞花的附入均已显性存在，而非成条前的隐性存在，由此带来牵伸和加捻过程中附件牵伸运动的不匀；有些纤维不能同纱体有效黏合，由此造成偶发性纱疵。

偶发性纱疵和细纱中存在的一般性疵点的区别在于：一般性疵点中粗节疵点的厚度差异在纱条平均截面积的 +100% 范围以内，且疵点长度较短，为纤维长度的 1.5 ~2 倍。而在一般情况下，偶发性纱疵中的粗节疵点的截面积差异则超过一般粗节疵点 +100% 的范围；或纱疵截面积差异虽和普通疵点相近，但纱疵的长度，大大超过粗节疵点的长度范围。细节纱疵和一般细节疵点的截面积差异率均在 -30% ~ -70% 范围内，但前者长度大大超过后者。

三、偶发性纱疵的影响因素及控制措施

1. 纤维原料因素的影响

纤维原料性能上的差异，对产品细纱中偶发性纱疵的形成，有相当程度的影响，约占全部纱疵量的 1/4。由于原料因素产生纱疵的一般性特征是：纱疵长度短而疵点截面差异度可在较大范围内变化。

（1）开清棉原料因素。原料的松紧程度影响抓取和打击效果，原料的性能指标同开清棉工艺间的配合不良，出现开松不足或者开松过度。

控制措施是对原料细度、短绒增减与工艺配合进行优选。

（2）梳棉工序原料因素。原料的刚性在梳理过程中至关重要。造成偶发性纱疵的主要因素是细度细，经不起梳理，造成短绒的增长与棉结的增加。原料中的短绒传导造成并条、粗纱纱疵的增加。

控制措施是保证原料性能与梳理能力和效果相适应，达到质量稳定。

（3）精梳及其准备工序原料因素。原料细度细，短绒率高，增加了梳理的难度和落棉率。在梳理不充分、排杂达不到要求的情况下，形成粗节，影响质量。

控制措施是调整配棉和落棉率，最大限度地降低短绒率对质量的影响。

（4）并条工序原料因素。在并条牵伸过程中短绒的增加造成飞花附入，形成纱疵。

控制措施是合理控制生条中的短绒含量，使其在棉条中纵向分布均匀。加大清洁力度，根据短绒含量配置牵伸分配工艺和隔距。

（5）粗纱工序原料因素。短绒在牵伸加捻过程中容易伸出纱体造成毛羽，影响强力，同时短绒积聚附入在细纱中形成短粗节。

控制措施是根据质量要求合理控制配棉，控制生条及精梳条中的短绒率，减少对成纱质量的影响。

（6）细纱工序原料因素。原料的细度、断裂强力对纱疵的影响很大。容易造成牵伸过程中纤维变速不受控制，粗细节增加。

控制措施是拓展摩擦力界，合理使用新型专件器材，使纤维变速点集中且靠近前钳口。

2. 纺纱前纺工序设备、工艺、操作及环境因素的影响

前纺各工序加工工艺因素，对成纱中偶发性纱疵数量的影响较细纱工艺的影响为小，一般约占细纱中所发现的总纱疵量的1/4，并根据加工纤维种类及纺纱系统不同而有较大范围的差异。

（1）开清棉工序设备、工艺、操作及环境因素。

①开清棉设备因素。打击开松部件与尘棒之间的配合不良造成偶发性纱疵。肋条碰断，抓取不匀，各部件打手角钉缺尖，运转顿挫，会影响开松效果，造成粗细节的增加，同时造成大面积纱疵。

控制措施是加强设备维修，保持良好状态。

②开清棉工艺因素。圆盘小车下降速度、尘棒间的隔距及打手速度影响落杂和开松。打手速度过高会造成短绒、棉结、粗节的增加。风力配备与除尘、凝棉效果不良造成的分层，会出现大面积黏卷，影响梳棉，传导至后道工序，出现质量不匀偏差和梳理除杂不匀。

控制措施是根据纤维性能优选各部件工艺隔距，提高质量。

③开清棉操作因素。主要有平盘不实，不按混盘搭配造成的混合不匀；车肚破籽不及时清理导致含杂增加，束丝不及时处理造成梳理困难引起的短粗节和棉结；棉卷粘卷造成的棉结和长短粗节。

控制措施是严格操作方法。

④开清棉环境因素。环境温度和相对湿度影响回潮率。温湿度过低，开松打击时纤维易脆断，短绒增加，后道牵伸不易控制，而产生粗节、细节；温湿度过高会粘卷。相对湿度过大不易落杂，开松不足，出现缠挂绕，影响后道棉结；相对湿度过小，短纤维增加。

控制措施是保证给棉卷的合理吸放湿，便于落杂，减少短绒的产生。

（2）梳棉工序设备、工艺、操作及环境因素。

①梳棉设备因素。刺辊及梳理针齿损伤嵌杂造成的棉卷破边、破洞，传至后道工序造成短绒分布的不匀；输出部分压辊、阶梯罗拉的配合不当，造成短绒大面积产生，形成细节及飞花附入；棉网清洁器、吸尘罩状态不良容易使短绒增加，造成短粗节。

控制措施是严格控制输出部分的机械配合，减少差异，对棉网及梳理原件状态进行有效控制，减少短绒积聚。

②梳棉工艺因素。梳棉工艺主要包括牵伸比值的合理设定，纤维适纺性能之间的配合。工艺与原料的不适应造成短绒的增加，盖板速度的高低影响梳理强度，牵伸的变化影响梳理效果，除杂系统风力不足造成负压差异和处理落杂的不匀。

控制措施是工艺设定必须同梳棉适应，除尘系统工艺负压必须保证在合理的范围之内，减少因风力不足造成的棉结粗节增加。

③梳棉操作因素。棉卷粘卷不及时处理，容易造成长粗节及长细节的出现。漏底清洁、三角区挂花清理不及时，含杂增加，影响截面纤维分布。龙头输出部分清洁不及时会造成短绒附入，影响成纱中的短粗节。

控制措施是增加落杂吸附产生的短绒，按照“一落一卷”原则，减少包接头造成的偶发性纱疵的增加。

④梳棉环境因素。梳棉工序是纤维放湿的工序。相对湿度过小，容易梳断纤维，条干均匀度差，造成突发性粗节及毛羽；相对湿度过大，纤维抱合力强，梳理时纤维易揉搓，容易形成棉结。

控制措施是保持合理的温湿度，使梳棉工序控制在放湿的状态，控制回潮率在6% ~7%。

(3) 精梳及其准备工序设备、工艺、操作及环境因素。精梳及准备工序是牵伸、并合、梳理相对强烈的工序，纤维要求微放湿状态。相对湿度过大，造成牵伸缠挂绕，使粗节和棉结增加，部分死棉束会传导至细纱，造成断头。相对湿度过低，纤维间的抱合力差，棉层并合、牵伸有粘连现象，造成纱疵的增加。

控制措施是在空气调节过程中使纤维的吸放湿状态保持稳定，平稳控制，减少纱疵的产生。

(4) 并条工序设备、工艺、操作及环境因素。

①设备因素。并条设备状态主要影响纤维的弯钩伸直和倒向，以及运转中出现机械波和牵伸波。

控制措施是保证良好的设备状态，减少机械跳动、振动，控制附加不匀，减少纱疵。

②工艺因素。并条工序的定量、压力、隔距、牵伸倍数和牵伸分配是造成偶发性纱疵的主要原因。

控制措施是主区牵伸同后区牵伸功能分开，集中牵伸和分配牵伸相结合，使牵伸的积累误差减小，减少偶发性纱疵，改善牵伸分配，减少牵伸不开造成的长粗节和长细节。

③操作因素。少股条、多股条、飞花附入等会造成定量偏差和细度偏差。清洁集棉器不复位会造成弯钩纤维，影响粗纱和细纱的断头。风箱花不及时清理易造成飞花附入。

控制措施是加强巡回，减少多股条和少股条，加大清洁力度，减少飞花附入，清洁后的集束器保证复位。

④环境因素。回潮率和温湿度波动易造成牵伸缠挂绕。回潮率过大，牵伸力增加，握持力不适应，造成牵伸不开。回潮率过小，纤维间抱合力差，造成短粗、短细纱疵。因此，要对环境温湿度进行合理控制。

(5) 粗纱工序设备、工艺、操作及环境因素。

①设备因素。粗纱设备重点是设备的统一性和稳定性。如锭翼不统一，锭脚不统一，易造成运转中的力失衡，从而使粗节、飞花附入，纱疵增加。

控制措施是统一锭翼、锭脚及油杯，减少不一致性造成的质量差异。

②工艺因素。元件不一致，摇架压力过小造成牵伸不开，张力配合不当，伸长率差异大，造成飘头附入，产生粗节和大棉结纱疵。

控制措施是统一各部件工艺压力，伸长率控制在 (0.8 ±0.6)%，减少波动。牵伸分配前区集中，既要控制短绒纤维，也要兼顾长纤维，达到松紧适度，减少临界牵伸不稳定，从而减少偶发性纱疵。

③操作因素。粗纱包接头质量不合格会造成细纱的长粗长细。粗纱吸吹风使用控制不合

理，风箱花清理不及时易造成纱疵。

控制措施是合理包接头，执行分段集体换花、机前拉断的无包接技术方法。保证吹吸风清洁器正常运行，下吸风箱的风箱花及时清理。

④环境因素。粗纱回潮率过大，细纱牵伸不开，粗节、棉结增加，粗纱回潮率过小，细纱飞花增加造成短粗节的增加。

控制措施是粗纱的回潮率控制在6.8%～7.2%，相对湿度控制在59%～67%，温度控制在27℃左右。

3. 细纱工序设备、工艺、操作及环境因素的影响

纤维原料及前纺工艺因素所引起的细纱纱疵数量，一般只占总纱疵量的一半以下，而在细纱工序中，由于各种工艺及环境因素所产生的偶发性显著纱疵，则可达总量的一半以上。根据大量统计数据显示，粗梳棉纱中由于细纱工序所产生的纱疵，可达总纱疵量的70%左右。化学纤维纱偶发性纱疵量中，由于细纱工序所产生的纱疵比率比棉纱较低些，但还占50%左右。由此可见，降低细纱中显著性纱疵的主要领域在于细纱工序，包括细纱机的机械、工艺、操作与环境各种条件。

（1）设备因素。锭捻部分的中心对准及稳定，牵伸区的运转稳定性能，喂给部分的吊锭运转灵活性，都会影响短粗节和毛羽的出现。

控制措施是锭翼部分中心三对准，锭捻部分保证灵活运转，牵伸区内的三直线保证一致，喂给吊锭灵活。

（2）工艺因素。细纱工艺握持力的最小值大于牵伸力的最大值。当握持力的最小值大于牵伸力的最大值时，引起纤维束的集体变速，造成质量不稳定。

控制措施是合理分配两对力的矛盾，使之保证稳定在一定的范围之内，牵伸区和集中区尽量减少瞬时失衡现象。

（3）操作因素。细纱操作的包接头质量造成短粗节和短细节，巡回不及时，飞花附入增多，牵伸区不清洁造成大量的短绒积聚，短粗节增加。

控制措施是提高操作工的技术水平，保证包接头质量，同时加强巡回和清洁力度。

（4）环境因素。细纱相对湿度过大，牵伸力增加，出现缠挂绕的现象，短粗节增加；细纱相对湿度过小，则飞花增多，强力下降，毛羽增加。

控制措施是保证温湿度的恒定，吹吸风避免直吹加捻三角区。

第四节　异性纤维的分析与清除

一、异性纤维的基本概念及危害

异性纤维，俗称“三丝”，是指混入棉花中的对棉花及其制品质量有严重影响的非棉纤维和色纤维，如化学纤维、毛发、丝、麻、塑料膜、塑料绳、染色线（绳、布块）等。原棉中异性纤维含量是指从样品中挑拣出的异性纤维的质量与被挑拣样品质量的比值，单位为g/

t。在 GB 1103—2007《棉花细绒棉》中对异性纤维有了考核规定，见表 8－2。

表 8－2　皮棉异性纤维含量分档及代码

含量范围（g）	<0.10	0.10～0.39	0.40～0.80	>0.80
程度	无	低	中	高
代码	N	L	M	H

异性纤维具有含量小、危害大、不确定的特点。在纺织生产中不但难以清除，而且还会在清梳工序中被拉断或分梳成更短、更细以及更多纤维状细小疵点，使棉制品质量下降，同时导致布面染色不匀，影响外观，甚至造成大量残次品。

异性纤维主要是本色和白色的丙纶纤维，它是包装布的主要原料，我国原棉在采摘、日晒、轧棉、储存、打包的环节中，丙纶的混入、污染最为突出。纱线通过深加工织布印染后，白色丙纶经漂白常会显红色，而染黑、红、黄等色纤维时常会抗染而呈白色，形成色差疵品，特别是机织物经向通匹色差最为严重，影响最大。

二、异性纤维清除的基本模式

USTER 公司对异性纤维出现的频率和梳棉前后异性纤维尺寸作了描述，认为清除出现频率较高的 $1cm^2$ 以下的异性纤维应由电子清纱器完成（图 8－2），清除异性纤维需要通过开清棉异性纤维清除机和络纱机电子清纱器两种途径解决。

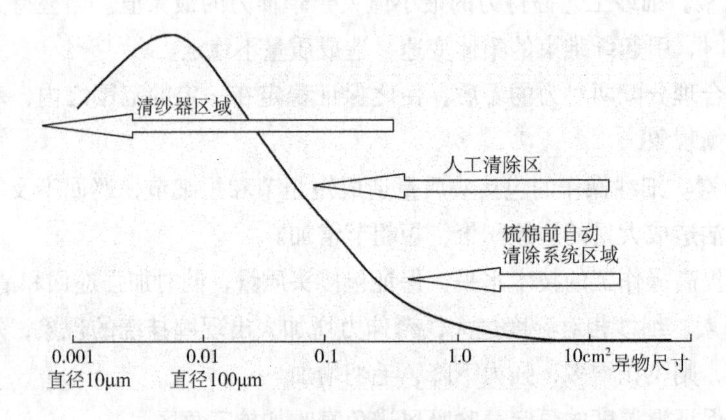

图 8－2　异性纤维出现频率和清除系统的分工

目前清除异性纤维的主要方法是依靠现代化高新技术，在开清棉工序设置了从原棉中清除异性纤维的设备，如德国特吕茨勒公司研制开发的 SCFO156 型异性纤维清除机，已在清除异性纤维问题上显示出很大的作用，其他如印度的普瑞美公司也相继生产了清除原棉异性纤维的设备，国内生产异性纤维清除机的厂家有长岭机电、北京经纬纺机新技术有限公司等。传感器是异性纤维清除机的检测核心，目前检测异物的传感器主要有光电传感器、超声波传感器、线阵 CCD 传感器等。

USTER 公司是目前全球唯一一家可以提供异性纤维全面解决方案的公司。该公司在开清棉工序开发了 USTER JOSSI VISION SHIELD 异性纤维清除机，主要用于对原棉中大的有色异性纤维、透明带荧光类异性纤维，以及无色塑料、丙纶等进行检测和清除；USTER 同时也拥有 USTER QUANTUM 3 电清异性纤维功能，安装在自动络纱机上，主要用于络纱过程中对成纱上细小的异性纤维进行监控和清除。

在开清棉工序使用 USTER JOSSI 异性纤维清除机，在自动络筒机上配置 USTER QUANTUM 3 型异性纤维电清设备，USTER 将之称为全面异性纤维控制，简称为 TCC（Total Contaminant Control），可以帮助纺纱厂有效地控制成纱上残留的异性纤维数量，无论是漂白纱上对有色异性纤维要求，还是染色纱上对无色丙纶丝要求，都可以使之充分满足客户对异性纤维控制需求。USTER 全面异性纤维控制系统（TCC）如图 8－3 所示。

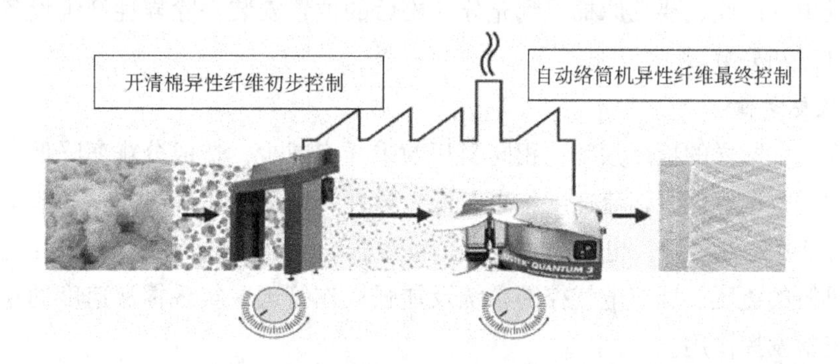

图 8－3　USTER 全面异性纤维控制系统（TCC）

如果只有原棉纤维清除异性纤维的设备，而无自动络筒机电子清除异性纤维的清纱器，清除异性纤维效率只有 50% 左右，还有部分异性纤维仍然被夹在纱中纺成纱、织成布造成印染疵点。自动络筒机上装与不装清除异性纤维装置，其切断异性纤维纱的对比曲线见图 8－4。从图中可以看出，在自动络筒机上装异性纤维清除器可取得明显效果。

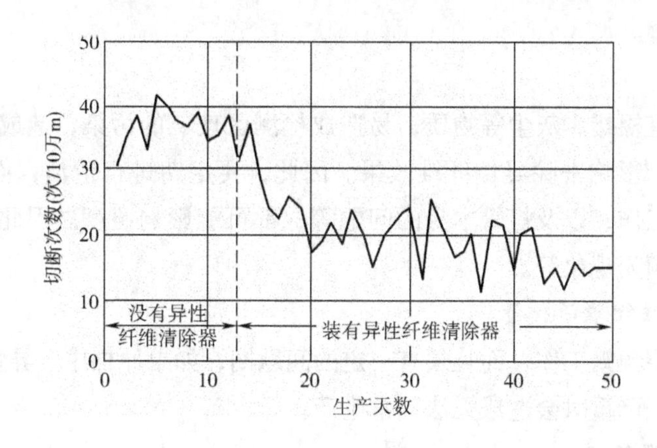

图 8－4　自动落筒机上电子清纱器切断异性纤维次数的对比曲线

USTER 公司研制开发了 USTER Quantum Clearer 异性纤维电子清纱装置，安装在自动络筒机上，实现了对原纱逐毫米的检验及清纱，形成纺纱全过程完整的电子清除异性纤维系统。

如果没有原棉纤维清除异性纤维的装备，而只在自动络筒机上配有异性纤维电子清纱器，自动络筒机由于清除带有异性纤维的纱切断频率很高，严重影响自动络筒机效率，也不会彻底清除异性纤维。总之，必须将这两种清除异性纤维的技术联合起来，才会产生比较理想的清除异性纤维的效果。

三、影响异性纤维去除效果的因素

1. 异性纤维分离器的安装位置

一般去除异性纤维设备安装在清花机组的最后一道机台，认为异性纤维检出率很高。因为原棉开松度越高，棉块越小，棉层越薄，棉流的透光性越好，异性纤维越容易暴露和识别，喷出的好纤维少。因此，要在原棉得到充分开松后的位置安装去除异性纤维设备，但又不能使异性纤维打碎和分解。

2. 流速及稳定性

棉流速度大，同样的检测频率，相同面积的采样率减少，造成分辨率降低，特别是对细小异性纤维的分辨率更低，棉流速度忽高忽低，异性纤维无法正确去除。一般棉流速度要小于16m/s，而且稳定性要好，也就是要保持持续喂棉，管道中的负压不变或变化很小。通过调节凝棉器风机的速度、调节电气控制系统及加强操作管理，实现棉流速度的稳定，使异性纤维分离器正常发挥作用。

3. 棉流的流量

在同样棉流速度的情况下，设备的产量高，经过检测区的棉层厚，夹在中间的异性纤维不易被检测出来；流量不稳定，存在间歇给棉，流量忽大忽小，都影响异性纤维分离器的分离效果。

4. 开松度

棉流的开松度高，棉块小，异性纤维易暴露，易检测及去除，否则异性纤维不易被识别，影响异性纤维去除率。

5. 灯光及玻璃

由于原棉中含有棉蜡、灰尘等物质，易造成检测区玻璃的污染，造成透光性能下降，严重影响图像的质量，影响去除异性纤维效果。因此，要定期进行清洁，而且不能划伤玻璃。灯管长期在高温下工作，以及灯管本身的问题等，都可能影响照度。因此，要经常检查灯管是否足够亮、有无频闪现象等。

6. 原棉中含异性纤维的数量

由于电磁阀需要频繁工作，而且须有一定的间歇期，如果原棉中含异性纤维的数量太多，就会影响去除效果，严重时会造成无法正常生产。

7. 异性纤维装置管理

落实专人对设备进行定期维护保养清洁，提高设备运行效率。根据原棉中不同异性纤维合理确定参数，定期测试气动控制系统能否正常工作，对异性纤维装置进行检出率、实际异性纤维清除效率和电清正切率测试，跟踪检查效果并及时进行修正，如果发现喷气阀有问题要及时更换。

四、异性纤维对纺织生产的影响

1. 对纺纱效率的影响

异性纤维的存在易造成纱线生产过程中的断头，导致生产效率下降。电清不断接头也会导致络筒机的工作效率急剧降低。有数据显示，当络筒速度为1400m/min时，生产100km纱线总运行时间为71.4min，总接头数量为63个，两次接头之间平均间隔1.13min；若切割数量增加，两接头之间时间间隔将降至1min以下，这将严重影响络筒车间的生产效率。此外，被络筒机喷出的异性纤维往往是附在一段距离纱线上，切次的增加会因为损失掉纱线而直接提高了成本。

2. 布面修复成本

织物生产出来后，织造车间还要对布面上的有害异性纤维进行清除修补，但这种工作仅限于疵点发生率较低的品种。如果疵点发生率高，就必须停产解决故障源，否则受到客户投诉成本巨大。通常可进行修复的面料为机织物，对针织面料进行修复会造成明显损伤。因此纺织厂通常只能把疵点较多的面料销售供给低端用途的客户。

3. 异性纤维对针织物品质的影响

异性纤维在后道染整工序中不易被染色或染成与面料主体不一致的颜色，因此会严重影响面料的整体外观效果。如图8－5所示的针织毛衫面料，采用的是100%棉针织纱，这种异性纤维略坚硬且呈线带状，突出于面料外表面。虽然白色丙纶纤维在原色坯布中难辨出，但经染色后便极易显现，如图8－6所示。

图8－5　针织毛衫中的异性纤维

图8－6　红色针织面料中的白色丙纶异性纤维

4. 异性纤维对机织物品质的影响

图8－7所示为被加捻在纱体中的异性纤维，这些异性纤维如果在络筒工序中未被电清切除掉，就会在机织面料上呈现出来。图8－8所示为在机织面料上出现的一根蓝色异性纤维。

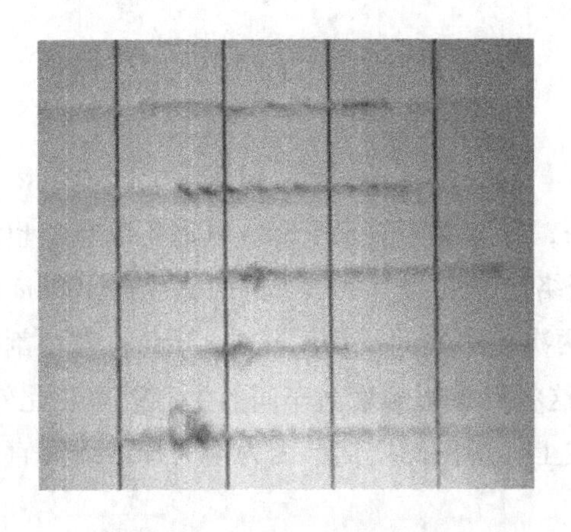

图 8－7　纱线中的异性纤维

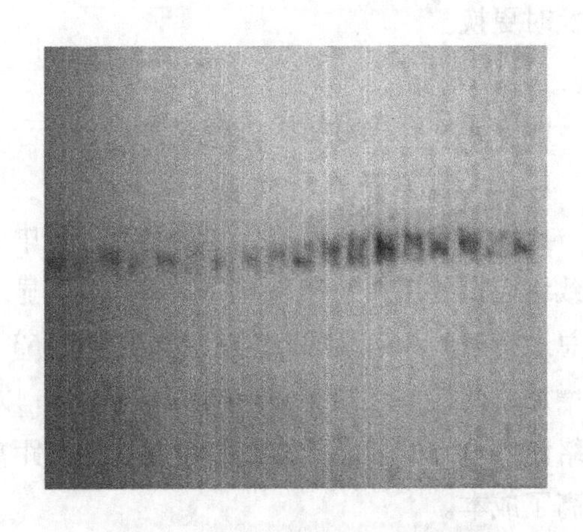

图 8－8　机织面料中的异性纤维

第五节　纱疵的仪器检测

纱疵的仪器检测可分为离线检测和在线检测两种。

纱疵的离线检测就是指纺纱厂利用检测仪器对被检测产品的特性进行的日常随机抽样检验，有助于查找产品质量存在问题的原因。

纱疵的在线检测是指在生产过程中直接对被检测产品的特性进行检测的方法，自动络筒机自动记录所有清纱数据，根据这些数据，对配棉、工艺设计、设备、操作、空调等进行分析，找出影响产品质量原因，并作出相应的调整和改变，逐步提高和稳定产品质量。

离线和在线检测的特性见表 8－3。

表 8－3　离线检测和在线检测的特性比较

离线检测	在线检测	离线检测	在线检测
抽样检验	100% 监控	多个实验室对比	可靠的统计平台
高可重现性	检测和清除偶发性疵点	与标杆对比	趋势分析
高精确度	巨量数据		

简单讲，纱疵的离线检测和在线检测是无法互相取代的，在线是发现异常，离线是分析并解决异常。产品的最终检测报告一定是在标准实验室提供的，这样的对比才有意义。若检测结果是 USTER 公报的 5% 水平，客户不能接受，需从以下几个方面寻找原因：

（1）实验室仪器的检测精度和检测环境；

（2）检测结果的离散性，也就是各个指标的 *CV* 和 Q95 的置信区间；

（3）检测的样本数。若产品质量确实是 5% 的水平，证明该纺纱厂有能力达到，但不能证明一直能达到或所有的纱线均能达到，即所谓的产品质量的稳定性。

一、纱疵的离线检测

常发性纱疵用条干均匀度仪进行检测，其长度不超过纤维平均长度，通常分为细节、粗节和棉结三种，以每千米纱上的出现数表示，对于周期性或近周期性出现的粗、细节即视为条干不匀。条干不匀又分为周期性条干不匀和随机条干不匀，周期性条干不匀将对成品的外观质量造成严重的影响。

1. 常发性纱疵的检测

（1）测试灵敏度的设置。以 USTER® TESTER ME6 为例，该设备对细节、粗节和棉结的测试分别具有 4 个灵敏度水平，其灵敏度水平设置具体内容见表 8 - 4。

表 8 - 4 USTER® TESTER ME6 常发性纱疵灵敏度水平的设置

纱疵类型	灵敏度水平	纱疵的定义	纱疵的描述
细节	-60%	如果这个计数发生，细节部分的横截面仅仅是纱线平均值的 40% 或更小	严重的细节，很容易在距纱线锥形黑板几米外发现
	-50%	如果这个计数发生，细节部分的横截面仅仅是纱线平均值的 50% 或更小	较严重的细节，很容易在距纱线锥形黑板 1m 外发现
	-40%	如果这个计数发生，细节部分的横截面仅仅是纱线平均值的 60% 或更小	比较小的细节，只能在距锥形黑板很近的距离内发现
	-30%	如果这个计数发生，细节部分的横截面仅仅是纱线平均值的 70% 或更小	非常小的细节，几乎不能在纱线锥形黑板上发现
粗节	100%	如果这个计数发生，粗节部分的横截面是纱线平均值的 200% 或更多	严重的粗节
	70%	如果这个计数发生，粗节部分的横截面是纱线平均值的 170% 或更多	较严重的粗节，很容易在距纱线锥形黑板几米外发现
	50%	如果这个计数发生，粗节部分的横截面是纱线平均值的 150% 或更多	比较小的粗节，可在距纱线锥形黑板较近的距离内发现
	35%	如果这个计数发生，粗节部分的横截面是纱线平均值的 135% 或更多	非常小的粗节，几乎不能在纱线锥形黑板上发现
棉结	400%	如果这个计数发生，棉结部分的横截面是纱线平均值的 500% 或更大	非常大的棉结
	280%	如果这个计数发生，棉结部分的横截面是纱线平均值的 380% 或更大	很大的粗结，很容易在距纱线锥形黑板几米外发现
	200%	如果这个计数发生，棉结部分的横截面是纱线平均值的 300% 或更大	比较小的粗结，在距纱线锥形黑板很近的距离内是可以发现的
	140%	如果这个计数发生，棉结部分的横截面是纱线平均值的 240% 或更大	很小的粗结，只能在近距离测试时在纱线锥形黑板上发现

每当 USTER® TESTER 设置的纱疵灵敏度界限被超过，就意味着一个纱疵被计数。

（2）USTER® TESTER ME6 常发性纱疵的统计。

①与 USTER 公报的比较。对于一个纺纱技术人员来说，不仅知道自己是否在生产高质量

的纱线很重要，而且能够将自己的纱线质量和其他生产者的纱线质量进行比较也具有同等重要性。通过与 USTER 公报的对比，可以确定他的产品质量与世界范围内的质量水平相比，处于一个什么样的水平。

②纱疵频率的工厂内部统计。现代化的质量控制需要对纱线质量进行长期的监控。采用这种方法，可以发现一个纺纱厂或几个纺纱厂里用 USTER® TESTER ME6 测定一段时间内（几天，几周，几月，如果可能甚至是几年）的常发性纱疵的变异，同时通过这种方法确定它们的趋势并观察纱疵的变化情况。按照一定的时间间隔用绘图方式给出测试结果，这些结果可以表明每一种纱疵预设的报警界线。这些界限都是不能超过的。例如，可以参照一个好的批次的值，将报警界线设成标准偏差的 3 倍（$3s$）。对每一个测量点，标准偏差 s 也可以标注出来以表明变异的程度。

③常发性纱疵的置信区间。在对细节，粗节和棉结计数的统计试验表明，如果 1000m 纱线纱疵个数的平均值大于 30，可采用正态分布计算其置信区间；对于平均值小于 30 的纱疵，可直接根据泊松分布的统计图表查出置信区间；另外，也可以将泊松分布不对称的单值分布转变为对称的平均值分布，从而仍可用正态分布计算其置信区间。

2. 偶发性纱疵的检测

偶发性纱疵用纱疵分级仪进行检测，偶发性纱疵常分为短粗节、长粗节、长细节三种，由于出现的机会相对较少，必须测试足够的试样长度，通常以每十万米纱上的出现数表示。

（1）纱疵分级仪的发展概况。目前纱疵分级仪主要生产商有 USTER 公司、普瑞美公司、KEISOKKI 公司、LOEPFE 公司和陕西长岭纺织机电科技有限公司等。在 1967 年的欧洲国际纺织机械展览会上，Zellweger USTER Ltd 公司首次展出了 CLASSIMAT－I 型纱疵分级仪，到 70 年代中又推出了Ⅱ型，90 年代推出了Ⅲ型即由计算机控制的纱疵分级仪。USTER 公司的 USTER® CLASSIMAT 3 纱疵分级仪曾经提出了 23 级纱疵分级方法，随着电子清纱器技术的发展，USTER 公司开发的 USTER® CLASSIMAT QUANTUM 纱疵分级仪将纱疵分为棉结 5 级（0.2～1.0cm 非常短的粗节）、粗节 18 级、细节 4 级共 27 个级别。如今又推出最新一代 USTER® CLASSIMAT 5 纱疵分级仪，使其成为纱线生产商和用户不可或缺的精密工具，全面的质量测试使得稳定一致的质量得到保证。

（2）测试仪器。下面以 USTER® CLASSIMAT 5 纱疵分级仪为例介绍具体功能。

该仪器是 USTER 公司近期研发的产品，具有高精度、易操作的特点，不但延续并扩展了所有传统分级标准，同时增加了异性纤维、周期性纱疵、条干均匀度、常发性纱疵和毛羽的测试，并提出了异常值这一概念，来界定有害偶发性纱疵及异性纤维，增加了质量控制分析功能，也能够提供前几代 CLASSIMAT（USTER® CLASSIMAT QUANTUM 和 USTER® CLASSIMAT 3）测试结果的转换。功能强大的分析工具可指导用户优化清纱曲线，制订预防纱疵的各种措施，可与 USTER® STATISTICS 公报标杆进行综合比较，有利于与全球质量标准进行比对。该仪器采用全新电容式传感器，能够检测发现细小棉结（只能在印染布上看到的疵点）以及以前不能检测发现的粗细节疵点；设有新的异性纤维传感器，利用多重光源可对纱线的污染进行定位分级，还能分离纯棉纱和混纺纱内的有色纤维和植物纤维，区分有害疵点和无害疵点；独特的传感器组合，首次实现了对丙纶含量的检测及分级；该仪器与开清棉的 USTER® JOSSI VISION SHIELD、USTER® JOSSI MAGIC EYE、DECUROPROPSP－FP 型、SECUROMATSP－F 型异性纤维检测装置配合使用，提高了对异性纤维的检测和清除效率，减少了用工，提高了纱线质量及终端产品质量。

目前，国内普遍采用的纱疵分级仪器是 USTER 纱疵分级仪，其分级方法是根据纱疵长度和粗细来区分，棉结、粗节和细节标准分级和高级分级见图 8－9。

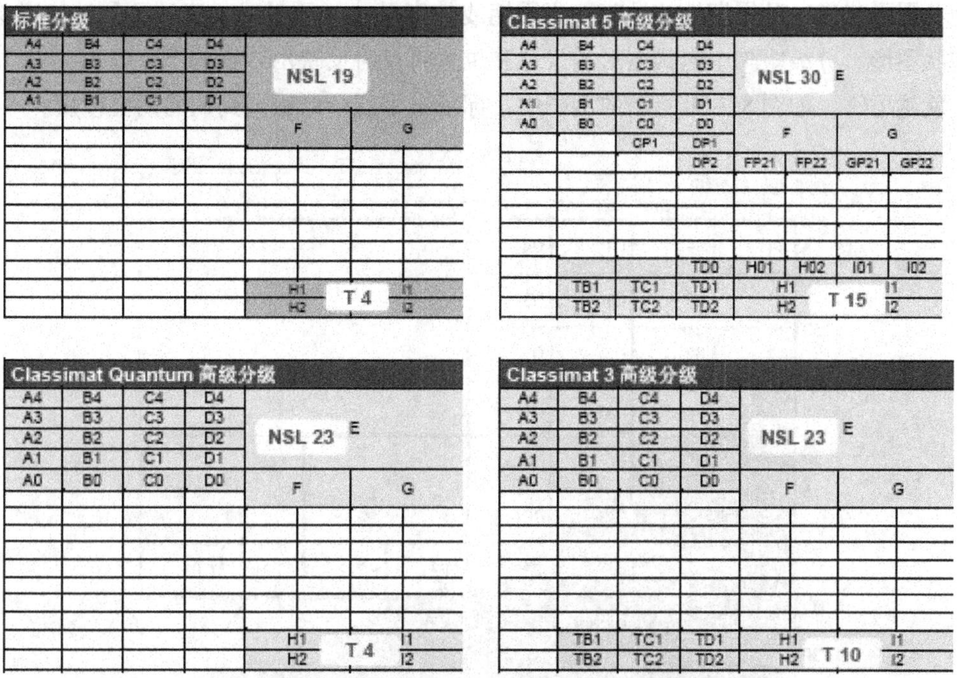

图 8－9　USTER® CLASSIMAT 5 纱疵分级仪对绵结、粗节和细节的分级图

①对粗节的定义。N—疵点，0.2～1cm 为非常短的粗节（棉结）；S—疵点，1～8cm 为短粗节；L—疵点，8～200cm 为长粗节。

②异性纤维/植物异性纤维分级矩阵（FD/VEG 分级）。该纱疵分级仪将异性纤维疵点分成 32 级，将植物纤维分成 32 级（仅对棉和混棉），具体见图 8－10。植物异性纤维检测可以

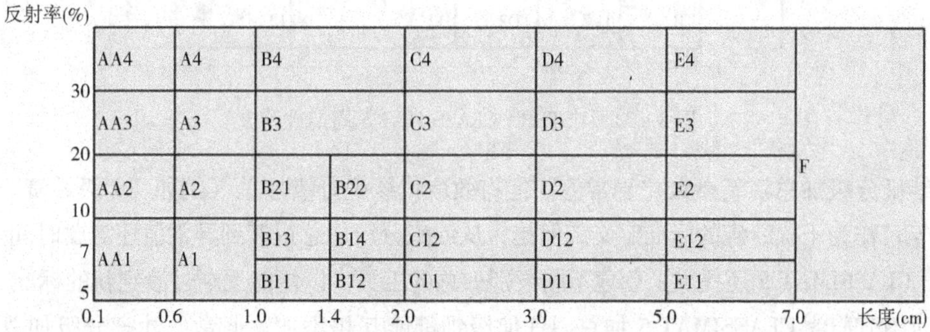

图 8－10　USTER® CLASSIMAT 5 纱疵分级仪异性纤维/植物异性纤维分级矩阵

辨别有机物（植物）纤维和无机物异性纤维。由于植物异性纤维可以在漂白工序中去除，通常被允许保留在纱线中，检测结果可以有效降低异性纤维切断次数。

植物异性纤维（VEG）分级和丙纶丝（PP）的检测仪适用于棉纱或混纺中棉纤维含量大于30%的混纺纱。丙纶丝疵点可分为短丙纶（小于10mm）或长丙纶（10mm以上）。

③周期性纱疵分级（PF）。该纱疵分级仪具有一个新的周期性纱疵分级功能（PF），其中纱疵显示在专门的泡状图形里。矩阵中泡状图的中心显示纱疵的平均尺寸（质量和长度）。一个泡状图形代表一种周期性的纱疵，当周期或纱疵尺寸（质量或长度）不同时，就会产生新的泡状图形。分级矩阵中泡状图形的尺寸和位置将及时反映出纱疵的严重程度，尺寸越大，干扰性就越厉害。如图8－11所示的例子中，标示出了五个已检测到的周期性纱疵。

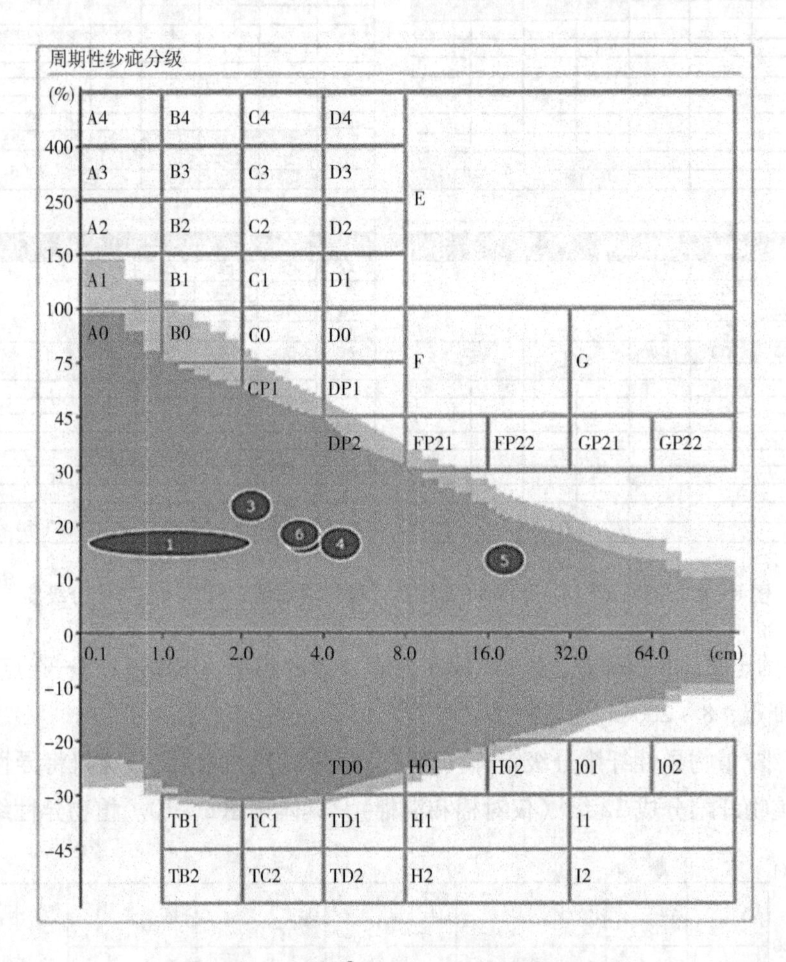

图8－11 USTER® CLASSIMAT 5 周期性纱疵

④纱疵分级加总。新参数“异常值”能有效取代纱疵分级加总（例如“9级纱疵”“12级纱疵”等）作为干扰纱疵的标准定义。但是，从纱疵分级加总过渡到异常值还需要时间。因此，USTER® CLASSIMAT 5还提供了创建不同级别加总的工具，以便能逐渐过渡到新的标准。

通过USTER® CLASSIMAT 5加总，任何级别都能互相添加。通常，纱疵分级加总必须根据纱线类型来指定。但是，在一个工厂内并采用同种纱线时，最好始终定义相同的加总。纱疵分级加总可显示在标准表格报告中以及趋势图中。加总直接在设置窗口进行定义。已定义加总的结果显示在图 8－12 的报告中。该表格为用户提供了各种预定义加总的快速概览。

类型	名称	汇总定义
NSL	USTER Top 12	A3+A4+B3+B4+C3+C4+D2+D3+D4+E+F+G
NSL	USTER Top 16	A3+A4+B2+B3+B4+C1+C2+C3+C4+D1+D2+D3+D4+E+F+G
NSL	USTER Top 9	A3+A4+B3+B4+C3+C4+D2+D3+D4
NSL	USTER Total faults NSL (Std classes)	A1+A2+A3+A4+B1+B2+B3+B4+C1+C2+C3+C4+D1+D2+D3+D4+E+F+G
T	USTER Total faults T (Std classes)	H1+H2+I1+I2

类型	名称	绝对值	相对值
NSL	Test Sum name	18	9.0/100km
NSL	USTER Top 12	5	2.5/100km
NSL	USTER Top 16	6	3.0/100km
NSL	USTER Top 9	0	0.0/100km
NSL	USTER Total faults	950	475.0/100km
T	USTER Total faults	3	1.5/100km

图 8－12　USTER® CLASSIMAT 5 预定义的分级加总

⑤自定义分级。应用于粗节、细节和异物，通过设定自定义分级（图 8－13），用户可以关注划定区域内的纱疵总数。

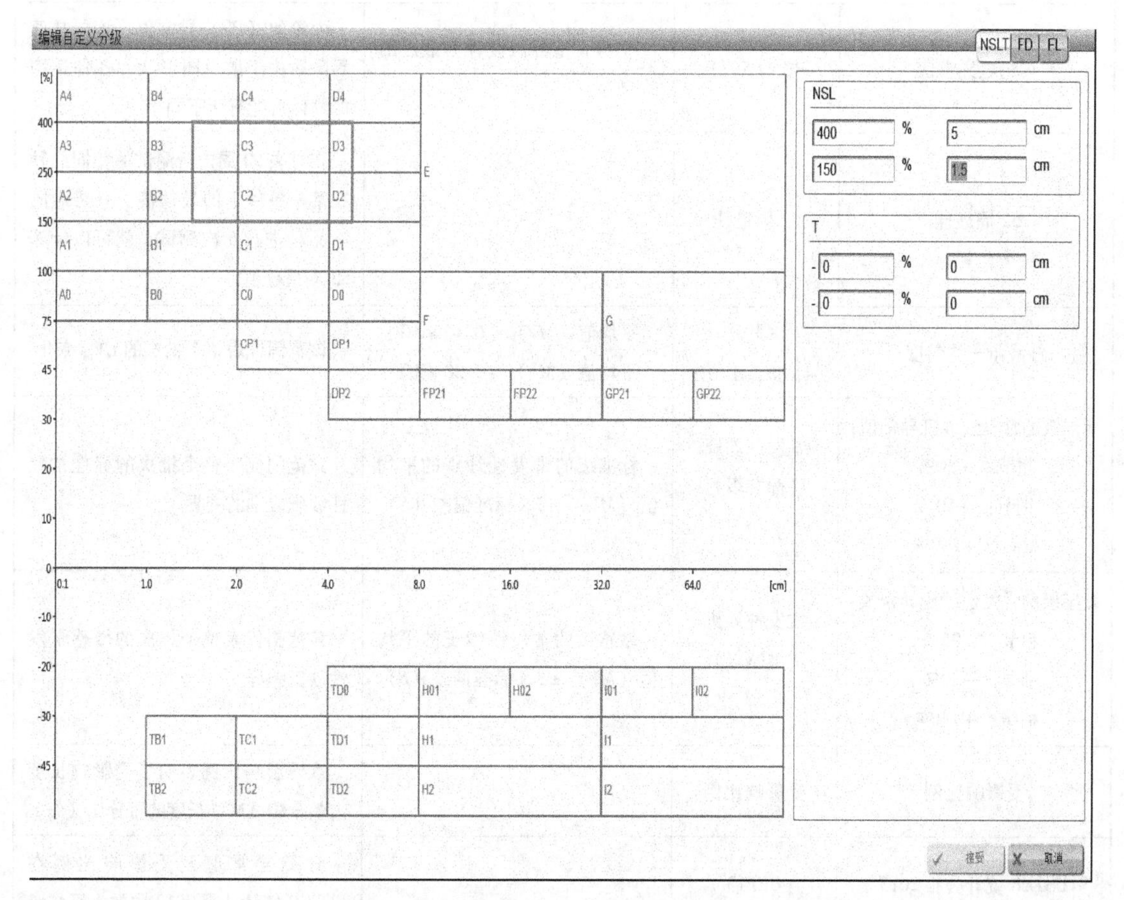

图 8－13　USTER® CLASSIMAT 5 自定义分级

⑥一种定义干扰性纱疵的新方法——异常值（OL）。它是指可能影响织物外观或纱线在后续加工过程中的性能表现的一个或多个疵点。USTER® CLASSIMAT 5 纱疵分级仪引入了异常值测量功能，并为所有类别的纱疵提供了详细的异常值信息。异常值包括棉结、短粗节、长粗节和细节（NSLT），包括丙纶丝等的异性纤维，以及主要品质参数。表 8－5 中列出了异常值的定义及其说明。

表 8－5　质量异常值定义及其说明

异常值及类型	缩写	界限	描述
NSLT 异常值	NSL（100%） T（－65%）	NSL 异常值界限设置为高于纱体™的 100% T 异常值界限设置为纱体™的－65%	棉结、短粗节、长粗节和细节（NSLT）等异常值。该异常值界限取决于纱体™形状，各种类型的纱体可能不同
FD 异常值	FD（8%，2cm）	FD 异常值曲线经过 8% 和 2cm 的交叉点	有色异性纤维（FD）异常值
VEG 异常值	VEG （10%，2.6cm）	VEG 异常值曲线经过 10% 和 2.6cm 的交叉点	植物性物质异常值（VEG）。VEG 异常值界限是固定的，适用于所用类型的纱疵
丙纶丝异常值	PP（65%）	PP 异常值界限设置为散点图的 65%	丙纶丝（PP）异常值。该异常值界限取决于散点图形状，各种类型的纱体可能有所不同
52 周最佳	52 周最佳	—	在过去 52 周内所测试的相同品种在某一条件下的最佳值。只要对同一品种进行 5 次测试，就可以计算 52 周最佳值
纱线条干均匀度	CV_m （－16%，＋20%）	平均值（MV）$-0.16 \times MV$； 平均值（MV）$+0.20 \times MV$	该范围代表整个批次的 CV_m 变化
标准级的常发性纱疵异常值： 粗节：＋50% 细节：－50% 棉结：＋200%	常发性纱疵 （标准级） $3S$	标准级的常发性纱疵的平均值（MV）$\pm 3 \times$标准偏差（S）	该范围代表整个批次的标准常发性纱疵级别的变异
敏感级的常发性纱疵异常值： 粗节：＋35%， 细节：－40%， 棉结：＋140%	常发性纱疵 （敏感级） $3S$	敏感级的常发性纱疵的平均值（MV）$\pm 3 \times$标准偏差（S）	该范围代表整个批次的敏感常发性纱疵差异
受影响比例	受影响比例	—	该受影响比例表明了受影响长度占整个测试试样长度的百分比（%）
USTER 统计公报 2013	UEP13	—	介绍异常值及受影响比例在 USTER 统计公报 2013 中的水平位置

⑦分析功能。

a. 清纱曲线分析功能，通过分析保留的纱疵来评估清纱极限的适用情况，然后与USTER的参考清纱极限比较。在对比的基础上每一种类型的纱疵（NSL/T，FD，VEG，FL和PP）都会计算出一个清纱指数（图8－14）。

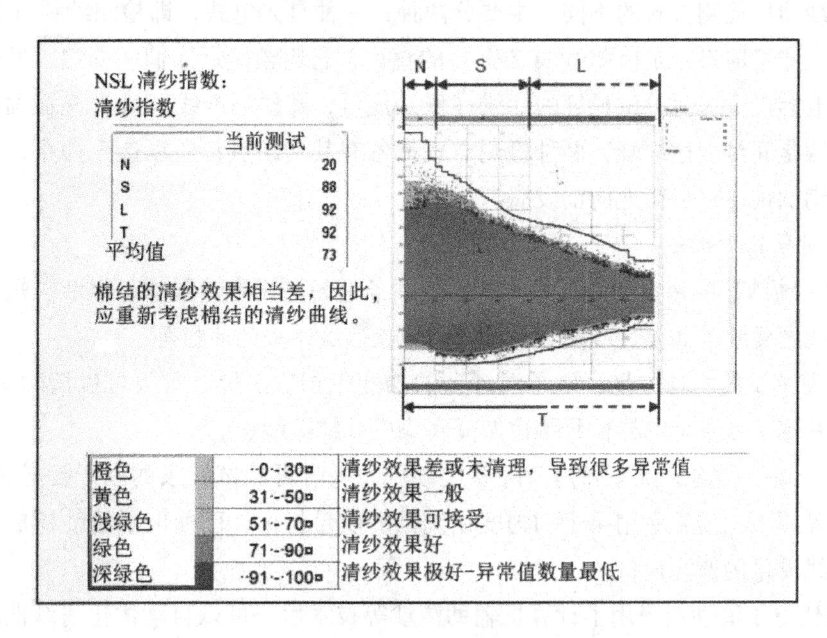

图8－14　USTER® CLASSIMAT 5清纱曲线分析功能

b. 品质比较分析功能，通过一种新型工具，对比不同纱线或批次的质量，并最终选择适合特定用途的纱线。分析结果以颜色代码的形式来呈现，以确定最佳（深绿色）和最差（橙色）品质，点击可以查看具体值。图8－15使用该工具将五个供应商产品的分析结果进行对比，显示测试样本3的供应商似乎是最佳供应商。此外，还可以和USTER统计公报或用户自己的内部数据进行对比分析。

Nec 30.0, CO 100%, Combed, Ring spun, Cone, Knitting

参数	试样1	试样2	试样3	试样4
不匀率（基于纱体）	187.1	[illegible]	190.4	188.7
NSLT异常（每百千米加总）	[illegible]	4.5	19.5	19.5
Q参数异常（总受影响比重%）	3.0	3.5	[illegible]	[illegible]
异物密度（基于异物面积）	[illegible]	18.8	15.0	19.5
植物（VEG）	28.3	24.5	[illegible]	25.7
异物异常（每百千米加总）	15.5	22.0	[illegible]	14.0

色码	等级排名
深绿	最佳品种
绿色	居第二位品种
浅绿	居第三位品种
黄色	居第四位品种
橙色	居第五位品种

图8－15　USTER® CLASSIMAT 5品质比较步骤

二、纱疵的在线检测

电子清纱器是安装在络筒机或新型纺纱设备上的在线检测和清除纱疵的装置，是以清纱工艺要求为目的，以电子技术和微电子为手段，组成一个能自动检测并有效控制纱疵的一种面广量大的电子设备。

电子清纱器按检测方式的不同，主要分两种：一种是光电式，即检测纱线（疵）的轮廓形象，如不太严格地讲，是检测纱线（疵）的直径，它比较接近人们的视觉；另一种是电容式，即检测电容极板这一单位长度的纱线（疵）质量，即检测纱线（疵）横截面的变化。因此，电容检测是间接表达纱疵。两种检测方式都各有其优缺点，所以迄今为止，两种检测方式谁也没有淘汰谁，且平行地向前发展。

1. 电子清纱器的功能

（1）电子清纱器的基本功能是检测并清除纱条上超过设定界限的长粗节、短粗节、细节和双纱、错线密度纱等偶发性纱疵，有的还可以检验捻结头的质量等。

（2）随着测试技术的进步，电子清纱器的功能也相应扩展，不仅可以清除偶发性纱疵，同时可检测和清除纱条上的异性纤维以及受污染的纤维等纱疵。

（3）电子清纱器的最新发展是清除各类纱疵，同时可测试纱条的条干变异系数、毛羽、常发性纱疵等原来在实验室用条干均匀度仪测试的质量指标，已使电子清纱器成为多功能的在线检测纱线质量的监测设备。

（4）现代电子清纱器采用了计算机辅助清纱等技术后，可以自动优化清纱曲线，合理设定清纱界限。有的清纱器配置了植物过滤功能，可以分别清除无机的异性纤维和有机的籽屑、碎叶等杂物，前者必须清除，后者可留在后加工工序中再除掉，以减少清纱器切断纱线的次数，兼顾提高络筒机效率和清除必要的有害纱疵。

（5）可以设置报警功能。当检测出纱疵数超过设定范围或发生故障时，可发出警报或停车，以便及时剔除不合格的产品或维修设备。

2. USTER QUANTUM 3 型电子清纱器

USTER QUANTUM 3 型电子清纱器是目前市场上最先进和智能化的清纱器之一，它的基本传感器为电容式和光电式传感器，因此，USTER 公司目前是全球唯一一家同时拥有电容式电清和光电式电清两种电清的技术公司。

基本型 QUANTUM 3 型电清主要对偶发性纱疵，如棉结 N、短粗 S、长粗 L、细节 T、启动线密度偏差 C（C_p/C_m）、连续线密度偏差 CC（CC_p/CC_m），以及周期性纱疵 PF、不良捻接接头 J（J_p/J_m）、深色异性纤维 FD、浅色异性纤维 FL、白色丙纶丝 PP 等有害纱疵进行检测和清除。与上一代 QUANTUM 电清以及同类产品相比，其突出之处是推出了纱体功能。纱体是纺纱原料、纱线线密度、纺纱生产流程、纺纱设备以及生产管理等因素的综合反映，在图 8－16 中纱体显示为深绿色区域，浅绿色区域为纱体变异；根据纱体的概念，USTER 公司向用户推荐清纱曲线的设置沿着纱体进行。

USTER QUANTUM 3 同时还具有智能清纱以及纱疵在线分级等功能。SMARTLIMIT 智能清纱功能可以帮助用户根据纱体快速设置清纱曲线，确保清纱质量能够满足成纱质量要求；

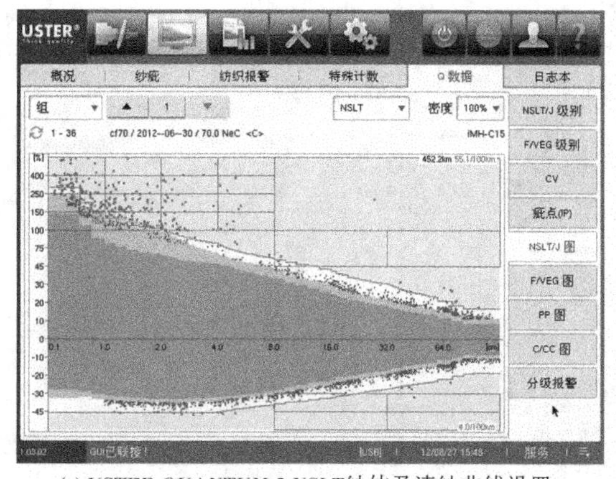

(a) USTER QUANTUM 3 NSLT纱体及清纱曲线设置

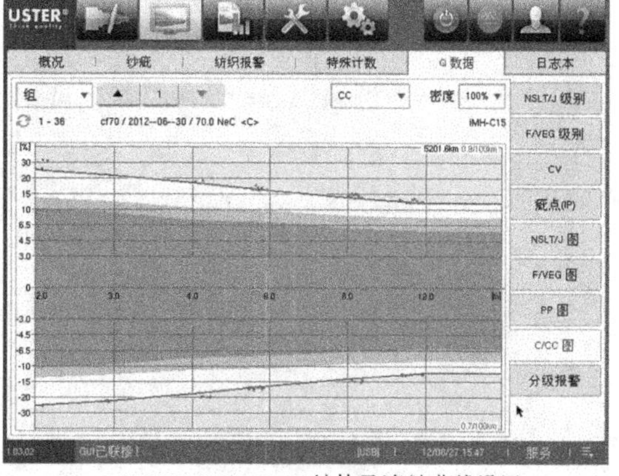

(b) QUANTUM 3 CC纱体及清纱曲线设置

图 8 – 16　USTER QUANTUM 3 NSLT 和 QUANTUM 3 CC 纱体及清纱曲线设置的对比

QUANTUM 3 的纱疵在线分级功能，可以帮助客户快速了解每个级别上纱疵的总数量以及保留或清除的纱疵数量，了解生产过程中存在的问题，与竞争对手对比纱疵分级数据，也可以快速了解成纱质量的好坏及原料配棉等生产因素。具体如图 8 – 17 所示。

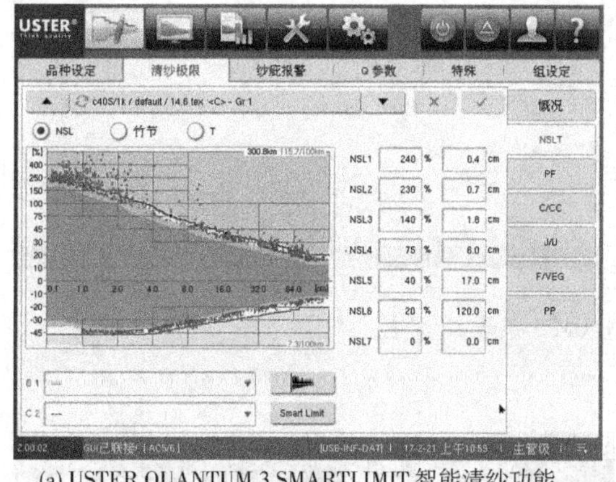

(a) USTER QUANTUM 3 SMARTLIMIT 智能清纱功能

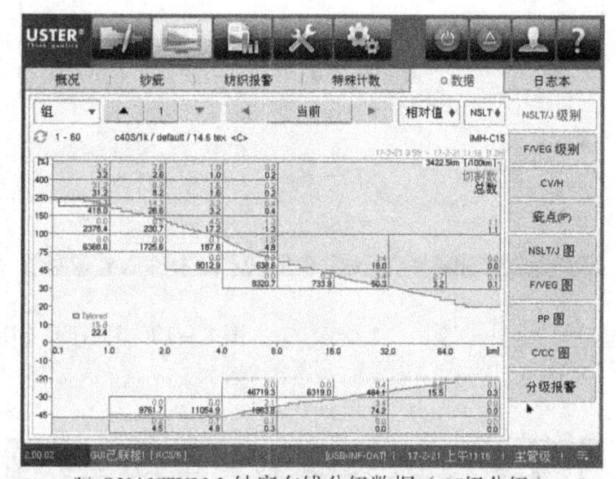

(b) QUANTUM 3 纱疵在线分级数据（45级分级）

图 8 – 17　USTER QUANTUM 3 SMARTLIMIT 智能清纱功能和 QUANTUM 3 纱疵在线分级数据

USTER QUANTUM 3 型电清还可以对常发型纱疵 IP，如棉结（+140%、+200%、+280%、+400%），粗节（+35%、+50%、+70%、+100%），细节（-30%、-40%、-50%、-60%），纱线条干 *CV* 值，以及毛羽 *H* 值等质量参数进行监控，对不良管纱进行锁定剔除。对纱疵、条干和毛羽指标的监控显示如图 8 – 18 ~ 图 8 – 20 所示。

根据以上检测的质量参数可以看出，USTER QUANTUM 3 型电清不仅可以帮助用户及时准确地清除有害纱疵，还可以实现 100% 的在线质量监控，剔除有害管纱，确保成纱质量的一致性，减少终端客户对成纱质量的投诉。每个 USTER QUANTUM 3 智能清纱器，实际上是包含了条干仪、毛羽仪以及纱疵分级仪的一座小型实验室；并且 QUANTUM 3 在线监控的质

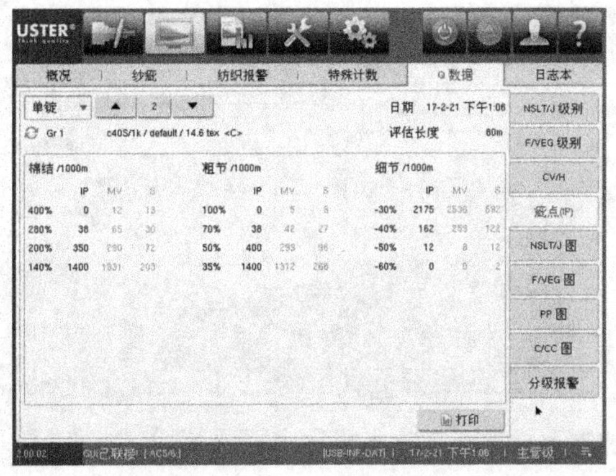

图 8－18 USTER QUANTUM 3 IP 纱疵监控

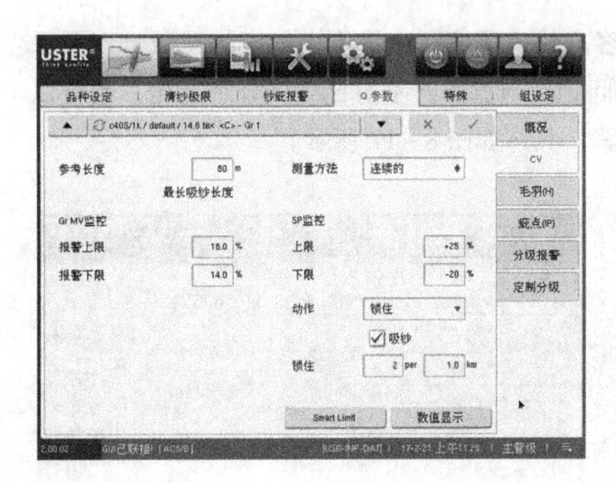

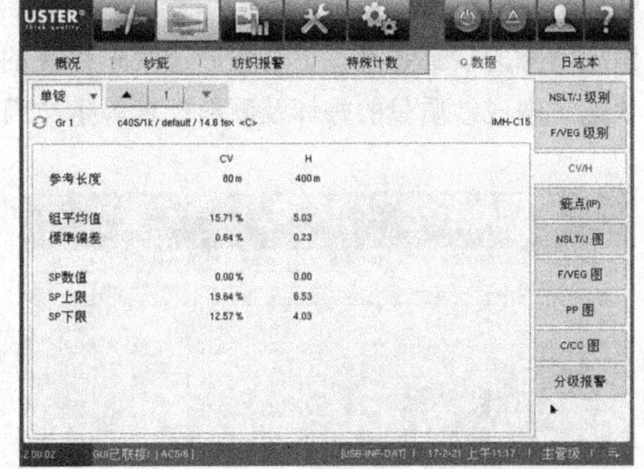

图 8－19 USTER QUANTUM 3 条干 CV 监控

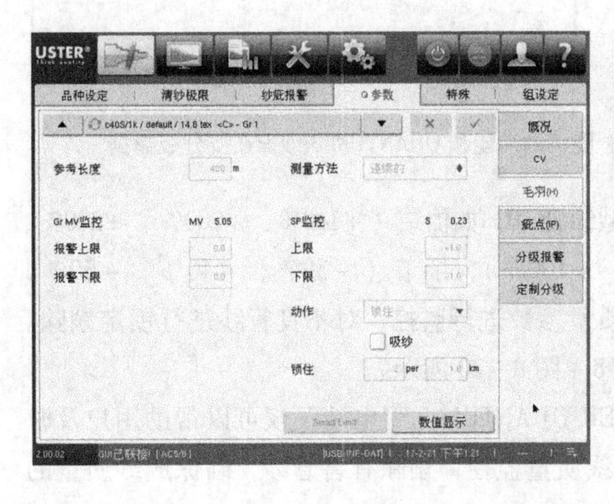

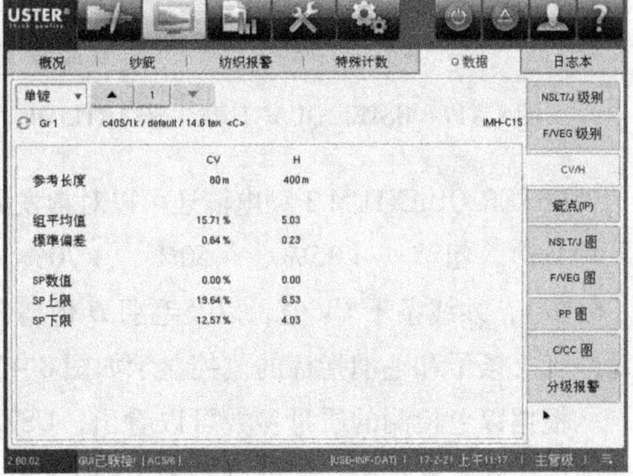

图 8－20 USTER QUANTUM 3 毛羽 H 值监控

量数据与实验室仪器测试的数据相比，也具有很好的相关性。

3. 电子清纱器的发展趋势

（1）异色异质纤维检测。目前国内电子清纱器和国外品牌还有一定差距，如 USTER 公司的 QUANTUM 3、LOEPFE 公司的 ZENIT - FP、PREMIER 公司的 IQON 电子清纱器，除了具备异色检测功能外，均对同色或透明异质纱疵能够进行检测和有效清除，USTER QUANTUM 3 检测头具有光电和电容两种基本传感器，均可以选配异性纤维功能，其异性纤维检测传感器使用的是复合光源，为红光和绿光，属于可见光源；洛菲 ZENIT - FP 检测头有三个传感器，分别检测常规纱疵、彩色异性纤维、白色和透明合成材料异性纤维。

（2）嵌入式平台设计。采用先进的 ARM 技术和 DSP 技术、嵌入式平台设计，不仅处理速度快、功耗低，而且操作简便，可实现联网监控，便于机台清纱数据的远程联网监控。

（3）个性化纱线的精细检测。目前，色纺纱、段彩纱、彩点纱、竹节纱等个性化纱线产品市场不断扩大，电清检测应紧跟此趋势，满足用户对多品种小批次个性化纱线的精细检测。以竹节纱为例，竹节纱是一种比较特殊的纱线，基纱部分细，竹节部分比较粗，电子清纱器不但要清除常规纱疵（棉结、短粗节、长粗节、长细节），切掉大的纱疵，还要根据用户需求，精细化设置竹节节距、基纱线密度、竹节部分线密度等参数，个性化保留正常的基纱部分和竹节部分，通过精细的门限设定清除短细节、链状纱疵等有害纱疵。并且根据用户需求，实现全车可纺多组不同参数品种竹节纱。

（4）智能专家系统。电子清纱器智能专家系统通过统计监测各纱疵数据，记忆分析用户工艺参数的设定，根据用户质量需求，推荐合理的清纱曲线，帮助纱线厂家不断修正，直至得到理想的质量控制方案。

☞ 思考题

1. 纱疵的基本概念及分类方法。
2. 阐述常发性、偶发性纱疵的分类及检测方法。
3. 异性纤维的概念及清除的主要措施。

第九章　纺纱工艺设计

本章知识点

1. 掌握棉纺加工工艺流程。
2. 掌握棉纺工艺设计的主要原则和主要参数设置。
3. 掌握棉纺生产中半制品的主要质量指标及控制措施。

纺纱工艺设计是指纺纱工艺流程和工艺装备设计的总称，贯穿于产品研发、技术研究、产品质量控制与管理的全过程，是生产技术管理的核心组成部分。纺纱工艺是将原料进行加工纺纱的方法，纺纱加工进行得顺利与否以及最终产品的质量好坏，除了与纺纱设备和状况有关外，还与生产的操作方法有关，同时还主要受到纺纱工艺设计合理与否的影响，即“设备是基础，操作是关键，工艺是核心，质量是生命”。在生产过程中，由于工艺设计中有的参数并不是一成不变的，它将随着原料、半制品、成品质量的要求和许多相关参数间的变化而变化。所以，在纺纱工艺设计时，既要考虑设备和操作，又要考虑所加工原料的性能和最终产品的要求。

本教材以介绍棉纺工艺设计为主，兼顾化学纤维、棉与化学纤维混纺，讲述纺纱工艺设计的一般思路，其他原料可参考相关资料进行设计。

第一节　纺纱工艺设计的一般步骤

一、纺纱工艺设计的原则

纺纱工艺设计的主要依据是棉纱的规格和质量要求，现有的使用原料和设备条件。另外，还应考虑现有的技术水平和管理水平。因为工艺设计的目的是加工出符合要求的棉纱，所以制订工艺计划、选择工艺参数都要以保证棉纱质量为出发点。当然使用的原料和设备条件及状态对棉纱质量有直接的影响，进行工艺设计时必须认真考虑。在保证产品质量的条件下，还应考虑各机台的产量，并尽可能地降低消耗。如果现有技术力量比较强，管理水平比较高，工艺设计时选择的工艺参数可以放宽，如机器的速度可以适当提高，以提高产量。确定工艺参数的原则是首先保证产品质量，然后保证生产过程顺利进行，并在保证后道工序产量平衡的条件下充分发挥设备的潜力。

二、纺纱工艺设计的内容

根据纱线产品的最终用途和质量要求进行原料选配，纺纱工艺流程、设备及器材选型与配置，纺纱工艺参数的优化设计与试验，制订生产环境与操作要求、主要产品质量及消耗指标等。在产品加工过程中，纺纱工艺设计包括以下内容：工艺流程的确定，各道设备的牵伸倍数，出条重量和并合数的确定；罗拉隔距和加压量的选择；锭速、捻度、集合器大小和钢丝圈选择等。因为纺织企业是连续化的大生产，所以它们之间的工艺条件相互关联。由于产品类别不同，这些纺纱工艺参数的数据也各不相同，即使同一种产品，也因原料差异、设备条件、管理水平和技术条件的差异，这些纺纱工艺参数的数据也不尽相同。无论选择什么样的纺纱工艺参数，都必须保证最终产品符合成品的技术条件，因此，必须合理选择纺纱工艺参数，保证设计出合格的纺纱产品。

三、工艺流程及主要设备的选择

工艺流程及主要设备的选择原则如下。

（1）尽量采用新工艺、高效能的机台，以保证设计方案投产后能获得较高的机器生产率和劳动生产率。

（2）在保证成纱质量的前提下，尽量缩短工艺流程，以减少机器配台的数量，节约基建投资，降低生产成本。

（3）工艺流程的选择应有一定的灵活性，应能在一定范围内适应不同产品的加工要求。

（4）应能改善劳动条件，减轻劳动程度，如采用自动清洁装置，自动换筒装置，加大卷装容量，实行操作和运输机械化。

四、纺纱工艺设计的步骤

不同的设计内容，有不同的设计步骤，总体来说，纺纱工艺设计的步骤包括以下几个方面。

（1）确定纺纱工艺设计的工艺流程。

（2）计算细纱的实纺特数。

（3）确定纺纱过程中各工序的工艺参数（牵伸倍数、出条重量等）。

（4）根据实际情况，确定前纺其他工序的工艺参数（罗拉隔距、加压量和速度等）。

（5）根据前纺的实际情况，确定后纺各工序的工艺参数。

（6）填写纺纱工艺设计单。

五、纺纱工艺设计应该掌握的技术资料

纺纱工艺设计时，必须对所使用的设备有一个完整和详细的了解，掌握有关设备和专件的资料，作为设计的依据和纺纱工艺设计的原则。工艺设计时掌握的资料应该包括以下几个方面。

（1）企业所使用设备的有关规格和性能。

（2）纺纱设备工艺条件变化的范围。

（3）企业所使用设备的运转状态。

(4) 目前企业所使用的原料的种类和性能。

第二节　纺纱工艺系统及原料的选配

一、纺纱工艺系统

棉纺纺纱工艺系统主要包括普梳纺纱系统、精梳纺纱系统和混纺纺纱系统等。

1. 普梳纺纱系统工艺流程

开清棉→梳棉（或清梳联）→并条（头道）→并条（末道）→粗纱→细纱→后加工

2. 精梳纺纱系统工艺流程

开清棉→梳棉（或清梳联）→精梳前准备→精梳→并条（头道）→并条（末道）→粗纱→细纱→后加工

3. 混纺纺纱系统工艺流程

棉：开清棉→梳棉→精梳准备→精梳→棉条
化学纤维：开清棉→梳棉→预并→化学纤维条
（两者合并）→并条（三道）→粗纱→细纱→后加工

二、纺纱各工序遵循的原则

1. 清花工序

清花工序遵循“合理配棉、多包取用、加强混合、短流程、低速度、精细抓棉、混合充分均匀、渐进开松、自由打击、减少翻滚、多分梳、多松少打、薄喂入、轻定量、早落少碎、少伤纤维、以梳代打”的工艺原则。纯棉、棉型化学纤维与中长化学纤维要根据具体情况选择。

2. 梳棉工序

梳棉工序遵循“分梳适当、轻定量、低速度、多回收、小张力、好转移、快转移、小加压、通道光洁畅通、防堵塞、大速比、合适的隔距及五锋一准”的工艺原则。

3. 并条工序

并条工序遵循“合适的隔距、稳握持、强控制、匀牵伸、顺牵伸、多并合、重加压、轻定量、低速度、防缠绕”的工艺原则。

4. 精梳工序

精梳工序遵循“重准备、少粘卷、把握定时定位、平衡落棉、缩小眼差、重加压、准咬合、两锋一准”的工艺原则。恪守偶数定则，使数量较多的弯钩纤维呈前弯钩方向喂入精梳机。

5. 粗纱工序

粗纱工序遵循“轻定量、大隔距、重加压、大捻度、小张力、小伸长、小后区牵伸、小钳口、适中的集合器口径”等工艺原则。

6. 细纱工序

细纱工序遵循“大隔距、中捻度、重加压、中弹中硬胶辊、中速度、小后区牵伸、小钳口、合适的温湿度”等工艺原则。

三、原料选配

织物品质与构成织物的纱线品质密切相关。纱线品质又取决于原料性质。不同的纱线种类和用途，其原料选择又是选择纺纱工艺流程、机型和工艺参数的主要依据。

1. 原棉选配

（1）按纱线特数选配原棉。细特纱线都用于高档织物或股线，成纱质量要求较高。一般应选择色泽洁白、品级较高（1.5 ~ 2.8）、成熟度适中、纤维特数和强力较高、纤维较长（30 ~ 29mm）、整齐度较好和杂质疵点较少的原棉。

（2）按纱线用途和加工工艺选配原棉。

①精梳棉纱。精梳棉纱多用于高档产品，要求纱线条干均匀，棉结杂质少。因此，应选择色泽乳白、品级高、纤维成熟度适中、纤维特数和强力较高、纤维较长、棉结杂质较少的原棉。

②机织用纱。经纱在准备和织造过程中，要经受反复摩擦和较大张力。因此，对其强力要求应高于纬纱，特别是细特纱，高经纬密的单纱织物或纬密较高的织物，对纱线强力要求更高。所以应选配成熟度适中、纤维特数小和强力较高、纤维长度较长的原棉。

2. 配棉主要指标

原棉的主要指标包含等级、长度、线密度、强力、成熟度、马克隆值、含糖率、含杂率、棉结索丝、黄度、反射率等；化学纤维的主要指标包括长度、线密度、强力、伸长率、疵点、含油率、长度偏差和纤度偏差等。常规产品的配棉参考指标见表 9 - 1，常规化学纤维混纺产品参考指标见表 9 - 2。

表 9 - 1　常规产品的配棉参考指标

纱线类别		平均品级	最低品级	长度（mm）		产品
				平均	差异	
特细	≤10tex	长绒棉	—	35 以上	—	6tex 以下精梳纱、高速缝线、商标布、丝光织物、宽紧带、轮胎帘子线及特种用纱等
特甲		长绒棉或 1.2 ~ 1.8 的细绒棉	2	长绒棉或 31 ~ 33 的细绒棉	—	6 ~ 10tex 精梳纱、精梳全线府绸、精梳全线卡其、高档手帕、高档针织品、高档薄形织物、绣花线、羽绒布、巴里纱、缝纫线及特种工业用纱等
细特	10 ~ 20tex	1.5 ~ 2.0	3	29.0 ~ 31.0	2	10 ~ 20tex 精梳纱、精梳府绸、精梳横贡缎、高密织物、提花织物、高档汗衫、涤棉混纺织物以及刺绣底布等
细甲		2.1 ~ 2.6	4	28.2 ~ 30.5	2	半线府绸、半线直贡缎、府绸、羽绸、丝光平绒织物、割绒织物、汗衫、棉毛衫、色织物、被单、伞布、绉纱布、烤花绒、麦尔纱以及化学纤维混纺染色要求高的织物
细乙		2.3 ~ 2.8	4	28.0 ~ 30.0	2	半线织物（平布、哔叽、华达呢、卡其）的经纱

续表

纱线类别		平均品级	最低品级	长度（mm）		产品
				平均	差异	
中甲	20~32tex	2.3~2.8	4	27.5~29.5	4	府绸、纱罗织物、起绒织物、灯芯绒纬纱、割绒织物、汗衫、棉毛衫薄型卫生衫、化学纤维混纺织物、深色布及轧光和染色要求高的产品等
中乙		2.5~3.0	4	27.0~29.0	4	半线织物的纬纱、斜纹织物、哔叽、华达呢、卡其、直贡缎、色织被单、毛巾、鞋布、中帆布及无色织物
中丙		3.0~3.5	5	26.5~28.5	4	色纱、劳动布、蚊帐布、夹里布、粉袋布、蓬盖布、稀密布、印花布及漂白布等
粗甲	≥32tex	2.6~3.1	5	25.5~27.5	4	半线织物的纬纱、高档粗平府绸、起绒织物、针织起绒被单、床罩及深色布等
粗乙		3.0~3.8	5	25.0~27.0	4	平布、斜纹织物、哔叽、华达呢、卡其、直贡缎、坚固呢、服用帆布、纱布、疏松织物及印花布等
粗丙		4.1~4.8	5	24.5~26.5	6	工作服面料、粉袋布、粗帆布、底布、基布、垫布、劳动手套、贴墙布及糖袋布等

表9-2 常规化学纤维混纺产品参考指标

纱线类型	化学纤维原料		混纺原料	产品
中细特	黏胶纤维	0.17tex（1.5旦），36~40mm	细绒棉 27~31mm，大于6000公支（小于0.17tex）	黏棉混纺：中平布、细平布、哔叽、华达呢、针织物、黏腈混纺织物、黏毛混纺织物及黏维混纺织物
粗特（毛型）		0.22~0.28tex（2~2.5旦），35~38mm		
特细或精梳	涤纶	0.12~0.13tex（1.1~1.2旦），38~42mm	长绒棉或细绒棉，大于29mm，>6000公支（小于0.17tex）	涤纶纯纺：缝纫线、外衣面料、工业用织物 涤棉混纺：细平布、府绸、线纱卡、纱罗织物 涤黏混纺：细平内衣夏服面料、卡其 涤腈混纺：华达呢、平纹呢
		0.16~0.17tex（1.4~1.5旦），38mm		
中细特		0.17~0.22tex（1.5~2.0旦），32~35mm	细绒棉，27~31mm 5500~6500公支（0.15~0.18tex）	
细特	腈纶	0.17~0.20tex（1.5~1.8旦）	毛型多，棉型少	腈棉混纺：夏季服装面料、针织物、腈毛混纺织物及腈黏混纺织物

续表

纱线类型	化学纤维原料		混纺原料	产品
中粗特	锦纶	0. 28tex（2. 5 旦）	毛型多，棉型甚少	锦棉混纺：锦棉袜、领口、袖口、锦黏混纺织物及锦毛混纺针织物
中粗特	维纶	0. 16～0. 17tex（1. 4～1. 5 旦），35～38mm	—	维纶纯纺：中细布、帆布及工业用织物 维棉混纺：被里、床单、台布及风雨衣面料 维黏混纺：装饰布、针织内衣面料
股线		0. 13～0. 16tex（1. 2～1. 4 旦），38mm		
细特或中粗特	丙纶	0. 17tex（1. 5 旦），32～36mm	—	丙纶纯纺：过滤布、纱布 丙棉混纺：中平布、细平布、卡其及针织物 丙黏混纺：中平布、细平布、斜纹织物及针织物

3. 化学纤维选配

化学纤维可纯纺，也可与天然纤维或其他化学纤维混纺。化学纤维选配目的在于改善纤维纺纱性能、提高织物服用性能、降低产品成本，提高产品质量、增加产品品种。

纤维性能选配时，棉型化学纤维长度一般为 35～38mm，细度 1. 3～1. 7dtex（1. 2～1. 5 旦）。为了提高成纱强力，特种高强纱线可选用 1. 2dtex（1. 1 旦），高特纱选用 1. 3～1. 4dtex（1. 2～1. 3 旦），细特纱选用 1. 4 旦，中特纱选用 1. 7dtex（1. 5 旦）左右。即纱特数越小，选配化学纤维应越细。纤维长度长，成纱中纤维强力利用率高，成纱强力好。化学纤维越细，同特纱截面内纤维根数越多，强力越大，纱线条干越均匀，但细度过细易产生棉结，影响织物风格。化学纤维粗，刚性增加，织物毛型感较好。与棉混纺时，化学纤维细度与棉纤维接近。长度与细度间一般有如下经验式：

$$L/D \approx 1$$

式中：L——纤维长度，英寸；

D——纤维的旦尼尔数，旦。

$L/D > 1$，纺纱时易产生棉结；$L/D < 1$，细纱易发毛，可纺性差。

四、原棉性能差异的控制

为确保生产过程中原棉成分的稳定，避免原棉质量明显波动对成纱质量造成的不良影响，关键是控制好原棉性能的差异。在正常情况下，原棉性能差异的控制范围见表 9－3。

表9-3 原棉性能差异的控制范围

控制内容	混合棉中原棉性能间差异	接批原棉性能差异	混合棉平均性能差异
产地		相同或相近	地区变动小于25%，针织纱小于15%
品级（级）	1~2	1	0.3
长度（mm）	2~4	2	0.2~0.3
含杂	1%~2%	含杂率小于1%，疵点接近	含杂率小于0.5%
线密度（dtex）	0.15~0.2	0.12~0.15	0.02~0.06
断裂长度（km）	1~2	接近	小于0.5

第三节　各工序纺纱工艺设计

一、开清棉工艺设计

开清棉工序的工艺参数主要包括自动抓棉机、自动混棉机、开棉机和成卷机等的工艺参数。

1. 开清棉工序的主要任务

开清棉是棉纺工程的第一道工序，由于进入开清棉工序的原棉或化学纤维，大多数被压缩成很紧密的棉包和化学纤维包，而且在棉包中还存在各种杂质和疵点等，化学纤维包中也含有一些疵点等。为了纺出品质优良和符合国家标准的棉纱，这些杂质和疵点必须除去，而大部分杂质和疵点是掺夹在棉块和化学纤维块之中的，要清除这些杂质和疵点，首先必须要经过开松，同时，为了使原棉或化学纤维块以一定的成分混和起来，也必须经过开松。除杂和混和的好坏，在很大程度上取决于对原棉或化学纤维的开松程度。此外，为了下道工序的加工要求，对于卷喂梳棉机而言，还必须在清棉机上制成棉卷或化学纤维卷。因此，开清棉工序需要完成开松、除杂、混和及均匀成卷等主要任务。

开清棉工序所采用的单机种类较多，大致可分为自动抓棉机械、混棉机械、开棉除杂机械、清棉成卷机械以及辅助机械五大类。棉与化学纤维混纺，因两者性质和工艺要求不同，一般需要分别经过开清棉、梳棉工序成卷、成条，在并条工序混和。

开清棉工序的棉卷含杂的控制、棉卷的均匀度和正卷合格率等质量指标直接影响各工序半制品的质量和成纱质量。为了提高棉卷质量，一方面要充分发挥开清棉工序各单机的作用；另一方面也要制订必要的棉卷检验项目和控制指标，以确保成纱质量的稳定。

2. 开清棉工序机械的选择说明

（1）开清棉机械的主要任务是完成对原料的喂给开松、均匀混和、除尘、制成均匀的棉卷和棉层，输送给梳棉机加工。

（2）加工棉时，宜贯彻“多包细抓，多仓混和，梳打结合，多松少返，早落少碎，杂除两头，清梳联结，多项自动，棉卷均匀，结构良好”等原则。

（3）应合理配置开清棉开清点数量，以适应不同原料的含杂疵率，化学纤维较蓬松，含杂疵较少，开清点数量比棉要少。

（4）应合理选择打手形式和打击方式，从自由状态到握持状态打击，符合逐步开松的原则，使开松由缓和至剧烈，减少纤维损伤。当处理化学纤维时，打手形式应用梳针辊筒式。

（5）应交替配置一定数量的棉箱机械，一般2~3箱，以保证定量供应和精梳密度稳定，促使棉卷层结构均匀。

（6）配置多仓混棉机，更能提高混和效果，使染色均匀。

（7）流程的输棉管中需设置间道装置，以适应开清点和棉箱机械数量的配置，使单机组合具有灵活性和适应性，组合流程应有防铁装置、金属除尘探测装置以及优良的凝棉器。

3. 开清棉工序的工艺流程

开清棉工序的工艺流程主要包括以下两种。

（1）纺棉工艺流程。

FA002A型圆盘式抓棉机×2→TF30A型重物分离器（附FA051A型凝棉器）→FA016A型自动混棉机（或FA022型多仓混棉机）→FA106型豪猪式开棉机（附A045型凝棉器）→A062型电器配棉器→FA046A型振动棉箱×2→FA141A型成卷机×2

（2）纺化学纤维工艺流程。

FA002A型圆盘式抓棉机×2→FA022型多仓混棉机（或FA016A型自动混棉机）→FA106型豪猪式开棉机（附A045型凝棉器）→A062型电器配棉器→FA046A型振动棉箱×2→FA141A型成卷机×2

4. 抓棉机的工艺参数与控制范围

自动抓棉机不仅要满足流程的产量要求，而且还要对原料进行缓和充分的开松，工艺上要求抓棉机抓取的纤维块尽量小。精细抓取可提高开清棉全流程的开松效果，并有利于后道机台能更好地开松、除杂、混和均匀。自动抓棉机的工艺原则是在保证供应的前提下，尽可能少抓勤抓，以便于混和和除杂，生产过程中抓棉机的运转率控制在90%以上。影响开松效果的工艺参数包括以下几个方面：

（1）打手刀片伸出肋条的距离。刀片伸出肋条的距离大，刀片插入纤维层深，抓取的棉块重量大，开松效果作用差；反之，开松效果好。为提高开松作用，打手刀片伸出肋条的距离不宜过大，一般偏小掌握，控制在1.25~6.75mm之间。

（2）抓棉打手间歇下降距离。下降距离小时，抓棉机产量低，抓取的棉块重量小，开松效果好；反之，开松效果差。在满足产量的前提下，一般下降距离偏小掌握，控制在1.75~6.25mm之间。

（3）抓棉机小车的运行速度。适当提高运行速度，单位时间内抓取的原料成分增多，有利于混和效果的提高，一般控制在20.5~30.25m/min之间。

（4）抓棉打手的转速。转速高时，刀片抓取的棉块重量小，开松效果好；反之，开松效果差。一般情况下，环行式抓棉机抓棉打手的转速控制在650~950r/min之间；往复式抓棉机抓棉打手的转速控制在950~1250r/min之间。

（5）棉包排列。棉包的排列原则是避免同一成分原料重复抓取，即在棉包排列时，要做到轴向错开和周向分散。打手轴向不同位置各成分的平均等级差异要尽量减小，使平均等级接近。在上包操作过程中要做到稍高填平，同时，在排包时回花和再用棉要分散在棉包之间，最好先打包后使用。

抓棉机的开松工艺参数设计见表9－4。

表9－4　抓棉机的开松工艺设计参数

项目	有利于开松的选择	选择依据	参考范围
打手刀片伸出肋条的距离	小距离（可为负值）	锯齿刀片插入棉层浅，抓取棉块的平均重量小（打手刀片缩进肋条内，即不伸出肋条）	1～6mm（－5～0mm）
抓棉打手间歇下降动程	小动程	下降动程小，抓取棉块的平均重量小（该动程应和打手刀片伸出肋条的距离相适应，即打手刀片伸出肋条的距离小时该动程也小）	2～4mm
抓棉打手的转速	高转速	打手高转速，开松作用强烈，棉块平均重量小，但对打手的动平衡要求高	740～900r/min
抓棉小车的运行速度	低速度	小车低速运行，抓棉机产量低，单位时间抓取的原料成分少	0.59～2.96r/min

5. 自动混棉机的工艺参数与控制范围

（1）影响自动混棉机开松作用的工艺参数，主要包括以下几个方面。

①两角钉机件间的隔距。主要是指均棉罗拉与角钉帘之间的隔距和压棉帘与角钉帘之间的隔距。隔距小，开松效果好，有利于均匀给棉；反之，开松效果差。但隔距过小，易造成堵车，影响混棉机的开松作用。一般情况下，均棉罗拉与角钉帘之间的隔距控制在30～65mm之间，压棉帘与角钉帘之间的隔距控制在40～80mm之间。

②角钉帘和均棉罗拉的速度。角钉帘速度过大时，单位时间内被角钉帘带出的纤维层增多，产量增加，但开松作用减弱，所以要适当控制角钉帘的速度。均棉罗拉的速度适当增大时，棉块受打击的机会增多，同时打击力增加，开松效率提高，开松效果较好。

③角钉倾斜角和角钉密度。减少角钉的倾斜角，角钉对棉块的抓取力增大，有利于角钉帘的抓取，棉块也不易被均棉罗拉击落；但角度过小影响抓取量。角钉的植针密度过小，开松次数减小，棉块容易嵌入钉隙之间；但密度过大时，影响开松效果。

（2）影响自动混棉机除杂作用的工艺参数，主要包括以下几个方面。

①尘棒间的隔距。为了充分排除棉籽等大杂，尘棒间的隔距应大于棉籽的长直径，一般在9.5～12.5mm之间。

②剥棉打手和尘棒间的隔距。一般采用进口小和出口大的工艺原则。进口小可增加纤维块在进口处的开松作用；随着纤维块逐渐松解，体积逐步增大，适当放大出口处的隔距有利于杂质的下落和纤维块的向前输送。一般情况下，进口控制在6～18mm之间，出口控制在8～22mm之间。

③剥棉打手的转速。打手转速的高低，直接影响纤维块的剥取和纤维块对尘格的撞击作

用，对开松和除杂均有影响。打手转速过高，易出现返花，形成束丝或棉结。一般情况下，剥棉打手的转速控制在350～750r/min之间。

④尘格包围角与出棉形式。当采用上出棉时，尘格包围角较大，由于棉流经剥棉打手输出形成急转弯，可利用惯性除去部分比较大的杂质，但同时需要增加出棉风力。当采用下出棉时，尘格包围角较小，对除杂作用有一定的影响。

6. 多仓混棉机的工艺参数与控制范围

影响多仓混棉机混和、开松作用的工艺参数，主要包括换仓压力、光电管的高低位置、喂入量和输出量、开棉打手转速、给棉罗拉的速度和输棉风机转速等。根据充分混和的原则，尽量增大多仓混棉机的容量，增加延时时间，使其达到较好的混和效果。工艺设计控制范围见表9－5和表9－6。

表9－5 多仓混棉机混和作用的工艺参数设计

工艺参数	有利于混合的选择	选择依据	参考范围
换仓压力	高压力	高压力能使各仓容量大，对长片段混和有利	196～230Pa
光电管的高低位置	低位置	低位置的光电管可以延时，混和效果好，并可增加混和时间差，但过低易出现空仓现象	根据后方机台的供料产量调整

表9－6 多仓混棉机开松作用的工艺参数设计

工艺参数	有利于开松的选择	选择依据	参考范围（r/min）
开棉打手转速	较高转速	给棉量一定时，打手转速高，开松作用强	260～330
给棉罗拉的速度	较低转速	给棉罗拉的速度低，产量低，开松作用强，落棉率增加	0.1～0.3
输棉风机转速	适当转速	适当的转速，保证输送原棉畅通	1200～1700

7. 开棉机的工艺参数与控制范围

（1）FA105A型单轴流开棉机的工艺参数。单轴流开棉机开松除杂作用的工艺设计见表9－7。

表9－7 FA105A型单轴流开棉机的开松除杂工艺设计

工艺参数	有利于开松除杂的选择	选择依据	参考范围
尘棒的安装角	大安装角	大的尘棒安装角使打手与尘棒间的隔距小，尘棒与尘棒间的隔距大，开松和除杂作用加强	3°～30°
进棉口和出棉口的压力	合理	进棉口静压过大，会使入口处尘棒间易落白花。棉流出口静压过低，易使落棉箱落棉重新回收。出入口处压差过大，使棉流流速过快，在机内停留时间缩短，降低开松效果	进棉管静压为50～150Pa；出棉管静压为－200～－50Pa
打手速度	高速度	打手速度高，可以加强自由开松作用和除杂作用	480～800r/min

（2）FA103 型、FA103A 型双轴流开棉机的工艺参数。双轴流开棉机开松除杂作用的工艺设计见表 9－8。

表 9－8 FA103 型、FA103A 型双轴流开棉机的开松除杂工艺设计

工艺参数	利于开松除杂的选择	选择依据	参考范围
打手与尘棒间的隔距	小隔距	打手与尘棒间的隔距小，可加强开松和除杂作用	15～23mm
尘棒与尘棒间的隔距	大隔距	尘棒与尘棒间的隔距大，可加强开松和除杂作用	5～10mm
进棉口和出棉口的压力	合理	进棉口静压过大，会使入口处尘棒间易落白花。棉流出口静压过低，易使落棉箱落棉重新回收。出入口处压差过大，使棉流流速过快，在机内停留时间缩短，降低开松效果	进棉管静压 50～150Pa 出棉管静压－200～－150Pa
打手速度	高速度	加强开松和除杂作用，自由开松，作用比较缓和	FA103 型： 打手一，412r/min 打手二，424r/min FA103A 型： 打手一，369r/min、412r/min、452r/min 打手二，381r/min、424r/min、465r/min

8. 成卷机的工艺参数与控制范围

（1）综合打手速度。在一定范围内增加打手速度，增加打击数，可以提高开松除杂效果。但打手速度过高，容易打碎杂质和损伤纤维。一般情况下，打手的转速控制在 900～1000r/min 之间。加工的纤维长度长或成熟度较差时，宜采用适当偏低的速度。

（2）打手与天平曲杆工作面间的隔距。当喂入的棉层较薄，加工纤维短而成熟度好时，此隔距应适当偏小掌握；反之，此隔距应偏大控制。一般情况下，隔距控制在 8.5～10.5mm 之间。

（3）打手与尘棒间的隔距。随着棉块逐渐开松，体积增加，此隔距从进口至出口逐渐增大。一般情况下，进口隔距 8～10mm，出口隔距 16～18mm。

（4）尘棒与尘棒间的隔距。此隔距可根据喂入原棉的含杂内容和含杂量来确定。一般情况下，控制在 5～8mm 之间。

单打手成卷机的开松工艺参数设计见表 9－9。

表9－9　单打手成卷机的开松工艺设计

工艺参数	利于开松除杂的选择	选择依据	参考范围
打手速度	较高速度	较高的打手速度可增加打击强度，提高开松除杂效果。加工的纤维长度长、含杂少或成熟度差时，易采用较低转速	900～1000r/min
打手与天平曲杆工作面间的隔距	小隔距	较小的隔距使梳针刺入棉层的深度深，开松效果好	8.5～10.5mm
打手与尘棒间的隔距	小隔距（进口至出口逐渐放大）	打手与尘棒间的隔距小，尘棒阻滞纤维的能力强，开松除杂效果好（适应纤维开松后体积增大的情况）	进口隔距8～10mm 出口隔距16～18mm
尘棒与尘棒间的隔距	大隔距	尘棒间隔距大，可使除杂作用加强（根据喂入原棉的含杂内容和含杂量来确定）	5～8mm

9. 棉卷质量控制的指标

开清棉工序的棉卷质量指标主要包括以下几个方面。

（1）棉卷重量偏差和正卷率。棉卷的重量指标可用棉卷重量偏差及正卷率来衡量。

①棉卷重量偏差计算式。设G为清棉机实际生产的棉卷重量（kg/只），G_0为设计棉卷重量（kg/只），则棉卷重量偏差为：

$$(G-G_0)/G_0\times 100\%$$

开清棉联合机的棉卷重量偏差一般范围为±1%。

②正卷率。开清棉联合机重量合格的棉卷数量占总生产量的百分率称为正卷率。生产中开清棉联合机的正卷率应在99%以上［正卷是指棉卷重量在标准重量的±（1%～1.5%）范围内的棉卷］。

（2）棉卷含杂指标。棉卷含杂的多少应根据原棉含杂量而定。当原棉含杂多时，棉卷含杂率可偏高掌握。当原棉的含杂率在1.5%～2.0%时，棉卷含杂率可控制在1%以下。

（3）棉卷重量不匀率与伸长率。棉卷重量不匀率是反映棉卷每米棉层重量的差异程度的指标。每米棉卷的重量差异越大，则棉卷的重量不匀越大。一般棉卷的重量不匀率应控制在0.8%～1.1%；涤卷的重量不匀率应控制在1.2%左右。

棉卷重量不匀率主要评价棉卷纵向1m片段质量的均匀情况，同时测定棉卷的实际长度，核算棉卷伸长率，供改进生产参考。及时调整和降低同品种各机台棉卷的伸长率差异，减小棉卷的不匀率，可稳定纱线重量不匀率和质量偏差。

控制的参考指标为：棉卷重量不匀率0.8%～1.2%；棉卷伸长率2.2%～3.2%，台差小于1%。

（4）棉卷含杂率。棉卷含杂率主要评价棉卷的含杂量。对照混棉成分中的原棉平均含杂率，可计算开清棉联合机的除杂效率，作为调整清棉、梳棉工艺的参考。棉卷含杂率按原棉含杂率制定指标，一般为0.9%～1.6%，见表9－10。

表 9－10　棉卷含杂率参考指标

原棉含杂率（%）	1.5 以下	1.5～2.0	2.0～2.5	2.5～3.0	3.0～3.5	3.5～4.0	4.0 以上
棉卷含杂率（%）	0.9 以下	1～1.1	1.2～1.3	1.3～1.4	1.4～1.5	1.5～1.6	1.6 以上

（5）总除杂率和总落棉率。通过了解开清棉联合机落棉的数量和落棉中落杂的多少，计算其除杂效率，由此分析开清棉联合机工艺处理和机械状态是否适当，以提高质量，节约用棉。根据原棉含杂率确定除杂效率和统破籽率，清棉除杂和落棉参考指标见表 9－11。

表 9－11　清棉除杂和落棉参考指标

原棉含杂率（%）	除杂效率（%）	落棉含杂率（%）	统破籽率（%）
1.5 以下	30～40	50	60～75
1.5～2.0	35～45	55	65～80
2.0～2.5	40～50	58	70～85
2.5～3.0	45～55	60	75～90
3.0～3.5	50～60	63	80～95
3.5～4.0	55～65	65	85～95
4.0 以上	60 以上	68	85～95

二、梳棉工艺设计

1. 梳棉工序的主要任务

经开清棉联合机加工的棉卷中，纤维多数呈现为棉束或棉块状态，并含有一定的杂质，它的重量几毫克至十几毫克，需要进一步加以分离，并使纤维之间充分混和。而且原棉中的杂质和疵点等在棉卷中还留存 40%～50%，其中多数为细小的带纤维杂质和有黏附性的杂质及棉结，它们附着在棉束或棉块中，必须在分离纤维的同时，将纤维束彻底松解成单纤维，继续清除杂质。此外，为了满足后道工序继续加工的要求，还应使纤维形成均匀的条状半制品。

梳棉工序主要完成梳理、除杂、均匀混合及成条的任务。梳棉工序生产的生条质量会直接影响细纱的质量，要求纺制的生条质量指标，如生条条干不匀率、生条重量不匀率和生条棉结杂质等要符合设计要求。

2. 梳棉工序的工艺设计

梳棉工序的工艺参数主要包括牵伸倍数、速度、隔距、生条定量等。梳棉的工艺设计主要根据棉卷质量，参考相关资料，依次进行生条定量和牵伸倍数设计、速度和隔距设计等，以确定梳棉机相关的工艺参数。

（1）牵伸倍数。梳棉机的总牵伸倍数是指棉卷罗拉至小压辊间的牵伸倍数，即总牵伸倍数 E = 棉卷定量（g/m）×5/生条定量（g/5m）。

在同一种机型上纺同一品种时，牵伸倍数应该相同，便于使轻重牙统一，工艺统一。按输出与输入机件的表面速度所求得的牵伸，称为计算牵伸，亦称为理论牵伸；按棉卷定量与棉条定量比值所求得的牵伸，称为实际牵伸。在梳棉机上因有相当数量的落棉，故实际牵伸大于计算牵伸。它们的关系式如下：

$$实际牵伸 = 计算牵伸/(1 - 落棉率)$$

表 9－12 列出了不同型号梳棉机总牵伸倍数的控制范围。

表 9－12　不同型号梳棉机总牵伸倍数的控制范围

机型	A186C、A186D、A186E、A186F、A186G	FA201、FA202	FA231A	FA224、FA225、
总牵伸倍数	63～125	63～150	90～170	70～130

（2）速度。

①刺辊速度。刺辊速度较低时，在一定范围内增加刺辊转速，握持分梳作用增强，残留的棉束重量百分率降低；刺辊转速增加，由给棉罗拉喂入刺辊的每根纤维受到刺辊锯齿的作用齿数增加，分梳后棉束百分率降低。但刺辊速度过高，棉束减少的幅度不大，反而会增加纤维的损伤，而且过快的刺辊转速会影响锡林与刺辊的速比，若速比太小，则刺辊上的纤维不容易转移到锡林上。如刺辊速度增加，锡林速度不变或不能按比例增加，会影响锡林顺利剥取刺辊表面纤维的作用。

刺辊转速范围一般控制在 600～1900r/min。加工的纤维长度较长时（如化学纤维），刺辊应采用较低的转速；加工的纤维长度较短时，刺辊可采用较大的转速。

锡林与刺辊表面的速比，在纺棉时宜控制在 1.6～2.1；纺化学纤维时宜控制在 2.0 以上；纺中长化学纤维时比值还应提高。表 9－13 列出了不同原料条件下锡林与刺辊速度及速比的控制范围。

表 9－13　锡林和刺辊速度及表面速比的控制范围

项目	锡林（r/min）	刺辊（r/min）	锡林与刺辊表面的速比
成熟好、等级高的原棉	360～480	980～1100	1.8～2.2
成熟差、等级低的原棉	295～315	800～930	1.6～2.1
一般棉型和中长化学纤维	285～330	700～850	2.0～2.5

②锡林速度。锡林速度增加，使锡林盖板工作区内每根纤维受到锡林针齿梳理的次数增加，针面对纤维的分梳作用增强，同时纤维向道夫转移的能力也增加，有利于提高梳理效果。表 9－14 列出了不同机型锡林和刺辊速度的控制范围。

表 9－14　锡林和刺辊速度的控制范围

机型	A186C、A186D、A186E、A186F、A186G	FA201、FA202	FA231A	FA224、FA225
锡林（r/min）	330～365	320～400	325～425	330～500
刺辊（r/min）	900～1100	800～1050	650～960	600～1900

③盖板速度。盖板速度提高，盖板针面上的纤维量减少，每块盖板带出分梳区的斩刀花少，但单位时间走出工作区的盖板根数多，盖板花的总量增加且含杂率降低，而除杂率稍有增加。盖板速度控制范围和选择见表9－15和表9－16。

表9－15　盖板速度的控制范围

纱线密度（tex）	32以上	20～30	19以下
盖板速度（mm/min）	150～200	90～170	80～130

表9－16　盖板速度的选择

机型	A186C、A186D、A186E、A186F、A186G	FA201、FA202	FA231A	FA224、FA225
盖板速度（mm/min）	棉65～275； 化学纤维85～145	70～350	75～315	100～420

④道夫速度。降低道夫速度，在一定范围内能提高梳理效能，可以提高棉网质量，但是直接关系到梳棉机的生产率，导致落棉率增加，因而是不经济的。提高道夫速度，能够提高生产率，但必须与锡林、刺辊等速度以及有关工艺相配合，以达到一定的分梳和除杂效能。过高的道夫速度，会影响棉网质量。道夫速度的选择，要根据棉卷质量、定量，梳棉机的分梳除杂效能等因素综合考虑。表9－17列出了不同机型道夫速度的控制范围。

表9－17　道夫速度的控制范围

机型	A186C、186D、A186E、A186F、A186G	FA201、FA202	FA231A	FA224、FA225
道夫速度（r/min）	15～40	20～45	25～65	40～75

（3）隔距。梳棉机上共有30多个隔距，隔距和梳棉机的分梳、转移、除杂作用有密切关系。分梳隔距主要有刺辊—给棉板、刺辊—预分梳板、活动盖板—锡林、锡林—固定盖板、锡林—道夫等机件间的隔距。转移隔距主要有刺辊—锡林、锡林—道夫、道夫—剥棉罗拉等机件间的隔距。除杂隔距主要有刺辊—除尘刀、小漏底、前上罩板上口—锡林等机件间的隔距。

分梳和转移隔距小有利于分梳转移。隔距减小，梳理长度增加，针齿易抓取和握持纤维，使纤维不易游离，不易搓擦成棉结。纺化学纤维时，由于纤维较长，其分梳隔距较纺棉时大。表9－18给出了FA201B型梳棉机主要隔距的设置范围。

表9－18　FA201B梳棉机主要隔距的设置范围

机件部位		隔距范围	
		mm	英寸
给棉罗拉—给棉板	进口	0.31	0.012
	出口	0.13	0.005
刺辊—给棉板		0.18～0.31	0.007～0.012

续表

机件部位		隔距范围	
		mm	英寸
刺辊—除尘刀		0.31～0.43	0.012～0.017
刺辊—小漏底	进口	4.76～9.52	3/16～3/8
	出口	0.40～2.38	1/64～3/32
	第五点	0.40～2.38	1/64～3/32
刺辊—锡林		0.13～0.18	0.005～0.007
锡林—后罩板	进口	0.48～0.66	0.019～0.026
	出口	0.25～0.56	0.010～0.022
盖板—锡林	进口	0.13～0.25	0.005～0.010
	第二点	0.130～.23	0.005～0.009
	第三点	0.13～0.20	0.005～0.008
	第四点	0.13～0.20	0.005～0.008
	出口	0.13～0.23	0.005～0.009
锡林—前上罩板	上口	0.43～0.84	0.017～0.033
	下口	0.79～1.09	0.031～0.043
锡林—前下罩板	上口	0.79～1.09	0.031～0.043
	下口	0.43～0.66	0.017～0.026
锡林—道夫		0.11～0.13	0.004～0.005
锡林—大漏底	进口	3.17	1/8
	中部	0.79～1.59	1/32～1/16
	出口	0.56～0.66	0.022～0.026
道夫—剥棉罗拉		0.125～0.225	0.005～0.009
剥棉罗拉—转移罗拉		0.125～0.225	0.005～0.009
转移罗拉—上压辊		0.125～0.225	0.005～0.009
盖板—盖板斩刀		0.48～1.09	0.019～0.043

（4）生条质量控制的指标。

①生条条干不匀率。条干 *CV* 是反映生条短片段均匀程度的指标，在正常工艺条件下，一般生条条干不匀率控制在4%以下。

②生条重量不匀率。重量 *CV* 是反映5m长度生条的重量差异程度，即长片段均匀程度的指标，一般情况下应控制在3%以下。

③生条的结杂。生条的结杂指标是指1g生条中含有的棉结、杂质粒数。一般情况下，要根据成纱的质量要求和原棉质量情况来确定。

④落棉率。梳棉机的落棉率大小不仅影响生条的质量，而且影响纺纱成本。一般情况下控制在3%～5%之间。

三、精梳工艺设计

1. 精梳工序的主要任务

由于梳棉生条质量差，其中含有较多的短纤维、杂质和疵点等，而且纤维的伸直度和平行度较差。梳棉生条的这些缺陷不但影响纺纱的质量，而且也很难纺成较细的纱线，因此，对质量要求较高的纱线，一般均采用精梳纺纱系统。精梳工序的主要任务是继续排除生条中的短绒和结杂，进一步提高纤维的伸直度和平行度，以使纺出的纱线均匀、光洁、强度高。

为了纺制优质的精梳纱，在普梳纺纱系统中的梳棉、并条工序之间增设精梳工序，即组成精梳纺纱系统。精梳工序由精梳准备机械和精梳机组成。精梳工序的主要任务是进一步清除短纤维、提高伸直平行度、排除疵点和均匀成条。

精梳工序生产的精梳条子质量直接影响细纱的质量，要求纺制的定量符合设计要求，精梳条的条干不匀率、短绒率和重量不匀率要小。由于精梳落棉较多，必然会造成可纺纤维的损失。同时，精梳系统因增加机台和用工而使加工费增加。因此，对精梳工序的选用应从提高质量、节约用棉和降低成本等方面进行综合考虑。

2. 精梳工序的工艺设计

精梳工序的工艺参数主要包括锡林速度、毛刷转速、小卷定量、精梳条定量、总牵伸、部分牵伸、落棉隔距、锡林梳理隔距、牵伸罗拉中心距、给棉长度和给棉方式等。工艺设计主要根据熟条质量指标等，参考相关资料，确定精梳机相关的工艺参数。

（1）锡林速度。精梳机的生产水平通常用锡林速度表示，它直接影响精梳机的产量和质量，是一个重要的工艺参数。一般来说，当产品质量要求高时，锡林速度适当慢些；当产品质量要求一般时，锡林速度可快些。不同机型的锡林速度见表9-19。

表9-19 不同型号精梳机的速度范围

精梳机	锡林速度（钳次/min）	毛刷转速（r/min）
A201系列	145~165	1000~1200
FA251	180~215	1100~1300
FA261	180~300（实用250以下）	1000~1200
FA266	最高350（实用300以下）	905、1137
FA269	最高400（实用360以下）	905、1137

（2）毛刷速度。毛刷转速影响锡林针面的清洁工作，与锡林梳理作用关系很大，需要根据锡林转速、原棉纤维长度以及毛刷直径等因素决定。若锡林转速快、纤维长度长、毛刷直径小，毛刷转速应适当加快。一般要求锡林表面速度和毛刷表面速度之比 $v_C:v_M=1:(6\sim7)$。不同机型的毛刷速度见表9-19。

（3）小卷定量。小卷定量与精梳机的产量和质量关系较大，应根据机械性能、产质量要求、喂给长度、纺纱特数等因素决定。小卷定量加重的作用如下。

①可提高精梳机产量。

②分离罗拉输出的棉网厚，棉网接合牢度大，棉网破洞、破边及缠绕现象可得到改善，

还有利于上、下钳板对棉网的横向握持。

③棉丛的弹性大，钳板开口时棉丛易抬头，在分离接合过程中有利于新旧棉网的搭接。

④有利于减少精梳小卷的粘卷。

但小卷定量过重，会增加锡林梳理负担及精梳机牵伸负担。

（4）精梳条定量。精梳条定量由小卷定量、纺纱线密度、精梳机总牵伸倍数确定。当小卷定量和给棉长度确定后，精梳条定量对精梳梳理质量影响不大，故精梳条定量一般偏重掌握，以免总牵伸过大而增加精梳条的条干不匀，一般在15~25g/5m的范围。

（5）总牵伸。

①实际总牵伸。精梳机的实际总牵伸由小卷定量、车面精梳条的并合数、精梳条定量决定。

精梳机的实际总牵伸 =（小卷定量 g/m × 5）/（精梳条定量 g/5m）× 车面精梳条并合数

精梳机的实际总牵伸一般在40~60（并合数为3~4）、80~120（并合数为8）之间。

②机械总牵伸。机械总牵伸由实际总牵伸和精梳落棉率决定。

机械总牵伸 = 实际总牵伸 ×（1 − 精梳落棉率）

精梳落棉率：前进给棉，一般为8%~16%；后退给棉，一般为14%~20%。调节变换轮，即可改变总牵伸大小。

③部分牵伸。精梳机的主要牵伸区为给棉罗拉与分离罗拉之间的分离牵伸以及车面的罗拉牵伸。

a. 分离牵伸。即指给棉罗拉与分离罗拉之间的牵伸，由于给棉罗拉与分离罗拉都是周期性变速运动，所以，分离牵伸的数值就用有效输出长度与给棉长度的比值来表示，即：

分离牵伸 = 有效输出长度 / 给棉长度

对于一定型号的精梳机，有效输出长度是一定值，所以，当给棉长度决定后，分离牵伸的数值就可以确定了。国产精梳机的分离牵伸值参见表9-20。

表9-20　国产精梳机的分离牵伸值

精梳机型号	有效输出长度（mm）	给棉长度（mm）	分离牵伸值
A201系列	46.5（B型）、37.24（D型）	5.72、6.68	5.575~8.129
FA251系列	33.78	5.2~7.1	4.758~6.496
FA261	33.71	4.2~6.7	4.733~7.550
FA266	33.71	4.7~5.9	5.375~6.747
FA269	26.48	4.7~5.9	4.488~5.634
CJ40	26.59	4.7~5.9	4.507~5.657

b. 车面罗拉牵伸。新型精梳机的车面罗拉牵伸普遍采用曲线牵伸，多为“三上五下”形式。

车面罗拉总牵伸与牵伸分配：“三上五下”曲线牵伸分为前后两个牵伸区，后牵伸区牵伸倍数有三档，分别为1.14、1.36、1.50；前牵伸区为主牵伸区，根据不同纤维长度、不同品种的需求，总牵伸倍数可在9～19.3范围内调整。车面罗拉总牵伸不宜太大，通常在16倍以下，以免影响精梳条条干。

（6）落棉隔距。落棉隔距越大，锡林对棉丛的梳理效果越好，棉网质量提高，但精梳落棉率高。落棉隔距对于落棉率和精梳条质量有很大的影响，隔距大，落棉多。在原棉和工艺条件不变时，落棉隔距每增减1刻度，落棉率变化2%～2.5%。落棉隔距是调节落棉和锡林梳理的重要手段，落棉隔距的大小主要根据纺纱线密度、纺纱的质量、原棉性能和落棉要求等因素决定。

（7）锡林梳理隔距。梳理隔距小，分梳作用强，但纤维和针刺易损伤；隔距过大，则梳理作用减缓。

（8）牵伸罗拉中心距。牵伸罗拉中心距应该根据纤维长度决定，不同的牵伸形式，其罗拉中心距不同。

（9）给棉长度。给棉长度的选择要与小卷的定量结合起来考虑。采用短给棉时，锡林对小卷的梳理作用强，可提高棉网质量，但影响精梳机的产量；采用长给棉时，产量增加，但若小卷中纤维的伸直平行度差时，将会增加锡林梳理负荷，使落棉增多。因此，当纤维长度长，小卷的定量轻，准备工艺好时，可以采用长给棉。一般情况下，采用短给棉和小卷定量重的工艺。

（10）给棉方式。精梳机有前进给棉和后退给棉两种方式，一般在相同给棉长度时，后退给棉较前进给棉落棉多，梳理效果好，所以适用于纺制质量要求较高的精梳纱。

几种精梳机的定量与喂给长度范围见表9－21。

表9－21　精梳机的定量与喂给长度

机型	A201D	FA251A	FA261
小卷定量（g/m）	40～50	45～65	50～70
精梳条定量（g/5m）	14～22	14～22	15～30
给棉方式和给棉长度（mm）	前进：5.27，6.86	前进：5.2，5.6 后退：6.5，7.1	前进：5.2，5.9，6.7 后退：4.2，4.7，5.2，5.9

（11）精梳条重量控制。精梳条重量的控制包括精梳条的重量偏差和精梳条的重量不匀率控制。

①精梳条的重量偏差（%）。

$$精梳条的重量偏差=\frac{生条的实际平均干重量-设计的标准干重量}{设计的标准干重量}\times 100\%$$

②精梳条的重量不匀率（%）。

$$精梳条的重量不匀率=\frac{2\times(平均重量-平均重量以下的平均数)\times 平均以下项数}{平均项数\times 总项数}\times 100\%$$

根据以上棉条实际牵伸倍数、精梳机加工棉条的机械牵伸倍数和牵伸配合率之间的关系，上机和调整变化齿轮，试纺后，测定精梳条的重量偏差和重量不匀率等，如果发现定量偏差较大时，要重新调整变化齿轮的齿数，再经过反复试纺，直至纺出重量正确，以使精梳条质量指标达到控制范围的要求。

（12）精梳条控制的指标。

①精梳落棉率。精梳落棉率会影响精梳机的纺纱质量、精梳机的产量和纺纱成本等，在实际生产过程中，要根据纺纱质量的要求和原棉质量等情况而定。精梳落棉率一般规律是：当成纱质量要求越高、所纺纱线线密度越细、所用纤维越长、给棉长度长、采用后退给棉方式时，精梳落棉率应增加。精梳落棉率大小根据精梳纱的等级而划分如下。

半精梳纱，落棉率控制在12%～15%；全精梳纱，落棉率控制14%～20%；特种精梳纱，落棉率控制在21%～24%；低档精梳纱，落棉率控制在12%以下；普通精梳纱，落棉率控制在12%～18%；高档精梳纱，落棉率控制在18%～22%。

②精梳条重量不匀率。精梳条重量不匀率以平均差系数来表示，其控制范围随纺纱线密度的不同而不同。纺纱线密度在9.5tex以上，精梳条重量不匀率控制在1.1%～1.4%；纺6～7tex精梳纱，精梳条重量不匀率控制在1.3%～1.6%。

③精梳条条干不匀率。精梳条条干不匀率的控制参考范围见表9－22。

表9－22　精梳条条干不匀率的控制范围

精梳条条干USTER 2001年公报 *CV*（%）		精梳条萨氏条干不匀率（%）	
5%水平	2.74～2.95	9.5tex以上	18～25
50%水平	3.04～3.38	6～7tex	20～28
95%水平	3.60～3.80		

④精梳条中短绒的排除率。短绒的排除率是指精梳小卷短绒含量与精梳条短绒含量的差异与精梳小卷短绒含量之比的百分数。在正常纺纱工艺条件下，一般经过精梳机加工后，16mm以下的短绒排除率为50%～65%。

⑤精梳条中棉结、杂质的排除率。在正常纺纱工艺条件下，一般经过精梳机加工后，可以排除生条中的杂质50%～60%，排除生条中的棉结15%～20%。

四、并条工艺设计

1. 并条工序的主要任务

由于生条或精梳条的长片段不匀率及轻重差异较大，它的重量不匀率较高，而且在普梳纺纱系统中生条的纤维排列较紊乱，它的伸直平行度很差，大部分纤维呈现弯钩或卷曲状态，生条中还有部分纤维束或细小棉束存在。为了获得优质的细纱，还需要继续加以分离，必须经过并条工序，以提高棉条的质量，适应成纱加工的需要。

并条工序的主要任务有并合、牵伸、混和、成条。

并条生产的熟条质量直接影响细纱的质量，并条工序要求纺制的定量符合设计要求，条干不匀率和重量不匀率等要小，同品种熟条的重量偏差控制在－0.5%～0.5%，台平均偏差不大于±1%；化学纤维的熟条条干不匀率在15%以内。

2. 并条工序的工艺设计

由于熟条的质量主要体现在条干均匀度、重量不匀率、重量偏差和熟条的内在结构等方面，因此，要根据生条的质量指标、加工原料的特点和设备条件等，确定棉条定量、工艺道数、并合根数、牵伸倍数、罗拉隔距和罗拉加压等工艺参数。

(1) 并条定量。并条定量的配置和设计主要根据加工原料、细纱特数、纺纱品种、设备情况和产品质量等因素综合来确定。一般纺棉细特纱时，产品质量要求较高，棉条定量要偏轻控制；纺棉粗特纱时，棉条定量要偏重控制。在纺化学纤维时，由于其牵伸力较大，条子蓬松，纺纱过程中很容易产生牵伸不开的现象，所以，条子定量设计和纺纯棉相比时以偏轻掌握为宜。同时要适当控制生条的定量，当生条的定量增大时，牵伸倍数要相应增大，这样容易产生附加不匀，直接影响并条的条干水平。在保证产量供应的前提下，适当减轻并条定量，有利于改善粗纱条干均匀度。并条定量的控制范围见表9-23。

表9-23 并条定量的控制范围

细纱线密度（tex）	并条线密度（tex）	并条定量（g/5m）
9.7~11	2500~3300	12.5~16.5
12~20	3000~3700	15~18.5
21~31	3400~4300	17~21.5
32~97	4200~5200	21~26

(2) 工艺道数。选择合适的工艺道数，对改善条子的长片段不匀和提高混合均匀效果十分有效。并粗工序遵循“奇数法则”，以消除后弯钩的数量。在普梳纺纱系统中，粗纱采用一道，并条采用两道，符合“奇数法则”；精梳工艺中，梳棉至精梳之间的工序设备道数应符合“偶数法则”。当不同性能的原料采用条子混合时，为提高纤维混合效果，一般采用三道混并。加工精梳纯棉时，采用二道并条，可以提高熟条的条干均匀度。对于精梳纯棉纱来说，为改善熟条的条干均匀度，可采用带自调匀整装置的一道并条代替原来的二道并条。

(3) 并合根数。并合根数与生条的重量不匀率等有直接关系，并合根数越多，并合效果越好，但同时牵伸倍数也越大，牵伸附加条干不匀率增加。所以，并合根数不是越多越好，生产过程应全面考虑并合和牵伸的综合效果后再确定。目前在棉纺生产过程中，并条机上的并合根数普遍为6~8根。当加工纯棉纱时，采用二道并条，则总并合根数为8×8=64根；当加工棉与化学纤维的混纺纱时，采用三道混并，则总并合根数为6×6×6=216根。

(4) 牵伸倍数。并条机的总牵伸倍数应该与并合根数和纺纱线密度相适应，一般应稍大于或接近并合根数。根据生产经验，总牵伸倍数=（1~1.5）×并合根数。总牵伸倍数的控制范围见表9-24。

表9-24 总牵伸倍数的控制范围

牵伸形式	四罗拉双区		单区	曲线牵伸	
并合数	6	8	6	6	8
总牵伸倍数	5.5~6.5	7.5~8.5	6~7	5.6~7.5	7~9.5

牵伸分配是指当并条机的总牵伸倍数已定时，配置各牵伸区的牵伸倍数或配置头道、二道并条机的总牵伸倍数。头道、二道间的牵伸分配有两种：一种方法是倒牵伸，即头道牵伸倍数大于二道；另一种方法是顺牵伸，即头道牵伸倍数小于二道。在实际生产过程中，牵伸分配应该结合牵伸形式和喂入须条的结构状态来考虑，一般采用顺牵伸较多。头道并条机的后区牵伸倍数控制在1.5～2.2倍之间，总牵伸倍数小于并合根数。二道并条机的后区牵伸倍数控制在1.04～1.22倍之间，主牵伸区控制在6～8倍之间，总牵伸倍数略大于并合根数。

前张力牵伸倍数一般控制在0.95～1.05倍之间，当纺纯棉时，前张力牵伸倍数可适当偏小掌握，一般应在1以内。化学纤维的回弹性较大，混纺时由于两种纤维弹性伸长不同，前张力牵伸应略大于1。

（5）罗拉隔距。罗拉隔距的大小要适应加工纤维的长度和纤维的整齐度，同时又必须适应各牵伸区内纱条牵伸力的需要，过小的隔距会因牵伸力过大而造成条干严重不匀；过大的隔距不利于控制纤维的运动。化学纤维与棉混纺时，由于化学纤维长度长，整齐度好，主要以化学纤维长度为主来调节，且由于混纺棉条牵伸力大，故隔距要比纯棉纺时的隔距稍大些。罗拉隔距的控制范围见表9－25。

表9－25　罗拉隔距的控制范围

牵伸形式	罗拉隔距（mm）		
	前区	中区	后区
三上四下曲线牵伸	$L_P+(3\sim5)$	L_P	$L_P+(10\sim16)$
五上三下曲线牵伸	$L_P+(2\sim6)$		$L_P+(8\sim15)$
三上三下压力棒曲线牵伸	$L_P+(6\sim12)$		$L_P+(8\sim14)$

（6）罗拉加压。罗拉加压的目的是防止胶辊滑溜和跳动，要求各牵伸区的握持力大于牵伸力，以有效地控制纤维。罗拉的加压量与罗拉速度和喂入棉层的厚度等因素有关。一般情况下，罗拉速度越快，则加压量越重；喂入棉层越厚，则加压量越重；罗拉隔距越小，则加压量越重。在化学纤维与棉混纺时，由于化学纤维在牵伸过程中的牵伸力较大，所以罗拉加压必须相应增大，一般比加工纯棉纺时增加20%～30%。罗拉加压的控制范围见表9－26。

表9－26　罗拉加压的控制范围

牵伸形式	出条速度（m/min）	罗拉加压（N）					
		导条罗拉	前罗拉	中罗拉	三上罗拉	后罗拉	压力棒
三上四下曲线牵伸	150以下		150～200	250～300		200～250	
四上四下压力棒	150～250		200～250	300～350		200～250	30～50
五上三下曲线牵伸	200～500	140	260	450		400	
三上三下压力棒	200～600	100～200	300～380	350～400		350～400	50～100

（7）压力棒工艺。目前，并条机普遍使用压力棒，它在牵伸区内是一种附加摩擦力界。

压力棒安装在牵伸区内，加强了对浮游纤维运动的控制，有利于提高牵伸质量，改善棉条内在结构，降低条干不匀率。压力棒可以分为下压式和上托式两种，它们的作用原理和效果相同。生产过程中，根据纤维长度、品种和定量的不同，变换不同直径的调节环，使压力棒在牵伸区中处于不同高低位置，从而获得对棉层的不同控制。调节环直径越小，对纤维运动的控制力越强；反之则越弱。

（8）喇叭头孔径。喇叭头孔径的大小主要根据棉条重量而定，合理选择孔径，可以使棉条抱合紧密，表面光洁，减少纱疵。

$$喇叭头孔径 = C \times \sqrt{G_m}$$

式中：C——经验常数；

G_m——棉条定量，g/5m。

使用压缩喇叭头时，C 取0.6～0.65；使用普通喇叭头时，C 取0.85～0.90。

生产过程中，当并条机速度较高，张力牵伸较小，车间的相对湿度较大，喇叭头出口至紧压罗拉夹持点距离较大时，喇叭头孔径要适当偏大控制。

（9）并条机使用新型胶辊提高熟条质量的新技术。并条机牵伸胶辊要适应高速、高压和抗绕性的要求，通过对比试验，发现使用邵氏硬度适当的高速胶辊，弹性大且恢复快，对须条的握持力较强，运转平稳，能明显改善熟条的条干水平。同样，在并条机上使用表面不处理胶辊生产半熟条和熟条，发现运转良好，不易绕花，对温湿度适应性强。表面不处理胶辊一般硬度小，弹性大，但缺点是耐油污性尚需提高。

并条机采用自调匀整装置，能显著改善棉条的重量不匀率和条干 *CV* 值。

（10）熟条质量控制的指标。熟条质量的好坏会直接影响粗纱的质量及细纱的重量偏差和条干不匀率。熟条质量指标主要有重量不匀率、重量偏差、条干不匀率、回潮率等。

①重量不匀率。加工纯棉普梳纱时，末并熟条的重量不匀率小于1.0%；加工纯棉精梳纱时，末并熟条的重量不匀率小于0.8%；加工细特纱时，末并熟条的重量不匀率不大于0.9%；加工中、粗特纱时，末并熟条的重量不匀率不大于1.0%；加工涤棉混纺纱时，末并熟条的重量不匀率不大于0.8%。

②重量偏差。条子的定量控制包括两种情况，第一种是单机台各眼条子定量的差异率控制在±1.0%左右；第二种是同一品种的全部机台各眼条子定量的差异率控制在±0.5%左右。

③条干不匀率。末道并条的条干不匀率不仅影响粗纱条干，而且还会影响细纱的条干不匀率和细纱断头等，熟条的条干不匀率参考指标见表9－27。

表9－27 熟条的条干不匀率控制指标

纺纱类别	萨氏条干不匀率（%，不大于）	USTER 条干不匀率（%）
细特纱	18	3.2～3.6
中粗特纱	22	4.1～4.3
化学纤维熟条	13	3.2～3.8

④回潮率。加工细特纱时，回潮率为6%～7%；加工中、粗特纱时，回潮率为6.3%～

7.3%；加工涤棉混纺纱时，回潮率为2%～4%。

五、粗纱工艺设计

1. 粗纱工序的主要任务

粗纱工序是纺制细纱前的准备工序。目前只有转杯纺纱机等新型纺纱可用熟条直接喂入。因一般的环锭纺细纱机的牵伸能力只有30～50倍，而由熟条到细纱约需要150倍以上的牵伸，并且熟条直接喂入细纱机时的卷装形式还存在一定的困难，目前环锭细纱机的牵伸能力还达不到这一要求，所以在并条与细纱之间还必须经过粗纱工序，使须条拉细到一定的程度，以承担纺纱中的一部分牵伸负担。

粗纱工序的主要任务有牵伸、加捻和卷绕成形。

粗纱质量对细纱的质量有较大的影响，要求纺制的定量符合设计要求，粗纱的伸长率、条干不匀率和重量不匀率等均要小。

2. 粗纱工序的工艺设计

粗纱工序的工艺参数主要包括粗纱定量、牵伸倍数、罗拉握持距、捻系数、粗纱卷绕密度、锭速及其他工艺参数设计。根据熟条和粗纱质量的要求，参考相关资料，确定粗纱工序相关的工艺参数。通过合理的工艺设计，尽可能提高粗纱产品的加工质量，向细纱工序提供优质的半制品，为最终提高成纱质量打好基础。

（1）粗纱定量。粗纱定量应根据熟条定量、细纱机牵伸能力、成纱线密度、纺纱品种、使用设备状态、温湿度、产品质量要求以及供应情况等各项因素综合确定。当采用三罗拉双短胶圈牵伸时，一般粗纱定量为2～6g/10m，纺特细特纱时，粗纱定量为2～2.5g/10m为宜。

粗纱定量不宜过重，若过重，且车间相对湿度较大时，会因上罗拉打滑而使上下胶圈间速度差异较大，而产生胶圈间须条分裂或分层现象。所以，双胶圈牵伸形式不宜纺定量过重的粗纱。四罗拉双短胶圈牵伸在主牵伸区不考虑集束，须条纤维均匀分散开，不易产生须条上下层分层现象，故粗纱定量可适当放宽掌握。粗纱定量范围见表9－28。

表9－28　粗纱定量的控制范围

纺纱线密度（tex）	大于32	20～30	9～19	小于9
粗纱干定量（g/10m）	5.5～10	4.1～6.5	2.5～5.5	1.6～4.0

（2）粗纱牵伸倍数。

①总牵伸倍数。粗纱机的总牵伸倍数主要根据细纱线密度、细纱机的牵伸倍数、熟条定量、粗纱机的牵伸效能等决定。由于目前新型细纱机的牵伸能力普遍提高，粗纱机可配置较低的牵伸倍数，以利于保证成纱质量。

目前，双胶圈牵伸装置粗纱机的牵伸范围为4～12倍，一般常用5～10倍，见表9－29。粗纱机在采用四罗拉（D型）牵伸形式时，对重定量、大牵伸倍数有较明显的效果。在化学纤维混纺时，由于纺纱过程中牵伸能力较大，故粗纱定量与牵伸倍数应比纺棉时适当减轻和减小。

表9－29 粗纱机总牵伸的配置范围

牵伸形式	三罗拉双胶圈牵伸、四罗拉双胶圈牵伸		
纺纱特数	粗特纱	中特纱、细特纱	特细特纱
总牵伸倍数	5～8	6～9	7～12

②牵伸分配。粗纱机的牵伸分配主要根据粗纱机的牵伸形式和总牵伸倍数确定，同时参照熟条定量、粗纱定量和所纺品种等合理配置，见表9－30。

表9－30 部分牵伸分配

部分牵伸	三罗拉双胶圈牵伸	四罗拉双胶圈牵伸
前区	主牵伸区	1.05
中区		主牵伸区
后区	1.15～1.4	1.2～1.4

(3) 罗拉握持距。粗纱机的罗拉握持距主要根据纤维品质长度 L_p 确定，并综合考虑纤维的整齐度和牵伸区中牵伸力的大小，以不发生纤维断裂或须条牵伸不开为原则。

主牵伸区握持距的大小对条干均匀度影响很大，一般等于胶圈架长度加自由区长度。胶圈架长度是指胶圈工作状态下胶圈夹持须条的长度，即上销前沿至小铁棍中心线间的距离，根据所纺纤维品种而定，胶圈架长度有30mm 和40mm 两种。自由区长度是指胶圈钳口到前罗拉钳口间的距离，在不碰集合器的前提下以偏小为宜，D型牵伸中集合区移到了整理区，则自由区长度可较小些。

后区为简单罗拉牵伸，故采用重罗拉、大握持距的工艺方法；由于有集合器，握持距可大些。当熟条定量较轻或后区牵伸倍数较大时，因牵伸力小，握持距可小些；当纤维整齐度差时，为缩短纤维浮游动程，握持距应小些，反之应大。

握持距的大小应根据加压和牵伸倍数来选择，使牵伸力和握持力相适应。总牵伸倍数较大，加压较重时，罗拉握持距应小些。整理区握持距可略大于或等于纤维的品质长度。不同牵伸形式罗拉握持距的参考范围见表9－31。

表9－31 不同牵伸形式罗拉握持距的控制范围

牵伸形式	罗拉握持距（mm）		
	前罗拉～二罗拉	二罗拉～三罗拉	三罗拉～四罗拉
三罗拉双胶圈牵伸	胶圈架长度＋（14～20）	L_p＋（16～20）	
四罗拉双胶圈牵伸	35～40	胶圈架长度＋（22～26）	L_p＋（16～20）

(4) 粗纱捻系数。粗纱捻系数的选择主要根据所纺品种、纤维长度、线密度、粗纱定量、细纱后区工艺等而定。若所纺的粗纱定量较大，粗纱捻系数可适当偏小掌握；若纺精梳纱，其粗纱的捻系数比同线密度普梳纱的粗纱捻系数小些。捻系数的参考控制范围见表9－32。

表9-32　纯棉粗纱捻系数的控制范围

粗纱定量（g/10m）	2~3.25	3.25~4.0	4.0~7.7	7.7~10.0
粗纱捻系数（粗梳）	105~120	105~115	95~105	90~92
粗纱捻系数（精梳）	90~100	85~95	80~90	75~85

（5）粗纱卷绕密度。粗纱卷绕密度影响粗纱卷绕张力和粗纱容量。粗纱轴向卷绕密度配置，必须以纱圈排列整齐，粗纱圈层之间不嵌入、不重叠为原则。粗纱纱圈间距应等于卷绕粗纱的高度，粗纱纱层间距应等于卷绕粗纱的厚度。一般粗纱轴向卷绕密度为2.91~5.30圈/cm。

（6）粗纱锭速。锭速主要与纤维特性、粗纱定量、捻系数、粗纱卷状和粗纱机设备性能等有关。纺棉纤维的锭速相对较高，粗纱定量较大的锭速可低于定量较小的锭速，捻系数较大的粗纱采用较大锭速，卷装较小的锭速可高于卷装较大的锭速，见表9-33。

表9-33　粗纱锭速的控制范围

纺纱粗细	粗特纱	中特纱、细特纱	特细特纱
锭速范围（r/min）	800~1000	900~1100	1000~1200

（7）罗拉加压。罗拉加压主要根据牵伸形式、罗拉速度、罗拉握持距、须条定量及胶辊的状况等而定。当罗拉速度高、握持距小、定量重、胶辊硬度高时，则加压应重，使钳口握持力大于牵伸力；反之则轻。粗纱机罗拉加压量见表9-34。

表9-34　罗拉加压量的控制范围

牵伸形式	罗拉加压（daN/双锭）			
	前罗拉	二罗拉	三罗拉	后罗拉
三罗拉双胶圈牵伸	20~25	10~15		15~20
四罗拉双胶圈牵伸	9~12	15~20	10~15	10~15

（8）集合器。粗纱机上使用集合器，可防止纤维扩散、收拢牵伸后的须条边纤维、增加纱条密度，同时也会产生附加的摩擦力界，减少毛羽和飞花。集合器口径的大小，前区集合器应与输出定量相适应，后区集合器应与喂入定量相适应。集合器规格可参考表9-35和表9-36。

表9-35　前区集合器规格

粗纱干定量（g/10m）	2.0~4.0	4.0~5.0	5.0~6.0	6.0~8.0	9.0~10.0
前区集合器口径 宽×高（mm）	（5~6）× （3~4）	（6~7）× （3~4）	（7~8）× （4~5）	（8~9）× （4~5）	（9~10）× （4~5）

表 9-36　后区集合器、喂入集合器规格

喂入干定量（g/5m）	14~16	15~19	18~21	20~23	22~25
后区集合器口径 宽×高（mm）	5×3	6×3.5	7×4	8×4.5	9×5
喂入集合器口径 宽×高（mm）	(5~7)× (4~5)	(6~8)× (4~5)	(7~9)× (5~6)	(8~10)× (5~6)	(9~10)× (5~6)

（9）胶圈原始钳口隔距。胶圈钳口的原始隔距由隔距块决定，其大小主要取决于粗纱定量。调节原始隔距时可更换不同规格的隔距块。一般使用的原始隔距控制范围见表 9-37。

表 9-37　双胶圈钳口隔距的控制范围

粗纱定量（g/10m）	2.0~4.0	4.0~5.0	5.0~6.0	6.0~8.0	8.0~10.0
钳口隔距（mm）	3.0~4.0	4.0~5.0	5.0~6.0	6.0~7.0	7.0~8.0

（10）粗纱机使用新型胶辊提高粗纱质量的新技术。在粗纱机上，使用低硬度不处理胶辊，其粗纱条干均匀度明显提高，原因在于胶辊弹性好、硬度低、胶料分散度高，与罗拉接触时具有较大的弧面，能有效地控制纤维，改善条干。粗纱机使用不处理胶辊，除了显著改善粗纱条干外，对提高成纱质量也十分有利。

（11）粗纱质量控制的指标。粗纱质量对成纱质量有十分重要的影响，粗纱的质量控制指标有粗纱回潮率、粗纱伸长率、重量不匀率、条干不匀率等，它们的好坏直接影响细纱的质量。

①粗纱回潮率。一般在粗纱工序，纯棉中细特纱回潮率控制范围为 6.6%~7.2%，纯棉中粗特纱回潮率控制范围为 6.8%~7.3%，涤棉纱回潮率控制范围为 2.6%±0.2%。

②粗纱伸长率。粗纱在加工时，由于受到张力作用后容易产生意外伸长，会影响粗纱的重量不匀率和条干不匀率。粗纱机台与台之间或一落纱内大、中、小纱间的伸长率差异过大，将影响细纱重量不匀率，使其增大；伸长率过大易使粗纱条干不匀率恶化；伸长率过大或过小都会增加粗纱机的断头率。纺棉时，一般粗纱伸长率控制在 1.0%~2.5%；纺化学纤维时，一般粗纱伸长率控制在 -1.5%~+1.5%。

粗纱机牵伸差异率也能反映粗纱伸长率的大小。一般粗纱牵伸差异率应为负值，即实际牵伸小于机械牵伸，若出现正值，均属不正常。粗纱牵伸差异率纯棉在 -0.5%~1.5%，涤棉混纺在 -1%~2%。

③粗纱重量不匀率。是反映粗纱长片段的重量差异程度，粗纱的重量不匀率大小会影响细纱重量不匀、单强不匀、条干 *CV* 值和细纱强力。一般粗纱的重量不匀率应控制在 0.7%~1.1%，较差的粗纱重量不匀率应控制在 1.2%~1.7%。

④粗纱条干不匀率。粗纱的条干 *CV* 值反映粗纱短片段的重量差异程度，一般情况下，粗纱的条干 *CV* 值控制在 6.0% 以下。粗纱条干 *CV* 值与重量不匀率同等重要，粗纱条干虽好，若粗纱重量不匀率高，则对细纱条干等指标极为不利。若要求细纱条干达到 USTER 公报

25%水平，粗纱条干往往要达到USTER公报5%～10%水平。

六、细纱工艺设计

1. 细纱工序的任务

细纱工序是成纱的最后一道工序，它是将粗纱纺制成具有一定线密度、加捻卷绕成一定卷装、符合国家（或用户）质量标准的细纱，它具有一定的力学性能，供捻线和织造使用。

细纱工序的主要任务牵伸、加捻和卷绕成形。

细纱的质量不仅是前面各道工序的加工质量和原料性能的综合体现，而且它还直接影响后道工序，如织造等的质量。因此，细纱工序在棉纺厂中占有十分重要的地位。

2. 细纱工序的工艺设计

细纱工艺设计包括牵伸倍数、捻系数、锭速、罗拉中心距、钳口隔距、罗拉加压、集合器、钢丝圈的选择及其他工艺参数的设计。根据细纱的用途和质量要求，参考相关资料，确定细纱工序相关的工艺参数。

细纱机的牵伸能力和细纱机的捻度关系到设备利用率和劳动生产率等方面。因此，应根据重加压、强控制、前紧后大的握持距、合理的后区部署、优选捻系数的工艺处理原则，达到细纱强力高、条干均匀、纱条光洁、产量高、断头少的目的。

（1）牵伸倍数。

①总牵伸倍数。纺纱时细纱机总牵伸倍数大小的确定，不仅取决于所纺细纱的线密度和喂入粗纱的线密度，而且还受纤维性质、粗纱质量、细纱机牵伸形式和机械工艺性能等的影响。总牵伸倍数的范围见表9－38。

表9－38　总牵伸倍数的范围

纱线密度（tex）	小于9	9～19	20～30	大于32
双短胶圈牵伸倍数	30～50	20～40	15～30	10～20
长短胶圈牵伸倍数	30～60	22～45	15～35	12～25

②后区牵伸倍数。细纱机的后区牵伸与前区牵伸有着密切的关系。因此，后区牵伸的主要作用是为前区作准备，以便能够充分发挥胶圈控制纤维运动的作用。提高细纱机的牵伸倍数，有两类工艺路线可选择：一是保持后区较小的牵伸倍数，主要提高前区牵伸倍数；二是增大后区牵伸倍数。后牵伸区工艺参数见表9－39。

表9－39　后牵伸区工艺参数的范围

工艺类型	机织纱工艺	针织纱工艺
后区牵伸倍数	1.20～1.40	1.04～1.30
粗纱捻系数（线密度制）	90～105	105～120

（2）捻系数。细纱捻系数的选择主要取决于产品的用途。在选择捻系数时，需根据成品

对细纱品质的要求综合考虑。细纱因用途不同，其捻系数也应有所不同。一般情况下，普梳棉经纱的捻系数控制在290～390之间；涤棉纱的细纱捻系数一般较棉纱为高；经纱的捻系数一般较纬纱要大些。

（3）锭速。锭子是加捻机构中的重要机件之一。锭速的选择与纺纱特数、纤维特性和细纱捻系数等因素有关。锭速的一般范围为：纺纯棉粗特纱时控制在10000～14000r/min；纺纯棉中特纱时控制在14000～16000r/min；纺纯棉细特纱时控制在14500～17000r/min；纺中长化学纤维时控制在10000～13500r/min。国外最高锭速可达30000r/min左右，因此，对锭子要求振动小、运转平稳、功率小、磨损小、结构简单。

（4）罗拉中心距。

①前区罗拉中心距。前牵伸区是细纱机的主要牵伸区，为适应高倍牵伸的需要，应尽量改善对各类纤维运动的控制，并使牵伸过程中的牵引力和纤维运动摩擦阻力配置得当。

在前区牵伸装置中，上、下胶圈间形成曲线牵伸通道，收小该钳口隔距，并采用重加压和缩短胶圈钳口至前罗拉钳口之间的距离，可大大改善在牵伸过程中对各类纤维运动的控制，从而具有较高的牵伸能力。前牵伸区罗拉中心距与浮游区长度参考范围见表9-40。

表9-40　前牵伸区罗拉中心距与浮游区长度

牵伸形式	纤维及长度（mm）	上销（胶圈架）长度（mm）	前区罗拉中心距（mm）	浮游区长度（mm）
双短胶圈	棉，31以下	25	36～39	11～14
	棉，31以上	29	40～43	11～14
长短胶圈	棉	33	43～47	11～14

②后区罗拉中心距。后区为简单罗拉牵伸，故采用重加压、大隔距的工艺方法，由于有集合器，中心距可大些。当粗纱定量较轻或后区牵伸倍数较大时，因牵伸力小，中心距可小些；当纤维整齐度差时，为缩短纤维浮游动程，中心距应小些，反之应大些。

中心距的大小应根据加压和牵伸倍数来选择，使牵伸力与握持力相适应。后牵伸区罗拉中心距的参考范围见表9-41。

表9-41　后牵伸区罗拉中心距的控制范围

工艺类型	机织纱工艺	针织纱工艺
后区牵伸倍数（倍）	1.20～1.40	1.04～1.30
后区罗拉中心距（mm）	44～56	48～60

（5）钳口隔距。胶圈钳口是纤维变速最激烈的部位，钳口处的摩擦力界强度及其稳定性对纤维运动的影响最大，胶圈钳口不仅能控制浮游纤维的运动，而且能保证快速纤维的顺利抽出。适当缩小胶圈钳口隔距，能增大钳口处的摩擦力界强度，有利于加强对纤维运动的有效控制；如果钳口隔距过小，会使牵伸力增大，影响成纱的质量。一般纺不同线密度细纱时的钳口隔距也不相同，线密度小时，钳口隔距小，有利于提高成纱质量。纱线密度与钳口隔

距的控制范围见表9-42。

表9-42　纱线密度与钳口隔距的控制范围

纱线密度（tex）	32以上	20~30	9~19	9以下
钳口隔距（mm）	3.0~4.5	2.5~4.0	2.5~3.5	2.0~3.0

（6）罗拉加压。为了使牵伸顺利进行，罗拉钳口必须具有足够的握持力，以适应牵伸力的变化。如果钳口握持力小于牵伸力，则须条在罗拉钳口下就会打滑，使细纱长片断不匀（即百米重量*CV*）增大，甚至会产生重量偏差；中罗拉加压不足，影响细纱的中长片段和短片段不匀率；前罗拉加压不足，就会造成牵伸效率低，细纱条干不匀，甚至出现“硬头”。当罗拉隔距小、纺纱特数大时，罗拉加压应当增大。罗拉加压参考范围见表9-43。

表9-43　罗拉加压的控制范围

原料	牵伸型式	前罗拉加压（N/双锭）	中罗拉加压（N/双锭）	后罗拉加压（N/双锭）
棉	双短胶圈	100~150	60~80	机织纱80~140，针织纱100~140
	长短胶圈	100~150	80~100	
棉型化学纤维	长短胶圈	140~180	100~140	
中长化学纤维	长短胶圈	140~220	100~180	

（7）集合器。集合器的作用在于收缩须条宽度，减小前钳口处的加捻三角区，使须条在比较紧密的状态下加捻，可使成纱紧密、光滑、毛羽减少、强力提高。集合器的使用还能防止须条两边的纤维散失，减小缠罗拉和胶辊的现象，并能节约用棉。前区集合器口径的控制范围见表9-44。

表9-44　前区集合器口径的控制范围

纱线密度（tex）	32以上	20~30	9~19	9以下
前区集合器口径（mm）	2.5~3.0	2.0~2.5	1.5~2.0	1.0~1.5

（8）钢丝圈。钢丝圈重量与纱线张力成正比，这是因为钢丝圈的离心力与钢丝圈重量成正比。钢丝圈重量重，纺纱张力大；反之纺纱张力小。钢丝圈重量太轻，气圈形态不稳定，从而影响钢丝圈的稳定回转。在日常生产中，通常利用调节钢丝圈的重量（号数）来调节纱线张力。纺织厂主要根据所用的钢领型号选配钢丝圈型号。

生产时通常选用合适的钢丝圈号数以控制纺纱张力，使之在最大、最小气圈高度和最大气圈直径不超过隔纱板间距的条件下，能维持一个正常的气圈形态并降低细纱断头。各种线密度细纱所用的钢丝圈号数可在第三版的《棉纺手册》上查得。在选择钢丝圈号数时应考虑的因素有：纱线的线密度越小时，钢丝圈应越轻；钢领直径大、锭速高时，钢丝圈应较轻；使用新钢领时，钢丝圈可稍轻；气候干燥、湿度小时，钢丝圈应稍重。纯棉纱钢丝圈号数选用范围见表9-45。

表 9-45 纯棉纱钢丝圈号数选用范围

钢领型号	线密度（tex）	钢丝圈号数	钢领型号	线密度（tex）	钢丝圈号数
PG1/2	7.5	16/0~18/0	PG1	21	6/0~9/0
	10	12/0~15/0		24	4/0~7/0
	14	9/0~12/0		25	3/0~6/0
	15	8/0~11/0		28	2/0~5/0
	16	6/0~10/0		29	1/0~4/0
	18	5/0~7/0	PG2	32	2~2/0
	19	4/0~6/0		36	2~4
PG1	16	10/0~14/0		48	4~8
	18	8/0~11/0		58	6~10
	19	7/0~10/0		96	16~20

（9）细纱质量品质检验。细纱质量品质检验的上机实验主要包括细纱的重量偏差和细纱的重量不匀率等。

①细纱的重量偏差。

$$\text{细纱的重量偏差} = \frac{\text{细纱的实际平均干重量} - \text{设计的标准干重量}}{\text{设计的标准干重量}} \times 100\%$$

②细纱的重量不匀率。

$$\text{细纱的重量不匀率} = \frac{2 \times (\text{平均重量} - \text{平均重量以下的平均数}) \times \text{平均以下项数}}{\text{平均数} \times \text{总项数}} \times 100\%$$

③线密度制捻系数 α_t。

$$\alpha_t = \sqrt{\text{Tt}} \times \text{捻度}\ t_{tex}(\text{捻}/10\text{cm})$$

④细纱的线密度 Tt（tex）。

$$\text{Tt} = \frac{\text{重量(g)} \times 1000}{\text{长度(m)}}$$

$$\text{细纱的标准干重(g/100m)} = \frac{\text{细纱的公称(或设计)线密度 Tt}}{10(1 + \text{公定回潮率}\%)}$$

$$\text{细纱实际线密度 Tt} = \text{细纱实际干重(g/100m)} \times (1 + \text{公定回潮率}\%) \times 10$$

测定时，如果发现细纱的重量偏差和细纱的重量不匀率等质量指标超出控制范围时，要按设计要求调整有关参数，再经过反复的试纺和调试，直至达到有关的质量指标要求。

（10）细纱质量控制的指标。细纱作为纺纱工序加工的产品，可以根据国家、行业标准或 USTER 公报来反映细纱质量水平的高低。通过测量细纱的各项质量指标，对照相关标准来评判细纱的质量，采取有效的技术措施，进一步提高细纱质量。细纱质量控制指标主要包括条干不匀率、纱疵、成纱强力和重量偏差等，它们的好坏直接影响细纱的质量。各种线密度细纱具体的各项质量指标，可在国家相关的细纱质量标准及 USTER 公报上查得。

①纱线条干 *CV* 值。是反映成纱短片段粗细均匀程度的指标，条干 *CV* 值越小，短片段均

匀度越好。当成纱线密度为 20 ~ 30tex 时，优等纱的条干 *CV* 值应小于 16%。

②成纱的千米粗节、细节及棉结数。是指 1000m 长度的纱线上具有的粗节、细节及棉结的个数。千米粗节、细节及棉结数越多，则布面的外观质量越差。

③成纱强力及强力 *CV*。优等中特纱线的断裂强度应大于 11.4cN/tex，强力 *CV* 小于 8%。

④百米重量偏差及百米重量变异系数。是反映成纱长片段粗细均匀程度的指标。一般优等纱的成纱百米重量偏差应控制在 ±2.5% 以内，百米重量变异系数应小于 2.5%。

七、后加工工艺设计

后加工工序的工艺设计包括络筒工艺设计、并纱工艺设计和捻线工艺设计三部分内容。

1. 络并捻工序的任务

（1）络筒工序。将细纱工序加工的管纱，在络筒机上退绕并连接起来，经过清纱张力装置，清除纱线表面上的杂质和棉结等疵点，使纱在一定的张力下，卷绕成符合规格要求的筒子，便于后道工序高速退绕。

（2）并纱工序。将 2 根及其以上的单纱在并纱机上加以合并，经过清纱张力装置，清除纱线表面的杂质和棉结等疵点，加工成张力均匀的并纱筒子，以提高捻线机效率和股线质量。

（3）捻线工序。加工成符合不同用途要求的股线，并卷绕成一定形状的卷装，供络筒机络成线筒。

2. 络并捻工序工艺设计

（1）络筒工序的工艺设计。

①络筒速度。络筒速度直接影响到络筒机的产量。在其他条件相同时，络筒速度高，时间效率一般要下降，使得络筒机的实际产量反而不高。为保证在一定的络筒速度情况下，机器能达到较高的时间效率，对于纱线强力较低或纱线条干不匀的情况，络筒速度应较低选择，如同样线密度的毛纱络筒速度较毛涤混纺纱和棉纱低；当纱线的纤维易产生摩擦静电而导致毛羽增加时，应适当降低络筒速度，如同样线密度的化学纤维纯纺纱络筒速度应较纯棉纱低些。

络筒速度的确定在很大程度上，不仅要考虑原料的性能和特点，而且还要考虑络筒机的类型。自动络筒机加工精度高，材质好，设计合理，如意大利的萨维奥、德国的 Autoconer 238、日本的村田等进口络筒机，适应的络筒速度一般在 900 ~ 1700m/min；1332MD 型等国产普通络筒机，络筒速度一般控制在 400 ~ 600m/min。

②络纱张力。络筒机的络纱张力与络筒纱的质量关系十分密切。络纱张力过大或过小都会对络筒纱的质量产生不利的影响。络筒张力一般根据卷绕密度进行调节，同时应保持筒子成型良好。

纱线线密度大时，络纱张力可以偏大掌握；反之，要适当降低络纱张力。当卷绕速度高时，络纱张力可以偏小控制；反之，可以适当偏大掌握络纱张力。在保持筒子成型良好的前提下，络纱张力通常为单纱强力的 8% ~ 12%。

③清纱设定值。清纱板隔距过大或过小都对络纱质量不利。在实际生产过程中，尽量使

用电子清纱装置，能保持良好的清纱作用。

采用电子清纱装置时，可根据后道工序和织物外观质量的要求，将各类纱疵的形态按截面变化率和纱疵所占的长度进行分类，清纱限度的设定是通过数字拨盘设定的，具体方法与电子清纱装置的型号有关。

④筒子的卷绕密度。筒子卷绕密度应按筒子的后道用途、所络筒纱的种类加以确定。适宜的卷绕密度有利于筒子成型良好，且不损伤纱线的弹性。染色用筒子的卷绕密度较小，为0.35g/cm^{3}左右，其他用途筒子的卷绕密度较大，卷绕密度一般为0.42g/cm^{3}左右。络筒张力对筒子卷绕密度有直接的影响，张力越大，筒子卷绕密度越大，因此，实际生产中通过调整络筒张力来改变卷绕密度。

⑤筒子的卷绕长度。普通络筒机上一般没有定长装置，需要通过控制卷绕直径的方法进行间接定长，进口的自动络筒机采用电子定长装置，其精度较高。有些情形下，要求筒子上卷绕的纱线应达到规定的长度。例如，在整经工序中，集体换筒的机型要求络筒纱长度与整经长度相匹配，这个筒纱长度可通过工艺计算得到。在络筒机上，则要根据工艺规定绕纱长度进行定长。

自动络筒机上采用电子定长装置，对定长值的设定极为简便，且定长精度较高。在实际生产中，随纱的线密度、筒子锥角与防叠参数的不同，实际长度与设定长度的差异较小，一般不超过2%。普通络筒机上一般没有专设定长装置，只能以控制卷绕直径的办法进行间接定长，其精度较差。

⑥导纱距离。导纱距离小，纱线从管纱退绕时，纱线与管纱的倾角小，与纱管的摩擦小，络纱毛羽较少；反之，可使毛羽的数量增多。生产过程中要合理选择导纱距离，一般情况下导纱距离为35～80mm。

自动络筒机采用气圈控制器。气圈控制器可减少离心力、张力波动和减少管纱的伸长和摩擦，最大限度地减少络筒毛羽的增加和毛羽波动。一般情况下，意大利的萨维奥自动络筒机的导纱距离控制在25mm左右；德国产的Autoconer 238络筒机的导纱距离控制在37mm左右；日本产的村田N0.7－2型络筒机，导纱距离控制在60mm左右。

(2) 并纱工序的工艺设计。

①卷绕线密度。纱线线密度大时，卷绕线密度可以偏大掌握；反之，要适当降低卷绕线密度。当纱线强力较低时，卷绕线密度要偏低控制；反之，卷绕线密度要偏高控制。

②并纱张力。并纱时应该保持各股单纱之间张力均匀一致，并纱张力可以通过张力装置来调节，张力装置常采用圆盘式。它是通过张力片的质量来调节的，一般掌握在单纱强力的10%左右。

③并合根数。并合根数通常根据用户对股线的要求而定，目前，并纱机一般采用3根并合。

④并纱速度。一般情况下，多根并合或细特纱并合时，并纱速度要适当偏低掌握；管纱并合较筒子纱并合速度低；化学纤维纱并合较棉纱速度低。

(3) 捻线工序的工艺设计。

①锭子速度。捻线机的锭子速度和纱线品种有关，加工棉纱时，具体设计参数见表9－46。

表9－46　加捻棉纱线密度与锭速的关系

加捻棉纱线密度（tex）	7.5×2～9.7×2	12×2～14.5×2	19.5×2～29.5×2
锭子速度（r/min）	10000～11000	8000～10000	7000～9000

②捻向和捻系数。一般情况下，单纱采用Z捻，股线采用S捻。股线的捻系数与单纱的捻系数的比值直接影响股线的光泽、手感、伸长和捻缩等，生产过程中要根据需要合理选择。

③卷绕交叉角。卷绕交叉角与筒子成型有很大的关系。一般情况下包括高密度卷绕的卷装、标准卷绕的卷装和低密度卷绕的卷装，理论上卷绕交叉角由往复频率确定。

④超喂率。变换超喂率可以改变卷绕张力，从而调整卷绕筒子的密度。一般超喂率大，筒子的卷绕密度小。

⑤张力。适宜的纱线张力可以改善成品的捻度不匀率和强力 *CV*，降低断头率。

⑥捻线机的钢领和钢丝圈。加捻中特纱时，可以使用PG2型钢领，同时选用G型、GS型钢丝圈；加捻细特纱时，可以使用PG1型钢领，同时选用6701型、6802型、7014型和新GS型钢丝圈。加工时，具体设计参数可以参阅《棉纺手册》第三版。

思考题

1. 各工序的主要任务及工艺设计的主要原则。
2. 棉纺各工序工艺参数的选择及其依据。

参考文献

[1] 周锁林．并条机棉条质量的控制与研究 [J]．上海纺织科技，2009，37 (5)：51 – 53.

[2] 刘荣清．精梳棉条条干不匀率探析 [J]．现代纺织科技，2007，(1)：14 – 16.

[3] 刘荣清．AFISPRO 单纤维测试系统的原理和应用 [J]．上海纺织科技，2006，34 (6)：4 – 7.

[4] 赵阳，荆博，王照旭，等．AFIS 测试仪在纺纱质量控制中的应用 [J]．棉纺织技术，2011，39 (12)：6 – 8.

[5] 费青．纤维伸直度的测定方法及影响因素分析 [J]．棉纺织技术，2005，33 (4)：1 – 4.

[6] 赵强，沈天飞．检测纤维分离度作为评价梳理质量的研究 [J]．棉纺织技术，1989，17 (9)：4 – 8.

[7] 汪军．环锭纺纱线质量检测技术发展现状及趋势 [J]．纺织学报，2013，34 (6)：131 – 134.

[8] 陆惠文，倪远．"陆 S 纺纱工艺" 的细纱牵伸机理初探 [J]．辽东学院学报（自然科学版），2016，23 (2)：77 – 87.

[9] 刘荣清．棉纱条干不匀的检测分析和应用 [J]．上海纺织科技，2007，35 (4)：1 – 4.

[10] 陆惠文，孔宪生．梳棉工艺与梳理器材设计探讨 [J]．辽东学院学报（自然科学版），2012，19 (4)：246 – 255.

[11] 刘荣清．棉纱条干不匀分析与控制 [M]．北京：中国纺织出版社，2007.

[12] 孙兰海．纺纱质量分析与预测 [D]．苏州：苏州大学，2004：40 – 53.

[13] 吴敏．几种原棉测试方法的比较分析 [C]．中国棉纺织总工程师论坛资料汇编，2007：155 – 158.

[14] 金长梅．棉纤维的主要性能与成纱质量的相关性 [J]．纤维品质与资源，1994，(2)：18 – 20.

[15] 于加勇，丁晓娟．棉纤维长度整齐度与成纱质量的关系 [J]．棉纺织技术，2004，32 (7)：27 – 29.

[16] 许兰杰，郭昕．棉纤维成熟度与纺纱工艺及成纱质量的关系 [J]．棉纺织技术，2007，35 (4)：26 – 29.

[17] 任秀芳，郝凤鸣．棉纺质量控制与产品设计 [M]．北京：纺织工业出版社，1990.

[18] 陆再生．棉纺工艺原理 [M]．北京：中国纺织出版社，1995.

[19] 高兴，徐铭九．重量法测量纤维分离度的研究 [J]．纺织学报，1989，10 (1)：9 – 12.

[20] 于修业．纺纱原理 [M]．北京：中国纺织出版社，1995.

[21] 熊伟．降低细纱单强 *CV* 值的探讨 [J]．纺织学报，1995，16 (5)：52 – 53.

[22] 赵博，薛少林，张玲娟，等．减少络纱毛羽的进一步研究 [J]．棉纺织技术，2001，29 (3)：15 – 18.

[23] 丁志坚．棉纤维纺纱棉结杂质的测试分析 [J]．棉纺织技术，2001，29 (3)：31 – 34.

[24] 袁秀娜，李淑胜．细纱工序降低纯涤纱强力 *CV* 值的措施 [J]．棉纺织技术，2001，29 (3)：48 – 49.

[25] 熊伟．转杯纱单强 *CV* 值影响因素探讨 [J]．棉纺织技术，2002，30 (2)：28 – 31.

[26] 赵博，石陶然．降低纱线单强 *CV* 值的试验研究（Ⅰ）[J]．纺织标准与质量，2002 (1)：18 – 20.

[27] 赵博，石陶然．降低纱线单强 *CV* 值的试验研究（Ⅱ）[J]．纺织标准与质量，2002 (2)：25 – 28.

[28] 赵博，石陶然．成纱单强 *CV* 值影响因素的试验分析 [J]．棉纺织技术，2003，31 (3)：36 – 40.

[29] 赵博．影响转杯纺纱单强变异系数的因素 [J]．纺织标准与质量，2006 (4)：23 – 26.

[30] 赵博．影响纱线捻度不匀率的实验分析 [J]．纺织标准与质量，2006 (5)：20 – 22.

[31] 余桂林．纱线毛羽与捻度不匀产生原因与控制措施 [J]．棉纺织技术，2002，30 (4)：22 – 25.

[32] 王勇．股线捻度不匀影响因素的分析［J］．棉纺织技术，2001，29（3）：11－14.
[33] 马克永．如何减小 BD200SN 型转杯纺纱机的成纱捻度不匀率［J］．棉纺织技术，1997，25（4）：50－52.
[34] 刘荣清．细纱捻度变异的成因和防治［J］．纺织器材，2009，36（2）：36－38.
[35] 陈兰．捻度的影响因素及其控制方法初探［J］．苏州丝绸工学院学报，1997，17（5）：18－21.
[36] 郁崇文．纺纱工艺设计与质量控制［M］．北京：中国纺织出版社，2005.
[37] 胡树衡．纱疵分析与防治［M］．北京：纺织工业出版社，1981.
[38] 王柏润．纱疵分析与防治［M］．2 版．北京：中国纺织出版社，2010.
[39] 刘恒琦．纱线质量检测与控制［M］．北京：中国纺织出版社，2008.
[40] 秦贞俊．现代棉纺纱新技术［M］．上海：东华大学出版社，2008.
[41] 徐少范，张尚勇．棉纺质量控制［M］．2 版．北京：中国纺织出版社，2011.
[42] 赵博．减少成纱棉结的实验研究［J］．棉纺织技术，2005，33（8）：11－14.
[43] 赵博．减少纯棉生条棉结杂质的试验分析［J］．纺织导报，2003（2）：64－66.
[44] 薛汉波．减少成纱千米棉结杂质的实践［J］．棉纺织技术，1994，22（9）：49－50.
[45] 仇国平．减少精梳条棉结的探讨［J］．纺织学报，1986，7（9）：15－18.
[46] 倪建威．布面白星预控及染料遮盖的研究［J］．纺织学报，1988，9（1）：11－16.
[47] 丁志坚．棉纤维纺纱棉结杂质的测试分析［J］．棉纺织技术，2001，29（1）：19－22.
[48] 秦贞俊．棉纺织生产技术的发展现代化［M］．上海：东华大学出版社，2012.
[49] 谢春萍．纺纱工程（上册）［M］．北京：中国纺织出版社，2012.
[50] 谢春萍．纺纱工程（下册）［M］．北京：中国纺织出版社，2012.
[51] 秦贞俊．世界棉纺织前沿技术［M］．北京：中国纺织出版社，2010.
[52] 孙鹏子．梳棉机工艺技术研究［M］．北京：中国纺织出版社，2012.
[53] 翟金华．纤维性能与成纱棉结的关系分析［J］．广西纺织科技，2005，34（3）：21－23.
[54] 黎清芳．梳棉生条棉结的产生和控制［J］．棉纺织技术，2005，33（12）：33－35.
[55] 魏永利．清梳工序棉结杂质的控制［J］．棉纺织技术，2006，34（1）：13－16.
[56] 赵今平．降低 CJ 5.8tex 成纱棉结的生产实践［J］．棉纺织技术，2009，37（9）：37－39.
[57] 曹继鹏，孙鹏子．梳棉机加装梳针分梳板对涤纶纱质量的影响［J］．棉纺织技术，2011，39（8）：8－10.
[58] 张明光，孙鹏子，曹继鹏．梳棉机盖板速度对盖板花纤维长度分布的影响［J］．纺织学报，2011，32（3）：47－50.
[59] 王柏润．纱疵分析与防治［M］．2 版．北京：中国纺织出版社，2010.
[60] Cao Ji－peng，Lu Qin，Sun Peng－zi，et al. Test Stability of USTER Advanced Fiber Information System（AFIS）［J］．Journal of Donghua University（English Edition），2010，27（3）：412－418.
[61] 赵博．关于纱线毛羽的全方位研究和探讨［D］．西安：西北纺织工学院，2000.
[62] 赵博．减少络纱毛羽的进一步研究［J］，棉纺织技术，2001，29（3）：15－18.
[63] 王鸿博．络纱毛羽的研究［J］．北京纺织，1998（4）：24－27.
[64] 曹继鹏，孙鹏子，张志丹．国外梳棉机针布配套思路解析［J］．纺织器材，2005，32（4）：20－28.
[65] 赵博．络纱工序纱线毛羽的测试与降低措施［J］．纺织科学研究，2003（1）：23－27.
[66] 翟建增．细纱和络筒工序毛羽成因探讨［J］．棉纺织技术，1999，27（1）：18－20.

[67] 王鸿博. 前织工序纱线毛羽在线控制与检测 [J]. 上海纺织科技, 2000, 28 (1): 29-31.
[68] 王绍斌. 络筒张力和速度对纱线质量影响 [J]. 棉纺织技术, 2002, 30 (7): 35-37.
[69] 赵博. 影响细纱毛羽因素的试验分析 [J]. 纺织器材, 2000, 27 (6): 37-38.
[70] 周衡书. 纯涤纶纱及高比例涤纶混纺纱毛羽的探讨 [J]. 棉纺织技术, 2002, 30 (10): 22-25.
[71] 薛少林. 减少纱线毛羽的探讨 [J]. 棉纺织技术, 1999, 27 (3): 19-21.
[72] 袁斌钰. 环锭纺纱毛羽成因分析 [J]. 棉纺织技术, 1997, 25 (9): 12-15.
[73] 杜翠明. 减少精梳涤棉纱毛羽的探讨与实践 [J]. 北京纺织, 2000 (3): 16-41.
[74] 叶汶祥. 减少细纱毛羽的试验 [J]. 棉纺织技术, 1999, 27 (5): 26-29.
[75] 孙海蓝. 毛羽与钢领、钢丝圈型号的关系 [J]. 棉纺织技术, 1997, 25 (1): 43-45.
[76] 张力师. 减少纱线毛羽的几项措施 [J]. 棉纺织技术, 2001, 29 (5): 41-42.
[77] 屠珍雪. 钢领钢丝圈配套使用减少毛羽的实践 [J]. 纺织器材, 2002, 29 (1): 36-38.
[78] 郎军. 纱线毛羽的分布及络筒工序对纱线毛羽的影响 [J]. 上海纺织科技, 2000, 28 (6): 17-19.
[79] Ning Pang. Changing Yarn Hairiness During Winding Analyzing the Trailing Fiber Ends [J]. Textile Research Journal. 2004, 72 (9): 905-913.
[80] XunGai Wang. Reducing Yarn Hairiness with an Air-Jet Attachment During Winding [J]. Textile Research Journal. 1997, 65 (5): 481-485.
[81] Boong Soo Jeon. Effect of an Air-Suction Nozzle on Yarn Hairiness and quality [J]. Textile Research Journal. 2000, 68 (9): 1019-1024.
[82] 墨影, 孟庆杰. 苏州长风: 推进纱线检测智能化 [J]. 纺织机械, 2016 (4): 44.
[83] 章国红, 辛斌杰. 图像处理技术在纱线毛羽检测方面的应用 [J]. 河北科技大学学报, 2016 (1): 76-82.
[84] 吉宜军, 邵国东, 崔益怀, 等. 现代 USTER 检测技术对纱线质量的系统监控 [J]. 中国棉麻产业经济研究, 2015 (6): 22-25.
[85] 刘荣清. 纱线质量标准与检测方法的演进与展望 [J]. 棉纺织技术, 2015, 43 (5): 25-28.
[86] 徐秋燕, 陈少凤, 陈益人. 色纺纱质量检测与性能分析 [J]. 武汉纺织大学学报, 2014 (3): 21-26.
[87] TESTEX: 采用最新测试设备进一步提高纱线检测水平 [J]. 国际纺织导报, 2014 (5): 60.
[88] 秦贞俊. USTER TESTER 5-S400-OI 纱线检测系统对纺织生产中原棉杂质和灰尘的控制与减少 [J]. 国际纺织导报, 2013 (1): 54-56, 58.
[89] 熊秋元, 高晓平. 纱线张力检测与控制技术的研究现状与展望 [J]. 棉纺织技术, 2011, 39 (6): 65-68.
[90] 赵强, 沈天飞. 检测纤维分离度作为评价梳理质量的研究 [J]. 棉纺织技术, 1989, 17 (9): 516-520.
[91] 宋如勤. 纱线质量特征的在线检测 [J]. 棉纺织技术, 2009, 37 (5): 61-64.
[92] 唐述宏. 基于 CCD 技术的纱线疵点检测的研究 [J]. 上海纺织科技, 2008, 36 (8): 7-8.
[93] J. Schepens, 刘洪玲. 纺纱厂检测、设计和质量预测体系 [J]. 国际纺织导报, 2003 (2): 35-37.
[94] 徐旻. 浅析现代纺纱生产质量控制技术 [J]. 棉纺织技术, 2006, 34 (4): 225-228.
[95] 王学元. 纱疵分析与控制实践 [M]. 北京: 中国纺织出版社, 2011.
[96] 王柏瑞, 刘荣清, 刘恒琦, 等. 纱疵分析与防治 [M]. 北京: 中国纺织出版社, 2010.

[97] 李惠军，赛娜娃尔. 10 万米纱疵数据的分析与研究 [J]. 新疆大学学报（自然科学版），2005，22（4）：496－498.

[98] 张李梅. 原棉异性纤维清除技术和纺织产品质量 [J]. 进展与述评，2014（6）：1－3.

[99] 王波. 自适应棉纺异性纤维分拣装置的研制 [D]. 青岛：青岛科技大学，2009.

[100] 刘荣清. 本色丙纶异性纤维的在线检测和清除 [J]. 上海纺织科技，2008，36（1）：6－8.

[101] 陈文利. 纺纱过程中异性纤维清除方法的探讨 [J]. 棉纺织技术，2015，43（9）：38－41.

[102] 张也，穆征，熊伟. 十万米纱疵的分析与控制 [J]. 棉纺织技术，2004，32（4）：20－23.

[103] 陈玉峰. 偶发性纱疵的成因及预防措施 [J]. 上海纺织科技，2012，40（11）：50－53.

[104] 宋树彬，骆世杰，张志亮，等. 纺纱过程中纱疵成因及防治 [J]. 山东纺织科技，2002（1）：21－24.

[105] 徐旻，吴琦萍. 常发性纱疵的分析与控制 [J]. 棉纺织技术，1992，20（8）：21－24.

[106] 毕松梅，闫红芹，赵博. 纺纱质量控制 [M]. 北京：化学工业出版社，2016.

[107] 张慧，王泽伟，柏延平. 棉花异性纤维清除机的技术现状和发展趋势 [J]. 纺织导报，2012（5）：59－61.